国防科技大学建校70周年系列著作

装备试验设计与分析评估

金 光 潘正强 尤 杨 刘天宇 范 俊 著

科 学 出 版 社

北 京

内 容 简 介

试验是摸清装备性能底数和效能底数并发现问题缺陷的综合性实践活动,要求全面考核装备技术状态和遂行使命任务的能力。本书是研究团队近年来开展装备试验设计与分析评估工作的总结。全书内容共6章,包括装备试验设计与分析评估的概念和过程,以及试验需求分析、试验项目设计、试验样本设计、试验数据分析、试验数据建模、试验结果评估等,每一章提供典型案例。本书特色是紧贴现实需求,突出装备试验设计与分析评估的规范性、科学性和严格性。

本书可供试验鉴定领域的研究人员和工程人员参考,也可供有关专业高年级本科生和研究生教学参考。

图书在版编目(CIP)数据

装备试验设计与分析评估 / 金光等著. —北京:科学出版社,2024.5
(国防科技大学建校70周年系列著作)
ISBN 978 - 7 - 03 - 077961 - 8

Ⅰ.①装… Ⅱ.①金… Ⅲ.①武器装备—武器试验—试验设计②武器装备—综合评价 Ⅳ.TJ06

中国国家版本馆 CIP 数据核字(2024)第 031543 号

责任编辑:胡文治 / 责任校对:谭宏宇
责任印制:黄晓鸣 / 封面设计:无极书装

科 学 出 版 社 出版
北京东黄城根北街 16 号
邮政编码:100717
http://www.sciencep.com

南京展望文化发展有限公司排版
广东虎彩云印刷有限公司印刷
科学出版社发行 各地新华书店经销

*

2024 年 5 月第 一 版 开本:720×1000 1/16
2025 年 1 月第三次印刷 印张:21 3/4
字数:368 000

定价:170.00 元
(如有印装质量问题,我社负责调换)

总　　序

国防科技大学从 1953 年创办的著名"哈军工"一路走来,到今年正好建校 70 周年,也是习主席亲临学校视察 10 周年。

七十载栉风沐雨,学校初心如炬、使命如磐,始终以强军兴国为己任,奋战在国防和军队现代化建设最前沿,引领我国军事高等教育和国防科技创新发展。坚持为党育人、为国育才、为军铸将,形成了"以工为主、理工军管文结合、加强基础、落实到工"的综合性学科专业体系,培养了一大批高素质新型军事人才。坚持勇攀高峰、攻坚克难、自主创新,突破了一系列关键核心技术,取得了以天河、北斗、高超、激光等为代表的一大批自主创新成果。

新时代的十年间,学校更是踔厉奋发、勇毅前行,不负党中央、中央军委和习主席的亲切关怀和殷切期盼,当好新型军事人才培养的领头骨干、高水平科技自立自强的战略力量、国防和军队现代化建设的改革先锋。

值此之年,学校以"为军向战、奋进一流"为主题,策划举办一系列具有时代特征、军校特色的学术活动。为提升学术品位、扩大学术影响,我们面向全校科技人员征集遴选了一批优秀学术著作,拟以"国防科技大学迎接建校 70 周年系列学术著作"名义出版。该系列著作成果来源于国防自主创新一线,是紧跟世界军事科技发展潮流取得的原创性、引领性成果,充分体现了学校应用引导的基础研究与基础支撑的技术创新相结合的科研学术特色,希望能为传播先进文化、推动科技创新、促进合作交流提供支撑和贡献力量。

在此,我代表全校师生衷心感谢社会各界人士对学校建设发展的大力支持! 期待在世界一流高等教育院校奋斗路上,有您一如既往的关心和帮助! 期待在国防和军队现代化建设征程中,与您携手同行、共赴未来!

国防科技大学校长

2023 年 6 月 26 日

前　言

　　试验是摸清装备性能底数和效能底数并发现问题缺陷的综合性实践活动。新体制下装备试验鉴定发生了深刻变化,装备试验设计与分析评估要求科学化和严格化,对装备技术状态和遂行使命任务的能力进行全面考核。

　　目前已经有不少关于试验设计、试验数据分析的教材和专著。这些文献具有较强的理论性,主要针对试验设计和试验数据的统计分析评估。装备试验鉴定领域的问题更广泛,是一个系统性问题,其中试验的内容和要求也不限于统计试验。本书是在作者近年来教学科研成果的基础上,针对目前装备试验设计与分析评估的若干新理念和新方法进行总结提炼而撰写的。全书内容共 6 章,包括新体制下装备试验的基本概念和发展趋势、装备试验设计与分析评估的过程,以及试验需求分析、试验项目设计、试验样本设计、试验数据分析、试验数据建模、试验结果评估等,并在每一章提供典型案例。本书特色是紧贴现实需求,突破目前试验设计与分析评估专注统计学理论、缺乏学科特色的不足,强调装备试验的系统工程过程,并在试验需求分析、复杂试验方案设计、试验数据分析评估等方面提出了一些见解或方法,试图为推动装备试验设计与分析评估提供一种科学规范的实施框架。

　　本书得到国家自然科学基金项目"多类型因子混合的武器装备试验设计方法研究(72171231)"的资助,科学出版社为本书的出版做了大量工作,在此表示感谢。

　　由于作者知识水平有限,书中难免存在疏漏和不当之处,敬请读者批评指正。

作　者

2023 年 9 月 1 日

目　　录

第1章　概论 ……………………………………………………………… 1

1.1　几个概念 …………………………………………………………… 1

　　1.1.1　性能和效能 …………………………………………………… 1

　　1.1.2　装备试验与观察 ……………………………………………… 4

　　1.1.3　样本与样机 …………………………………………………… 9

1.2　装备试验类型 ……………………………………………………… 11

　　1.2.1　性能试验 ……………………………………………………… 12

　　1.2.2　作战试验 ……………………………………………………… 13

　　1.2.3　在役考核 ……………………………………………………… 14

1.3　装备试验方法 ……………………………………………………… 14

　　1.3.1　实物试验 ……………………………………………………… 15

　　1.3.2　仿真试验 ……………………………………………………… 15

　　1.3.3　实物与仿真联合试验 ………………………………………… 18

1.4　装备试验设计与分析评估过程 …………………………………… 18

　　1.4.1　总体过程 ……………………………………………………… 19

　　1.4.2　需求分析 ……………………………………………………… 23

　　1.4.3　试验规划 ……………………………………………………… 25

　　1.4.4　任务分析 ……………………………………………………… 27

　　1.4.5　试验设计 ……………………………………………………… 33

　　1.4.6　数据分析 ……………………………………………………… 36

　　1.4.7　数据建模 ……………………………………………………… 37

  1.4.8 结果评估 ···································· 38
 1.5 装备试验设计与分析评估的新问题 ·············· 39
  1.5.1 智能装备试验 ······························ 40
  1.5.2 装备体系试验 ······························ 42
  1.5.3 试验鉴定数字化 ·························· 43
 参考文献 ·· 46

第 2 章 试验需求与规划 ···························· 49
 2.1 使命任务分析 ·································· 49
  2.1.1 DODAF 简介 ···························· 49
  2.1.2 装备使命描述 ···························· 50
  2.1.3 装备任务描述 ···························· 50
 2.2 考核指标分析 ·································· 54
  2.2.1 作战效能指标的多层级性 ·············· 55
  2.2.2 作战试验指标体系构建方法 ·············· 57
  2.2.3 性能试验考核指标的完善 ·············· 63
 2.3 影响因素分析 ·································· 63
  2.3.1 环境因素分析 ···························· 64
  2.3.2 环境影响及关键性分析 ·················· 65
 2.4 试验项目设计 ·································· 68
  2.4.1 性能试验项目设计 ······················ 68
  2.4.2 作战试验项目设计 ······················ 71
 参考文献 ·· 72

第 3 章 试验样本设计 ···························· 73
 3.1 试验设计准则 ·································· 73
  3.1.1 空间填充准则 ···························· 74
  3.1.2 评估精度准则 ···························· 80
  3.1.3 分辨率准则 ······························ 84

3.1.4　正交性准则 ·· 85

3.1.5　试验方案评价 ··· 85

3.2　规则试验空间试验设计 ·· 86

3.2.1　实物试验设计方法 ··· 86

3.2.2　仿真试验设计方法 ··· 91

3.2.3　常用试验设计方法的选择 ·································· 95

3.3　复杂试验空间试验设计 ·· 98

3.3.1　不规则试验空间试验设计 ·································· 98

3.3.2　不均匀试验空间试验设计 ································· 109

3.3.3　多类型因子混合试验空间试验设计 ······················ 111

3.4　序贯试验设计 ·· 119

3.4.1　基于输入的序贯试验设计 ································· 120

3.4.2　基于输出的序贯试验设计 ································· 122

3.4.3　试验终止准则 ··· 131

3.4.4　示例分析 ··· 132

3.5　综合试验设计 ·· 138

3.5.1　基于贝叶斯理论的信息融合方法 ························ 138

3.5.2　内外场等效模型构建方法 ································· 142

3.5.3　一体化试验规划模型 ····································· 145

参考文献 ·· 147

第4章　试验数据分析 ·· 150

4.1　因子效应分析 ·· 150

4.1.1　因子效应的直观解释 ····································· 151

4.1.2　典型响应模型下的因子效应 ······························ 155

4.1.3　因子效应检验 ··· 159

4.2　敏感性分析 ·· 168

4.2.1　敏感性分析的概念 ··· 168

4.2.2　常见敏感性指标 ··· 169

4.2.3 敏感性分析方法 ·············· 173

4.3 关联关系分析 ·············· 180

4.3.1 线性相关分析 ·············· 180

4.3.2 非线性相关分析 ·············· 183

4.3.3 因果分析 ·············· 184

4.4 探索性分析与可视化 ·············· 188

4.4.1 五数汇总与盒状图 ·············· 189

4.4.2 相关分析与散点图 ·············· 191

4.4.3 因子效应与概率图 ·············· 192

4.4.4 根因分析与因果图 ·············· 194

4.4.5 综合评价与雷达图 ·············· 197

参考文献 ·············· 199

第5章 试验数据建模 ·············· 201

5.1 结构方程模型 ·············· 201

5.1.1 结构方程模型定义 ·············· 202

5.1.2 结构方程模型建模 ·············· 204

5.1.3 示例分析 ·············· 208

5.2 从相关到因果：贝叶斯网络与结构因果模型 ·············· 213

5.2.1 贝叶斯网络 ·············· 214

5.2.2 结构因果模型 ·············· 219

5.3 代理模型 ·············· 224

5.3.1 高斯过程介绍 ·············· 224

5.3.2 Kriging 模型 ·············· 227

5.3.3 涂层性能评估案例 ·············· 234

5.4 多保真度建模 ·············· 237

5.4.1 基于 Kriging 模型的多保真度模型定义 ·············· 237

5.4.2 多层贝叶斯估计 ·············· 238

5.4.3 多精度模型预测 ·············· 241

5.4.4　涂层性能评估案例（续）……………………………… 242

5.5　从手工到自动：模型选择与模型自动发现 …………………… 245

5.5.1　模型选择 ………………………………………………… 245

5.5.2　模型自动发现 …………………………………………… 248

5.5.3　示例分析 ………………………………………………… 255

参考文献………………………………………………………… 262

第6章　试验结果评估 ………………………………………… 265

6.1　统计评估 ……………………………………………………… 265

6.1.1　统计估计 ………………………………………………… 265

6.1.2　假设检验 ………………………………………………… 274

6.1.3　关于小子样评估问题的讨论 …………………………… 282

6.2　性能认证 ……………………………………………………… 284

6.2.1　性能认证问题描述 ……………………………………… 284

6.2.2　裕量与不确定度量化原理 ……………………………… 286

6.2.3　基于抽样的性能认证 …………………………………… 291

6.2.4　模型与试验融合认证 …………………………………… 304

6.3　综合评估 ……………………………………………………… 312

6.3.1　基础指标评分 …………………………………………… 313

6.3.2　指标聚合方法 …………………………………………… 314

6.3.3　指标风险评估 …………………………………………… 316

6.3.4　案例分析 ………………………………………………… 319

6.4　因果评估 ……………………………………………………… 321

6.4.1　因果评估的必要性和困难 ……………………………… 321

6.4.2　因果评估的概念 ………………………………………… 322

6.4.3　基于SCM的性能评估 ………………………………… 327

6.4.4　热电池性能评估示例 …………………………………… 328

参考文献………………………………………………………… 335

第1章 概　　论

本章从试验设计与分析评估角度,对性能试验、作战试验、在役考核等不同类型装备试验的内涵、特点和要求等进行描述和对比分析,运用系统工程原理对装备试验设计与分析评估的过程进行规范描述,并对装备试验鉴定的几个发展趋势进行展望。

1.1　几个概念

本节对试验鉴定领域的几个比较基本的概念进行介绍。这些概念,有的已经被研究人员所熟知,比如性能与效能的概念,有的虽然经常被大家使用,但是并没有进行严格的分析,比如样本与样机、试验与观察的概念。

1.1.1　性能和效能

性能和效能是装备试验考核的基本内容,前者是性能试验的考核内容,后者是作战试验的最主要的考核内容。关于性能与效能的关系,目前已经有很多论述。

1. 装备性能

性能(performance)是装备保证其完成使命任务的固有特性,包含代表装备自身特征的特性和装备通用质量特性。装备性能又称为装备作战使用性能(operational performance)。根据这个定义,装备性能是装备设计和制造所赋予的固有特性,是装备为实现其预期功能而应该具有的特性;当装备研制完成后,其性能就已经确定了。性能的度量称为性能指标(measures of performance),即装备作战使用性能的参数及其量值或统计值。比如平均寿命及其量值就是一种装备可靠性指标,这里平均寿命是一种性能参数(performance parameter)。装备性能的考核一般需要规定门限值(阈值)和/或目标值。门限值是指最低可接受的性能指标值,是为满足作战要求而必须达到的最低水平。目标值是指装备期望达到的性能指标值,这时装备的性能较达到门限值时应有明显提升。

对装备性能有多种分类方式。根据与装备战术功能的关系,装备性能可以分为技术性能和战术性能两类。所谓功能,即对象能够满足某种需求的属性。顾名思义,技术性能是表征装备技术特征或技术要求的固有特性,如导弹制导方式、雷达技术体制等。战术性能是表征装备实现其战术功能的固有特性,如导弹突防概率、火炮密集度等。根据装备性能是否为某类装备所特有,可以将装备性能分为专用性能和通用性能。专用性能是指反映其技术特性和战术功能特点的性能,可进一步分为专用技术性能和专用战术性能两类。装备的通用性能是指影响使用装备完成其预期功能时的满意度的性能,并且是大多数装备都要求具备的性能,比如装备的可靠性、安全性、人机工效等。美国国防部《试验鉴定管理指南》(第六版)[1]中,按重要程度将装备性能分为关键性能参数(key performance parameter,KPP)、关键系统属性(key system attribute,KSA)、其他系统属性(other system attribute,OSA)三类。通常在装备研制总要求中提出的性能,就属于装备的关键性能参数,它们是装备为实现其预期功能必须具有的性能。

2. 作战效能

作战效能(operational effectiveness)是指装备在一定条件下完成作战任务时发挥有效作用的程度,用效能指标(measure of effectiveness,MOE)度量作战效能。这里的条件一般包括作战人员、作战环境以及部队编成、条令、战术、威胁等。作战效能考核既可以直接给定门限值(比如作战任务所要求的能力阈值),检验满足任务要求的程度,又可以通过与同类装备比较,还可以通过检出关键作战问题,即检验装备解决关键作战问题的程度。在考核装备作战效能时,应该把被试装备有效程度(装备级效能)与任务完成效果(任务级效能)区别开,前者是后者的重要基础,但是任务效能还与很多其他因素有关,比如被试装备所属装备体系中的其他组分系统、人员等。例如,如果装备体系存在短板弱项,即使被试装备效能充分发挥,也可能得不到预想的任务效能。

影响装备完成作战任务的另外一类指标是作战适用性(operational suitability),它是指装备列装使用的满意程度,影响作战适用性的因素很多,包括可靠性、维修性、保障性、测试性、安全性、环境适应性、运输性、标准化、适配性、人机工效、兼容性,以及战时使用率、训练要求、综合保障要素、文件记录要求等,用适用性指标(measure of suitability, MOS)度量作战适用性。在一些研究中,作战适用性是装备作战效能的组成部分,比如经典的作战效能评估的 ADC 模型中,装备作战效能就取决于装备的可用性(availability)、可靠性(dependability)和能力(capability)。MOE 和 MOS 反映了从 KPP 以及其他需求衍生出来的作战需求[2]。

3. 性能、效能、能力的关系

装备性能与作战效能和作战适用性密切相关。可以说,装备性能是作战效能和作战适用性的基础,只有装备性能达到一定的水平时,才能由作战人员使用装备完成预期的作战任务,保证装备作战效能的发挥,并且使装备具有满意的作战适用性。装备的作战效能、作战适用性,体现的是完成作战任务时人员、装备、环境三者的综合作用,装备性能是其中的重要元素,但是离不开与人员和环境的相互作用。另外,装备的性能与效能并没有必然的“单调关联关系”,有些装备即便性能无法通过考核,但是仍然可以发挥较高的作战效能。比如 M270A1 多管火箭炮,虽然没有满足发射后的机动时间要求,但是作战能力显著提升。

在一些文献中出现作战效能和作战能力一起使用的情况。例如,称装备能力是装备完成使命任务应具备的能力,通常体现为作战效能、作战适用性、体系适用性、在役适用性等。根据文献[3],作战效能是一个动态或特定的(specific)概念,与特定作战任务有关,取决于具体的威胁、条件、环境和作战方案等;作战能力是装备的固有特性,是一个静态或综合的(synthetic)概念,与装备使命任务有关,而非针对某一类或某一项具体作战任务,不能以装备完成某一类作战任务的本领来衡量装备作战能力。置于特定的作战任务和条件之下的作战效能考核,考核的是装备应具有的能力;而作战效能引发的作用效果可以直接体现装备的作战能力[4]。如果用 E 表示装备在特定任务下的作战效能,C 表示装备固有的作战能力,T 表示任务要求,则可以形式化地表示作战效能和作战能力的关系为 $E = f(C, T)$。如果 f 是单调的,则效能直接体现能力,考核作战效能也就考核了装备应具有的(或任务所要求的)作战能力。但是,也不需要无限制地追求 C,比如在 T 不高或者 f 具有特定性质的情况下,适当的 C 也可以得到较好的 E。

能否认为作战能力就是装备性能,特别是装备研制任务书中提出的性能?例如,在装备性能要求中也经常使用能力的概念,装备研制任务书中也通过能力一词来描述装备性能。本书认为,可以将装备作战能力视作是比战术性能和技术性能更高层次的整体性,一般是通过装备完成多种类型的作战任务体现[3],是装备完成其使命任务过程中所"涌现"的整体性能。因此,严格来说能否使用装备性能来描述装备作战能力,也是值得商榷的。

最后需要指出的是,虽然经过了大量的研究,目前在描述装备属性时,对性能、效能、能力以及技术、战术等术语的运用,仍旧存在一些混淆。例如,有的文献中战术技术性能和战术技术指标(tactical and technical measures)具有不同的内涵,前者指装备的战术性能和技术性能,即统称的装备性能,后者是效能指标、适用性指标和性能指标的统称,是对装备性能、作战效能、作战适用性的量化描述。类似的情况在文献[2]中也出现,其将 KPP、KSA、关键技术参数(critical technical parameter,CTP)等性能指标,以及 MOE、MOS 等作战试验考核指标,统称为技术性能指标(technical performance measures,TPMs)。针对此类情况,只能通过上下文加以分辨和理解。

1.1.2 装备试验与观察

装备试验(equipment test)是为满足装备科研、生产和使用需求,按照规定的程序和条件,对装备进行验证、检验和考核的活动。在装备试验过程中,可能通过试验或观察的方式获取数据。基于数据对装备进行验证、检验和考核,需要注意数据获取方式的差异,采用适当的方法进行建模、分析与评估,才能获得科学可靠的结果。

1. 相关与因果

装备试验的目的,除了考核与验证是否达到目标要求,还需要找到与装备性能、作战效能、作战适用性等关联的真正原因而非表面联系,才能为装备作战运用、改进升级等提供可靠的决策支持。这里的真正原因就是指的因果关系,而表面联系指的是相关关系。只有"厘清影响问题的各个元素并理解其间的关系,我们才能更好找出所谓问题的杠杆解"[5]。

一般认为,相关性(correlation)的概念是弗朗西斯·高尔顿(Francis Galton)在 1888 年提出的。他在定量研究涉及遗传学、人类学和法医学的三个问题时发现:"这三个问题只不过是一个更普遍的问题的特殊情况,即相关性问题。"在统计学中,相关性是指两个随机变量或二元数据之间的任何统计关系,比如父母与子女身高之间的相关性、商品价格与消费者购买数量之间的相关性。在非正式的说法中,相关性与依赖性是同义词。如果随机变量不满足概率上的独立性,则它们之间存在依赖性或相关性。

相关性表明了在实践中可资利用的预测关系。例如,根据父母身高与子女身高的相关性,预测孩子的身高。在朱迪亚·珀尔等[6]看来,经典统计学不涉及因果关系,而只关注总结数据。统计学里很少有关于"X 是 Y 的原因"的理论(例外是随机对照试验,并根据随机对照试验进行因果推断),只能说"X 与 Y 相关或存在关联"。机器学习中的各种监督学习也可以看作是某种相关关系的利用,因为用于预测的机器学习模型训练本质上是一个相关性的任务:机器学习模型在做出预测时只是"观察"数据和结果之间的关系,而非"改变"数值来确定它们对结果的影响。

因果关系(causality 或 causation)是指一个事件(即"因")和另一个事件(即"果")之间的直接作用关系,其中后一个事件被认为是前一个事件的结果。这里,"因"就是引起"果"现象发生的原因,而"果"就是"因"现象发生后产生的结果。比如在医学领域,两事件之间有无联系是不难发现的,但联系的性质必须加以分析[7]:首先要分辨联系的真伪,不可以以伪乱真;其次要分辨表面联系和因果联系,对因果联系须进一步查明真正起作用的原因。这里的表面联系就是指相关关系,真正原因则对应于因果关系。与相关关系相比,因果关系的可解释性(explainability)、稳定性(stability)、可行动性(actionability)和公平性(fairness)更好,因此基于因果的机器学习还可以带来更恒定或稳健的模型[8]。

存在相关性并不意味着因果关系,这是显而易见的。实际上,导致相关性的因素有更多来源,包括因果、混杂和样本选择,如图 1-1 所示。因果关系导致相关是容易理解的,比如降雨量与地面水流量的关系。混杂关联是由混杂偏差(confounding bias)造成的。例如,太阳镜销量 T 与冰淇淋销量 Y 之间有明显的正相关,但是关闭太阳镜商店(即进行干预,这是潜在因果模型中的一个术

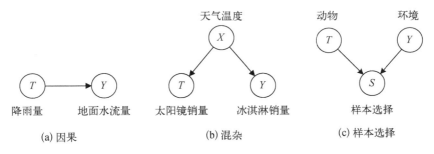

图 1-1 相关性的来源

语)并不会影响冰淇淋销量。因为两者之间的相关性是由天气温度 X 引发的,在天气炎热时两者的消费量都会提升。但 T 和 Y 之间是没有直接因果关系的,强制干预其中一个的销量并不会直接影响另一个。如果不对天气温度 X 进行观察,就会发现 T 和 Y 是具有相关性的,但是这种相关性是虚假(spurious)相关。样本选择偏差(selection bias)也会产生相关性,比如机器学习的训练集中,有狗的图像,狗都出现在沙滩上,没有狗的图像背景都是草地,那么训练模型就会发现草地与狗之间是负相关的,这其实也产生了虚假相关。

著名的辛普森悖论,就是源于未能认识到数据分析的选择应取决于问题的因果结构。例如,表1-1为关于服药对治疗心脏病效果的两个试验的列联表。在两个试验中,都表现出服药对给定类型群体有效,但是对总体无效的结果。如何利用这两个试验的结果呢?这取决于问题的因果结构。

表1-1 服药对治疗心脏病效果(试验一)

对照组	发作	未发	发作比例	处理组	发作	未发	发作比例
女性	1	19	5%	女性	3	37	7.5%
男性	12	28	30%	男性	8	12	40%
总数	13	47	21.7%	总数	11	49	18.3%

表1-2 服药对治疗心脏病效果(试验二)

对照组	发作	未发	发作比例	处理组	发作	未发	发作比例
血压低	1	19	5%	血压低	3	37	7.5%
血压高	12	28	30%	血压高	8	12	40%
总数	13	47	21.7%	总数	11	49	18.3%

假设对于试验一(表1-1)和试验二(表1-2)的试验结果,分别有如图1-2(a)、(b)所示的因果结构。其中,图1-2(a)表明,性别是服药和发病的原因,不同性别有不同服药意愿;图1-2(b)表明,发病是血压和服药的结果,服药导致血压变化。于是,如果图1-2(a)的因果结构是成立的,则应利用分层统计的结果指导药物的使用;若图1-2(b)的因果结构是成立的,则应基于总体结论指导药物的使用。

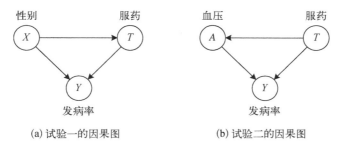

(a) 试验一的因果图　　　　　　　(b) 试验二的因果图

图 1 - 2　两个试验的因果结构

2. 试验与观察

根据《现代汉语词典》(第 7 版),"试验"是"为了察看某事的结果或某物的性能而从事某种活动"。在试验过程中,为了研究因子与响应的关系,研究人员要操纵或控制某些变量。与"试验"有关的一个概念是"实验"[9],本书对二者不做区分。一般来说,试验设计(design of experiment, DOE)(又称为统计试验设计)需要符合重复(replication)、随机化(randomization)和区组化(blocking)三个基本原则。随机化是指在试验过程中,试验对象被随机分配到试验条件(也称作处理),不同试验条件下除自变量外,试验对象的其他变量的处理相似。将试验对象随机分配到处理是试验性研究的特点。在美国国防部看来,DOE 是一种结构化的分析和决策过程,提供了在整个采办周期中严格计划和执行试验所需的科学和统计方法,并对结果进行评估。因此,在美军科学试验与分析技术(Scientific Test and Analysis Techniques, STAT)项目中,DOE 是必须采用的方法[2,10]。这是因为,通过将个体随机分配到不同的处理,可以消除混杂变量的影响,确定因果关系。

目前装备试验过程中,并没有强调或者难以实现试验对象的随机分配,特别是在作战试验和在役考核过程中。因此,装备试验数据并不总是符合随机化试验的特点。对于没有通过随机试验获得的数据,一般称其为观察数据(observational data),相应的前者称为试验数据(experimental data)。与试验数据相比,在获得观察数据的过程中,仅观察对象而不操纵或控制任何变量,即按照正常情况测量自然发生的变量。通过观察数据,可以研究两个或多个变量之间自然发生的相关关系,因此观察性研究也称为非操纵性、相关性研究。

之所以需要区分试验数据和观察数据,与变量之间关联(association)关系的形式化描述有关。根据前面关于因果与相关的讨论,虽然从模型形式上无法区分两种关联关系,但是二者具有不同的内涵,在利用有关模型进行推断和预测时也有不同的效果。由于试验数据和观察数据在数据获取方式上的差异,需要采用不同的处理方法以得到真正有效的信息,即获得装备性能、作战效能、作战适用性等的真正原因。对此进一步简单讨论如下。

在试验研究中,人们通过控制某些变量的水平,来考察(对比)这些变量是否造成试验结果的变化。设因子为 A,响应为 Y,如果 Y 是 A 的结果,则意味着在控制其他所有变量不变时,改变 A 会引发 Y 的变化;反之,假设除 A 以外的所有变量都不变,若 Y 发生了变化,则一定是由 A 的改变引起的。这一问题可通过估计概率 $P(Y \mid \mathrm{do}(X) = x)$ 进行研究,这里 $\mathrm{do}(X) = x$ 的含义是:将随机变量 X 的取值固定为常数 x。概率 $P(Y \mid \mathrm{do}(X) = x)$ 称为干预概率。在因果推断研究中,特别注意干预概率不等于条件概率,即

$$P(Y \mid \mathrm{do}(X) = x) \neq P(Y \mid X = x)$$

可以将 $P(Y \mid X = x)$ 表示为 $P(Y \mid \mathrm{see}(X) = x)$,这说明了干预(即试验)和观察的本质区别——观察不会影响模型的自然状态,但干预(试验)会。在模型中对一个变量进行干预时,是固定这个变量的值,其他变量的值(根据因果关系)也随之改变。当观察到一个变量的条件时,实际上并没有做出改变,只是缩小了样本空间,即相当于选取了所感兴趣的变量取值集合(满足"$X = x$"的取值集合)。也就是说,"以某个变量为条件(conditioning on)"改变的是关注的范围,对某个变量进行干预则改变了对象(用概率分布描述)的规律。

正是由于干预概率与条件概率的不同,因此在观察条件下,根据观察数据不能保证得到干预概率。为了获得干预概率,可以对所有变量进行观察,这时利用全概率公式得到干预概率。如果不能对所有变量进行观察,就需要通过一定的方式获得干预概率评估的调整公式,典型的如后门调整公式,然后利用观察数据进行估计。

显然,根据这里关于试验与观察的概念,在装备试验中所获得的数据,并不都是严格的试验数据。因此,在上下文明确的情况下,本书将试验数据和观察数据统称为试验数据(data of equipment test),即装备试验鉴定活动中使用和形成的各类数据(更广义的试验数据还包括模型和软件等衍生品,本书不考虑这些内容)。

1.1.3　样本与样机

首先介绍样本的概念。样本是统计数据①分析中最基本的概念。统计学中称所研究的全部个体的集合为总体(population),其中的每一个个体(individual)称为元素或成员。例如,一个班级的学生可以称作一个总体,其中每个学生就是一个成员。对于总体来说,一般并不关注其中的每个个体的情况,而是希望得到反映总体数量特点的总体特征(population characteristics)或总体参数(population parameter),比如统计同一批次产品的质量状况。在统计学中,为了描述总体参数和进行统计,需要规定总体中各成员的观测值所形成的相对频数的分布,称为总体分布,比如规定产品失效服从二项分布。

样本(sample)是总体的一小部分。总体特征一般是未知的,或者想要枚举总体的所有成员从而获得总体特征非常困难,此时一般通过获得总体的一小部分即样本来研究总体特征。不过,样本也不能随便获得,为了通过样本推断总体特征,样本需要有较好的代表性,否则统计结果会出现不合理的偏差。简单随机抽样是最简单的一种获取样本方法,其中的个体组成是随机的,每个大小为 n 的样本具有相同的发生概率,这里的 n 称为样本量。在统计学中,样本量是一个重要概念。一方面,经典统计理论主要讨论大样本情况下的统计量行为,比如大数定理、中心极限定理等。另一方面,经典统计中的参数估计和假设检验都与样本量有关,需要提供一定的样本量以保证统计结果的有效性。

需要注意样本与样本观测值(又称为样本实现)的区别。样本是由总体中随机抽取的个体组成的,其中的每个个体都是随机变量,因此样本是随机变量的集合。样本观测值是对样本进行观察或试验的结果,其中每个个体都赋予了确定性的数值,因此是确定性数值的集合。另外,英文 sample 有时也译为样品,是指代表一类对象的材料实体的个体,并无集合的含义,更接近下面所说的样机的概念。根据维基百科上的词条——样品是 sample(material),样本是sample(statistics),可以看出二者的差异。

下面再看样机(model machine)。在装备试验中,样机即装备试验鉴定样机(简称试验样机),是试验的对象和主体,又称为被试装备(equipment under test)或被试品(item under test),包括装备、装备的配套设备或配套软件等。习惯上,

---

① 通过观察和试验获得的数据都属于统计数据。

被试车辆又可称为样车。试验样机是试验设计中非常重要的因素,在装备试验初案中需要给出试验样机的数量,样机数量应满足对考核指标置信度(也称置信水平)的要求。在装备试验(主要是性能试验和作战试验)过程中,对样机的移交使用和技术状态管理有明确要求,应制定具体措施。在性能验证试验阶段,样机是指工程研制阶段的原理样机、模型样机、初样机和正(试)样机等不同形态的装备。在性能鉴定试验和作战试验阶段,研制单位提交性能鉴定试验样机以及小批量生产的作战试验样机。此外,还有虚拟样机或数字样机、半实物和实物样机等关于样机的各种概念。

样机数量和样本量字面意思相近,但并没有明确的数量关系。样机数量一般受费用制约,样本量则受试验样机数量、试验时间、试验条件和资源等多种因素的限制。除非样机(样品)是消耗型的,否则试验样本量不等同于样机数量。例如,某型车辆环境试验投入 3 台样车,在多个试验地域和多种路面条件下进行试验,其间为各台样车安排典型的环境条件水平组合(处理),如图 1-3 所示,其中为两种环境分别分配了 2 台和 3 台样车进行试验,不同环境下的试验是先后进行的。用试验领域的术语,这里有 2 个试验单元(即施加处理的最小单元)和 5 个观测单元(即测量或观察的实际单元),注意,观察单元可能是也可能不是试验单元。在这种情况下,试验样本量相当于分配到每种环境条件水平组合之下的样车数量之和,即总的观测单元数,显然大于样车数量。

(a) 环境条件1　　　　　　　　　　　(b) 环境条件2

图 1-3　试验单元和观测单元

当用于试验任务的样机数量是事先确定时,由于样机数量对试验样本量存在约束,在试验设计中需要合理选择和分配试验因子水平组合(即处理)到各样机,并且合理安排试验项目的先后顺序,以便充分利用各试验样机。另外,有些类型的试验样品,比如便宜的器部件或者试验具有破坏性的情况,样本量与样品数量一般相同或接近,这时样品数量可以与样本量一起设计,而不用事先给定。最后,有些试验中测量的数据点的数量,也会影响试验消耗和建模精度,比如在基于退化的可靠性试验与分析中,需要对每个样品测量多个时刻的退化量,这时关于样本量的定义很可能会有不同的看法。

总地来说,正确理解装备试验设计中样机和样本的概念,对于设计优化的试验方案,进行合理的试验数据分析,是非常必要的。

1.2 装备试验类型

根据新的试验鉴定管理体制,装备试验分为性能试验(performance test)、作战试验(operational test)和在役考核(in-service test and evaluation)三种基本类型,分别对装备的战术技术性能、作战效能、作战适用性和体系贡献率等进行全面考核并独立作出评价结论。除了基本试验类型外,还有综合性试验(integrated test)、体系试验(test for system of systems)等特殊类型的试验。本节介绍三种基本类型装备试验的概念,并从试验数据、试验设计和分析评估的角度,对三种类型试验进行比较。表 1-3 所示为三种类型试验的比较,从试验设计与分析评估角度来看,应该特别注意试验数据获取方式和数据类型。

表 1-3　三种类型试验的对比

对比要素	性 能 试 验	作 战 试 验	在 役 考 核
试验问题	关键技术问题(critical technical issue,CTI),也称为研制试验问题(DTI)	关键作战问题(critical operational issue,COI) 关键能力问题*(CCI)	
考核内容	性能指标,如 KPP、KSA、CTP	效能指标,适用性指标	效能、适用性、适编性、适配性、经济性等指标
考核条件	受控条件、专业场区	近实战和实战条件,难控制	实际使用条件,不控制
试验人员	专业试验人员	典型用户	实际用户
考核结果	受控,可复现	结果不确定性较强	结果不确定性很强
考核重点	性能底数** 复杂环境适应性 边界性能	效能底数 能力底数	

对比要素	性　能　试　验	作　战　试　验	在　役　考　核
数据获取	性能验证试验：试验、仿真评估、理论分析 性能鉴定试验：试验为主	初期作战评估：仿真评估 中期作战评估：仿真试验 作战试验实施：试验、观察	观察为主
数据类型	试验*** 数据	试验数据，观察数据	观察数据

* CCI 针对体系试验,描述联合体系在给定标准和条件下对使命期望效果的贡献[11]。
** 底数(thresholds)是指在预期或极端条件下实测或评估认可的极值。
*** 这里的"试验"包括实物试验、半实物试验、仿真试验、联合试验等各种类型的试验。

1.2.1　性能试验

　　性能试验是在一定的环境和条件下,检验装备战术技术指标,验证装备边界性能,判定装备研制立项和研制总要求规定的战术技术指标的符合性,为装备状态鉴定审查提供重要依据的试验活动。通常分为性能验证试验和性能鉴定试验。其中,性能验证试验(performance test for design verification)属于科研过程试验,是由装备研制管理部门组织研制单位在科研过程中开展的,为验证装备功能性能符合程度的装备性能试验。性能鉴定试验(performance test for configuration qualification)属于鉴定考核试验,是由装备试验鉴定管理机构根据申请组织试验单位开展的,为状态鉴定和列装定型提供依据的装备性能试验。性能鉴定试验通常应在性能验证试验完成后才能开展,性能验证试验可根据需要在装备研制过程中组织实施。

　　性能试验主要关注关键技术问题(CTI),与技术需求相关联,针对装备在技术和工程方面的特性,一般在专业场区和规定受控条件下,由专业试验人员进行,对(研制总要求和研制任务书中的所有)装备性能指标进行全面考核,目的是证明装备满足了 KPP、KSA 和 CTP 要求(阈值)。CTI 是 COI 的技术评估对应物[2]。不过,从装备的实战适用性考核和摸清性能底数的要求出发,以及考虑装备研制时间、费用、试验条件等多方面的限制,在装备性能试验过程中应重点考核验证装备的复杂环境适应性(complex environmental worthiness)和边界性能(margin performance)[12],为摸清装备在各种复杂环境下的性能表现,考核装备边界性能,摸清装备的各种边界性能指标,进而摸清装备性能底数提供支撑与参考。这里,复杂环境(complex environment)是指影响装备使用的多种因素综合的试验环境,例如:实战化环境(realistic operation environment)、复杂电磁环境(complex electromagnetic environment)、复杂地理环境(complex geological environment)、复杂气象环境(complex meteorological environment)、复杂水声环境(complex hydrological environment)、复杂网络环境、复杂空间环境,综合环境如海上综合环境(marine combined environment)、高原综合环境(plateau comprehensive environment),极端或极限自然环境如高原极寒、高海情环境。边界性能试验可分为设计极限试验、极端环境试验、边界性能条件试验。

1.2.2　作战试验

作战试验是在近似实战战场环境和对抗条件下,考核与评估装备和装备体系的作战效能和作战适用性,摸清装备在特定作战任务剖面下的底数,探索装备作战运用方式,为装备列装定型审查提供重要依据的试验活动。从试验程序来看,作战试验可分为初期作战评估(early operational assessment)、中期作战评估(intermediate operational assessment)和作战试验实施三种类型。初期作战评估是在装备研制立项批复后、性能鉴定试验前,评估装备性能和效能指标体系完整性、指标可测试可验证程度,预测装备作战效能和适用性,为作战试验设计和装备研制提供支撑的活动。中期作战评估在性能鉴定试验期间进行,评估装备作战效能和适用性,评定装备技术状态满足作战试验需求的符合程度,为作战试验采信性能试验数据和装备状态鉴定提供支撑的活动。作战试验实施是开展实际的作战试验工作,对装备作战效能和适用性进行实际的检验和综合评估。

作战试验主要针对关键作战问题(COI),与作战需求相关联,由独立于研制、订购单位的权威机构组织指定的部队(军方试验单位和部队联合)实施,在近实战或实战条件下,对装备作战效能和作战适用性进行考核检验,参试人员应与装备部署后的使用保障人员具有相同的水平。COI 是作战试验中必须考核的作战效能和作战适用性问题,以评估装备在现实作战任务环境中作战时执行任务的能力。作战试验具有对抗性、结果不确定性强、实施代价大等特点。与性能试验相比,作战试验针对典型环境和条件,不强调复杂环境和边界性能。

装备性能试验和作战试验通常相互不能替代,这是由装备性能和作战效能属于不同层次的涌现性决定的。装备通过性能试验,并不一定表明其能够完成特定的作战任务,装备完成作战任务的效果需要通过作战试验进行考核验证。

另外,即使装备的某些性能无法达到研制要求,也不意味着装备不能完成特定任务(当然这种情况要尽量避免)。装备性能试验和作战试验考核的重点也不同。性能试验是为了分析影响装备性能的主要因素,改进技术方案和查找出现问题的原因,因此要在严格规范和受控条件下进行。在进行作战试验时,有大量操作水平和战场心理状态不同的作战人员参与,并且作战任务和战场环境因素众多,因此装备作战试验的试验条件不确定性强,很多因素难以测量和控制。不过,作为性能试验的延伸,在作战试验过程中也会发现性能试验中难以暴露的技术问题和缺陷,特别是影响作战效能发挥和作战适用性的技术问题,但这只是作战试验的副产品,并不是作战试验的主要目标。

1.2.3 在役考核

在役考核是装备列装定型后,在服役期间进一步验证装备作战效能和作战适用性,考核装备部队适编性、适配性和服役期经济性等,提出装备改进意见建议的活动。装备在役考核一般由承担装备在役考核任务的部队、装备试验单位结合正常战备训练、联演联训、日常管理、维修保障以及教学任务等实施,或者根据需要专项组织实施。在在役考核中,承担装备在役考核任务的部队按照在役考核大纲,通过跟踪掌握部队装备实际使用和保障等情况,在装备试验单位协助下开展数据采集、汇总、分析等工作。

在役考核在装备实际使用条件下由实际用户实施,考核期长,结果的不确定性强。因此,在役考核是一类宽泛的试验活动,不能仅仅站在装备试验和管理的范畴来理解,需要从部队训练、装备运用等多个方面来把握,因此影响在役考核结果的因素,除了装备本身和外部环境因素,还有人员、训练等因素。从数据分析的角度,与性能试验和作战试验相比,在役考核试验数据更不完整,可能存在比较多的缺失,容易造成分析评估结果的混杂。

1.3 装备试验方法

试验方法是开展装备试验活动所采用的具体技术手段。装备试验可采用不同的试验方法。实物试验、仿真试验、实物与仿真相结合试验,是三类常用的装备试验方法。将多种试验方法结合使用,可以充分发挥各种方法的优势,获得更加经济、有效的试验结果。

1.3.1　实物试验

实物试验是指将装备实物作为试验实施对象所进行的试验。例如,导弹的外场飞行试验、飞机的新机首飞试验、舰船系泊航行试验等,都是实物试验。在装备作战试验中,实物试验要求构设真实的战场环境和实兵对抗条件,按照作战试验流程进行试验。按照被试装备产品的层次,实物试验可以分为装备组件和部件级试验、装备分系统级试验、装备级试验、装备系统级试验和装备体系级试验五种类型。

实物试验的优点是试验结果可信度高,能较客观地检验装备的性能和效能。相对于数学仿真,人们天然地认为实物试验结果就是"确定的真值"。实际上,实物试验往往不可避免面临不确定度问题。对于任何一项试验研究,都应该评定试验结果的不确定度[13]。实物试验的另一个主要缺点是对复杂环境和边界条件的性能难以充分考核,试验费用高,试验周期长,安全风险较高,试验次数和样本量有限,试验组织和实施保障复杂等。例如,对于导弹的飞行试验,由于导弹造价昂贵,可用于试验的导弹数量极为有限。但是,由于影响其战术技术性能的因素很多,不通过实弹飞行试验很难充分暴露存在的技术问题。

通常,装备的实物试验应按照"逐步递进"的方式实施。先开展组件和部件级试验,后开展分系统级试验,再开展装备级试验和装备系统级试验,必要时再开展装备体系级试验。只有低层次试验合格后方可转入高层次试验,同时高层次试验又可修正和验证低层次试验的结果。

当实物样机或实物已研制出来,且具备试验的条件时,可以采用实物试验方法。

1.3.2　仿真试验

仿真试验是指通过运行被试装备的仿真模型,对被试装备的性能、作战效能、作战适用性等进行考核和评定的试验。仿真试验不仅能够减少试验成本和风险,而且可以缩短试验周期。目前,仿真试验在装备性能试验和作战试验中的重要性不断提高,特别在性能验证试验、初期作战评估、中期作战评估中,仿真试验都得到大量应用。一般来说,以下几种情形可以进行仿真试验:① 装备尚未研制成型;② 实物试验所需的时间太长,但需要在短时间内观测到装备的性能变化,或者实物试验过程的时间太短,难以对试验过程进行细致观测;③ 实物试验所需的环境构建难度过大,或进行实物试验会造成较大破坏;④ 实物试验所需费用过大,难以承受;⑤ 实物试验会对装备造成较大破坏或难以恢复装备的正常状态;⑥ 实物试验会对陪试(或参试)人员造成伤害;⑦ 某些试验条件下的实物试验难以实现或具有很高风险;⑧ 实物试验样本量有限,且难以确保每次试验的条件相同。

从仿真试验中所采用的模型类型来看,仿真试验可分为数学仿真、半实物仿真和物理仿真三种类型,其中所采用的模型分别属于数学模型、半实物模型以及缩比实物模型或全尺寸工程研制模型等。

1. 数学仿真

数学仿真是指以被试装备的数学模型作为试验对象的试验。数学仿真根据被试装备模型的特性可分为连续系统仿真和离散事件系统仿真两类。

连续系统仿真指状态变量随时间连续变化的系统的仿真。连续系统仿真根据仿真时间的变化规律又细分为连续时间仿真、离散时间仿真以及连续离散混合仿真三类。连续时间仿真基于连续时间模型进行,仿真时间可以连续变化,仿真模型常用微分方程(组)或偏微分方程(组)建立;离散时间仿真的仿真时间只在离散时间点推进,其离散化时间步长一般取固定值,仿真模型采用差分方程(组)建立。同时包含连续时间仿真和离散时间仿真两种类型的仿真称为连续离散混合仿真。

离散事件系统仿真是对状态仅在离散时刻点上变化的系统的仿真。离散事件系统与连续系统的主要区别在于离散事件系统仿真状态变化发生在随机时间点上,这种引起状态变化的行为称为事件。事件往往发生在随机时间点上,系统的状态变量往往是离散变化的。

连续系统仿真是对装备进行数学仿真的主要的手段,常用于对装备的运动学和动力学建模与仿真。例如,飞机、导弹、舰艇等动力学系统仿真都是典型的连续系统仿真。离散事件系统仿真的典型应用场景包括目标流模拟、故障模拟、流程优化等。

数学仿真还可分为集中式和分布式。两者的主要区别在于数学模型的运行平台是单台计算机还是由通信网络连接的多台计算机。并行仿真是集中式仿真的一种形式,通常采用高性能计算机实现,主要用于流场分析、有限元计算、RCS 计算、毁伤计算等方面。分布式仿真通常采用分布式交互仿真 (distributed interactive simulation, DIS)和高层体系结构(high level architecture, HLA),主要用于体系作战环境下装备考核。目前,并行分布式仿真在复杂装备体系仿真试验中得到越来越多的研究和应用。

2. 半实物仿真

半实物仿真(又称硬件在回路仿真)指将被试装备的部分实物及其所需要

的物理效应设备接入仿真试验回路,协同运行的仿真试验。由于采用真实设备,避免了模型建立过程中引入的误差,比数学仿真具有更高的仿真可信度。

进行半实物仿真需要构建半实物仿真系统。半实物仿真系统主要包括如下几部分：仿真计算机,仿真软件(仿真专用软件、支撑软件等),被试装备实物(如导引头、运动体上计算机、惯性组件、执行机构等),接口设备,仿真试验控制台,物理效应设备(姿态模拟器、目标/环境模拟器、负载模拟器、高度/深度模拟器、加速度模拟器等),实时通信网络,支持服务系统(显示、数据记录及文档形成等)。

构建半实物仿真系统时一般应遵循以下原则：① 半实物仿真系统的组成和性能指标应满足仿真试验要求;② 难用数学模型精确描述的部件一般应以实物参试;③ 不参试的非实物功能一般由运行于仿真计算机上的数学模型实现。

在装备研制阶段常常用已研制出的实际部件或子系统代替部分数学模型,以提高仿真试验的可信度,避免建立复杂模型的困难,并用来对实际部件或子系统进行功能测试。在实物试验前的联调联试、分系统验证常需要考虑半实物仿真。

3. 物理仿真

物理仿真是基于物理模型的仿真试验方法,也称为模拟方法。

物理模型可分为静态物理模型和动态物理模型两类。静态物理模型是装备在三维空间中的表示,包括全尺寸实物模型、缩比实物模型、电子实物模型等。静态物理模型主要用于验证装备的结构等能否满足某些特定环境的要求、能否达到设计的指标。例如,通过导弹物理模型在风洞中的试验,可以测出导弹的升力、阻力、力矩等特性,评价其空气动力学性能。动态物理模型是指物理特性及相关变化规律与被建模装备相似、能反映被建模装备的物理效应的模型。动态物理模型能从物理效果上给出装备性能的变化过程,并通过电压、受力、位置等进行测量。例如,空空导弹地面发射试验中的发动机试验弹、搭载试验弹、程控弹等试验产品就是动态物理模型。

4. 仿真可信性分析

为了使仿真结果具有可信性,必须依据各种验前知识及必要的试验数据,开展仿真可信性分析。仿真可信性是描述仿真模型或系统能否在特定应用范围内满足预期应用要求的度量指标。仿真可信性与仿真模型或系统的应用范围和目的紧密相关。对于同一个仿真模型或系统,其应用范围和目的不同,其可信性也不同。例如：对于一个导引头和舵机模型都经过适当简化的导弹数学仿真系统而言,基本满足制导控制系统设计阶段的初步验证试验要求,但若用于评估导弹系统的性能或作战效能,可信性就较差。

仿真可信性分析包括模型或系统的 VV&A 和数据的 VV&C。

校核、验证与确认(verification,validation and accreditation,VV&A)是为保证仿真系统或模型的可信度,对仿真系统或模型的设计、开发及运行进行评估的过程和方法。其中:校核是评估仿真系统或模型是否准确反映了仿真需求、概念描述以及技术规范;验证是从仿真系统或模型的预期应用角度出发,评估仿真系统或模型能否有效替代仿真对象;确认是由用户或其委托的领域专家基于预期应用目的,评估仿真系统或模型是否可接受。

校核、验证与认证(verification,validation and certification,VV&C)是为保证仿真数据的可信度,对仿真数据的生产、转换及应用进行评估的过程和方法。其中:校核是评估仿真数据是否满足特定约束;验证则从仿真数据的预期应用角度出发,评估数据与已知值相比是否一致;认证是由用户或其委托的领域专家基于预期应用目的,评估仿真数据是否可接受。

1.3.3 实物与仿真联合试验

实物试验通常具有较高的可信度,但试验费用较大,边界试验难以开展。仿真试验费用较低,便于进行极限环境和边界试验,但可信度相对较低。实物与仿真联合试验,将实物试验和仿真试验有机结合,实现实物-虚拟-构造(live,virtual and constructive,LVC)联合实现,充分发挥实物试验和仿真试验的各自优势,已经成为装备作战试验、体系试验的重要方法。

实物与仿真联合试验是通过互连现有的试验场和设施,通过资源和能力共享构建复杂的试验环境进行的装备试验。联合试验将一系列具有互操作性、可重用性、可组合性、地理位置分散的靶场资源联合起来形成一个综合环境。这种环境通常包括海、陆、空、太空、网电等作战空间,真实的武器和平台,以及模拟器、仪器仪表、模型与仿真、软件与数据等。联合试验资源通常分布在不同的试验场,能够根据试验需要快速配置。通过联合试验,可以减少实物试验数量和消耗,节省试验成本。此外,联合试验还扩充了试验能力。

1.4 装备试验设计与分析评估过程

科学的试验方案关系到试验的全局,有效的分析评估则有助于试验数据价值的充分挖掘。试验方案的设计需要考虑试验经费、试验周期、试验设施等实际条件和科学可行性,以较小的代价获取有价值的有效数据;试验数据的分析和试验结果的评估需要考虑数据的来源、内容和构成,以最恰当的方式得到准确合理的结果。试验设计与分析评估相互影响,试验设计与分析人员需要充分理解试验任务,遵循规范的流程,采取科学的方法,编制优化的试验方案,有效地管理试验数据,采用合适的方法对试验数据进行建模和分析、对试验结果进行充分和合理的评估。

1.4.1　总体过程

为了提高试验和评估的效率,提供严格、可靠的试验鉴定策略和结果,提高试验规划、设计、执行和分析的水平,美国国防部提出了科学试验与分析技术(STAT)计划(DODI 5000.02),并在空军技术学院(Air Force Institute of Technology,AFIT)设立了 STAT 卓越中心,提出了包括试验策略[13]、最佳实践、案例研究工具、T&E 严格性(rigor)①评估[14]等一系列成果。STAT 不仅对试验鉴定提供直接价值,也可为美国国防部数字化转型提供支持。STAT 卓越中心和空军技术学院指出[15],如果适当的数字工程模型不易获得,或者需要修改现有模型或创建新模型时,可以通过经验主义和 STAT 对新系统和现象进行建模,提高模型就绪度(readiness),以及在适当时候创建模型模拟器。

本节从技术视角,借鉴 STAT 的试验策略(test strategy)[2]、能力试验法(capability test methodology,CTM)的评估线程(evaluation thread)[11]、美国国防系统试验鉴定统计方法小组的建议[16],以及自动化试验数据处理过程[17]等,对装备试验设计与分析评估的过程给出一个规范化的描述。

1. 过程描述

从技术角度看,装备试验设计与分析评估的总体过程如图 1-4 所示,其中被大的虚线框内圈起的节点表示密切相关的技术群,试验实施不属于该过程考虑的范围。这是一个从需求开始的迭代过程,其基本思路是:首先,从装备使命任务出发,分析试验需求,规划试验项目和试验任务;其次,在试验项目层次,确定试验目标,开展试验设计,目的是为分析评估提供严格、高效、明确和可量化的试验数据;最后,对试验数据进行建模与分析,对试验结果进行评估,所采用

---

① 　T&E 过程的严格性包括准确(accurate)、严密(exact)、详尽(exhaustive)、严谨(meticulous)、清晰(precise)等多个方面。

的数据通常不限于单个试验项目的数据,而是应该尽可能集成和综合利用多个来源的数据。整个迭代过程中,聚焦于对需求的明确处理并持续地生成试验目标、设计试验方案、开展试验评估,为装备性能考核和作战运用提供重要的参考依据。

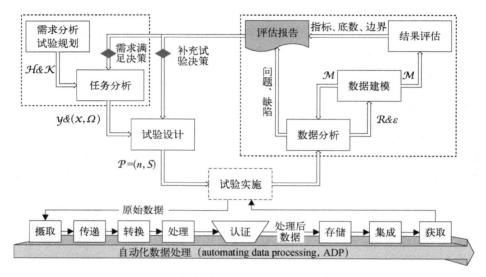

图 1-4 装备试验设计与分析评估总体过程

（1）需求分析与试验规划（test planning）。试验需求分析通过分析装备使命任务需求,提出装备试验考核验证的性能、效能和适用性等问题,设计明确、全面的试验内容（指标）体系和考核重点;试验规划根据试验需求确定试验项目,统筹试验任务。通过需求分析和试验规划,输出考核指标集 $\mathcal{H}$ 和试验项目集 $\mathcal{K}$。

（2）任务分析。试验任务分析根据试验项目确定试验目标,明确试验数据需求,确定试验响应 y,选择试验因子 x 和水平,分析试验约束,确定试验空间 Ω,为试验设计奠定基础。注意区分试验任务与装备的作战任务。

试验需求分析、任务规划以及试验任务分析工作统称为试验计划（test plan）。

（3）试验设计（test design）。根据试验目标设计试验方案 $\mathcal{P}$,包括确定试验样本量 n 和因子水平组合 $\mathcal{S}$,并通过适当定义的评价准则比较多种试验方案,以平衡给定试验设计的风险和成本。

需要指出,这里试验设计所生成的试验方案是狭义的统计试验方案,其核心内容是样本量和因子水平组合。广义的或更一般的试验方案,还包括对试验数据采集、试验数据分析处理等的规定,它们与狭义的试验方案一起,都是试验大纲的重要内容。

（4）数据分析。根据试验数据和/或数学模型 $\mathcal{M}$, 对试验变量之间的关系 $\mathcal{R}$ 和效应 ε 进行定性定量分析。数据分析是数据建模的基础,更是识别试验鉴定问题（test and evaluation problems）和装备缺陷（equipment deficiency）的重要途径。

（5）数据建模。根据试验数据建立试验变量之间的数学模型 $\mathcal{M}$。

（6）结果评估。根据试验数据和数学模型 $\mathcal{M}$, 对性能、效能、适用性等进行评估,获得性能指标、效能指标和适用性指标,以及性能底数、效能底数和边界性能等。

（7）自动化试验数据处理过程。上述总体流程的底部是一个自动化数据处理（automating data processing, ADP）过程,ADP 的目标是为试验数据分析、建模与评估快速准备数据。ADP 过程包括:从被试单元（unit under test, UUT）摄取原始数据、将数据传递到集中或分布式采集点、转换数据为公共格式（如 HDF5 格式）、传递数据至集中或分布式数据库、处理原始数据（汇集、变换、误差修正、时空校准、剔野、插补、采样、滤波等）、对处理后数据进行（人工）认证、将处理后数据入库至集中或分布式数据库、将多个试验项目及其他来源的数据进行集成、获取处理后数据。

装备试验鉴定相关的法规制度、国家军用标准、军兵种试验标准、技术规范和指南等,是装备试验设计和分析评估的指导性文件。这些标准规范一般规定了装备试验的项目、目的、程序,以及试验条件、试验准备、试验实施、试验数据处理和结果评估方法,这些是开展试验设计和分析评估的主要依据。对于标准规范中有明确规定的,应该按照标准规范执行,这是装备试验鉴定与普通科研活动不同之处。

2. 评估报告

装备试验活动的最终成果是各种科学、权威、独立、公正的试验评估报告,包括性能鉴定试验报告、作战试验报告、性能底数报告、效能底数报告、缺陷报告以及关于通用质量特性、复杂环境适应性等的专项评估报告,在图 1-4 中统称为评估报告,其中给出有关的试验结论和建议,是装备列装定型的主要依据,也是装备作战运用、改进设计和提高质量的重要依据。根据装备试验鉴定相关规定,结合统计学和数据科学等领域的术语,这些报告中的结论大体上可以分为四种类型[18]，即描述性结论、诊断性结论、预测性结论和指导性结论。从试验科学性以及试验结果满足因果关系的逻辑框架[19]的角度来说，相比描述性结论和预测性结论，诊断性结论和指导性结论对于装备试验评估更加重要。

（1）描述性（describe）结论，即指出已经发生或正在发生什么，是对数据内容的直观理解。例如，通过统计计算，获得性能、效能、适用性等指标和指标变化范围；通过关联分析，获得与响应变量存在相关或因果关系的条件变量；等等。在统计学中，通过描述性统计汇总试验数据，可以获得描述性结论。但是，仍应运用严格统计理论对结论的不确定性和风险进行科学的评估，这也是STAT推荐的最优实践。

（2）诊断性结论，也称发现性（discover）结论，它指出为什么情况已经发生或正在发生，并洞见数据中的关键关系。例如，通过灵敏性分析或重要性分析，找到影响最大的因子或感兴趣的区域；通过因子效应分析，确定是否存在显著的交互；通过对比分析[11]、关联分析等，找出试验结果中的异常；等等。关于试验鉴定问题和装备缺陷等的结论，属于诊断性结论。

（3）预测性（predict）结论，即对未来或未观测的输入，获得可能的输出，如未来可能发生的事情、发生的可能性、发生的时间等。预测结果可以是一个数据点或数据集（比如预测区间），也可以是反事实预测。不同类型模型预测的结果类型也会有差异。通过评估而非实测获得的装备性能/效能底数、性能边界，属于预测性结论。

（4）指导性结论也称推荐性（advise）结论，利用已经发生的事情（描述）、事情发生的原因（诊断）和可能发生的情况（预测），提出建议的行动方案或最佳方案。行动方案的推荐和优化可以基于相关或基于因果。大多数情况下基于相关的结论可以确定行动对应的结果，基于因果的行动方案则更稳健。关于装备作战运用参考的一些结论，属于指导性结论。

需要注意，对评估报告中的结论进行解释，要求分析人员具备一定的科学素养和统计思维（statistical thinking）。这是因为，数据自身存在"缺陷"，如数据量有限、数据采集存在缺失、数据测量存在偏差或错误、数据和模型存在不确定性（包括随机不确定性和认知不确定性）、模型存在近似和不精确性、分析人员存在主观性和认知局限等。因此，通过试验数据分析、建模和评估过程获得的结论，不能保证是完全确定、准确和可信的，依据评估结果辅助决策，不可避免存在风险。需要注意对有关的风险进行评估或量化。风险与诊断和预测的偏差及不确定性等有关，量化偏差和不确定性是对风险进行量化的前提。

1.4.2 需求分析

识别试验内容和评估结果的合理范围,是试验人员面临的首个困难。试验需求分析解决试验范围界定(scope)问题,以支持对被试装备系统(system under test, SUT)或体系的全面、充分、科学地评估。试验需求始于装备能力需求,这些能力需求通常由熟悉或直接参与作战活动的人员和组织确定,分为技术类和作战类两类。通过需求分析明确试验中需要考核的研制和作战方面的问题、目标和度量,形成研制评估框架和作战评估框架,描述根据系统的技术需求和作战需求对系统进行的评估,如图 1-5 所示。

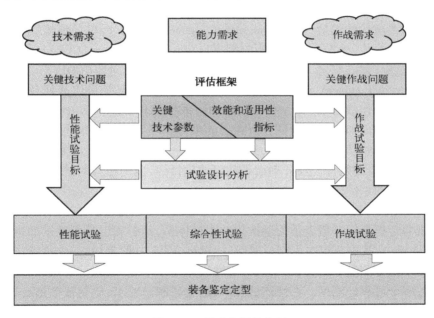

图 1-5 需求分析的内涵

基于使命(mission)的试验设计与分析评估,是以实战化考核为根本要求的试验需求分析的有效方法。其以装备使命任务为依据,针对复杂和模糊的使命任务要求,通过适当的分解和分析,考虑有关的任务(task)和子任务(sub-task),对装备性能和作战效果等进行良好定义,并确定所有能够通过试验考核的指标和要求。需求分析结果包括:需求相关的装备使命任务,需求涉及的装备性能、效能、适用性和运行状态,需求定义和量化,需求是否能够有效地描述装备,等等。本书第 2 章介绍了基于使命任务的装备性能试验中复杂环境和边界性能试验的需求分析,以及装备作战试验中指标体系构建方法,关于需求的量化表示,可进一步参考本书 6.2 节。

1. 分析使命任务

对装备使命任务进行分析的目的,是以实战化考核为基本要求,明确装备作战任务需求[20],确定典型作战样式,识别关键问题,进行使命/任务分解。装备在其研制任务中规定了使命任务、作战方向、作战地域、作战任务等条件,在制定装备试验方案时,应该针对研制总要求,确定典型的作战样式(pattern of operations),比如采用综合加权法[4],为后续"像作战一样试验"的设计分析提供逻辑基础。不同试验中有不同的关键问题,对性能试验来说,根据研制总要求识别装备的关键性能参数(key performance parameter, KPP),根据环境影响及危害性分析等途径,确定性能关键影响因素(critical effect factor, CEF);对作战试验、体系试验(联合任务环境下的),则关注于关键作战问题(COI)[21]、关键能力问题(critical capacity issue, CCI)[11]。使命/任务分解是将作战任务细分为较小的部分即作战活动(operational activity)或作战任务(operational task)①,给出装备任务剖面即完成使命任务所经历的事件和环境的时序描述,以便了解系统必须执行哪些功能才能实现任务目标,并进一步将这些功能分解为完成作战活动/任务所需的组件。任务剖面是确定试验目标,识别相关的试验响应、试验因子和试验约束的前提。

2. 确定考核指标

试验考核指标一般表示为层次化的指标体系,其中底层是可度量的指标测度(measure),其更高层次为指标属性(attribute)②。一般来说,一个指标属性可以有多个指标测度。例如,装备的可靠性属性包括平均寿命、可靠寿命、任务可靠度等多个可靠性测度。在性能试验中,通过研制总要求、研制任务书、试验鉴定总案等确定指标属性和指标测度,考核指标体系要覆盖其中所有的指标和要求。在作战试验中,指标属性和指标测度应来自作战需求,如果没有相应的指导性文件,则需要依赖专家知识构建;另外,作战试验评估时,单一的指标体系可能无法满足不同层级(使命、任务/活动、装备)效能评估的需要,这时可以构建多个相互关联的指标体系。当预先规定的指标测度不足以刻画指标属性时,

---

① 美军建议将使命任务分解到操作员级的具体行动,但同时明确子任务分解一般不超过 3 级。
② 按照联合能力集成与开发系统(joint capabilities integration and development system, JCIDS),属性是事物(things)或活动(activities)可以被定性或定量地度量的特性(characteristics)。

可以补充增加新的指标测度。

对每一个考核指标,应给出指标的明确定义,确定指标类型(是否连续变量、能否转化为连续变量进行处理,这将影响数据采集)和指标重要性等。将考核需求转化为指标测度,要注意需求描述是否隐含了时间比例要求,是整体平均还是在特定范围之内的要求。如图1-6所示为考核需求转化为指标测度的示意图[2]。

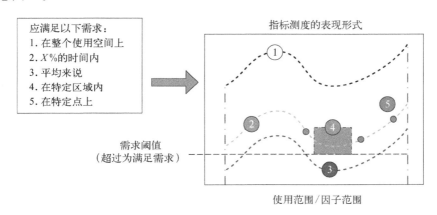

图1-6 考核需求转化为指标测度

确定考核指标的过程必须充分考虑实战化要求。性能试验重点针对复杂环境适应性和边界性能提出考核指标,作战试验主要针对关键作战问题。

3. 确定指标的考核方式

对最底层的指标测度,从实战化需求出发,提出指标考核的要求和条件,需要确定其考核方式。指标考核方式包括实物试验、仿真试验、软件测评、分析评估、直接采信等。应该优先采用国军标中规定的考核方法进行考核,对于国军标不能满足考核要求的指标,应对考核方式方法进行设计。在采用试验方法考核指标时,应考虑各种试验方法的优缺点,并综合考虑其他信息源的作用。

对每个指标测度,需要考虑试验样本量和数据测量精度等的影响,确定指标计算的方法和准则。指标属性的考核通过低层次指标的综合评估进行。

1.4.3 试验规划

任务规划针对试验需求考核指标和考核方式,根据试验管理规定和试验资源约束,确定试验项目,规划试验任务,统筹试验安排,以满足指标考核充分性、资源利用高效性等要求。

1. 确定试验项目

试验项目(test item)是针对特定试验目的(如考核某些指标要求)而组织的连续的试验活动,在作战试验中又称为试验科目。试验项目是试验数据产生和采集的基本单元,也是试验任务组织管理的基本单元,还是试验资源分配调度的基本单元。可以从不同角度对试验项目进行分类,于是可以围绕不同类目确定试验项目,比如根据考核指标①、根据作战过程、根据关键作战问题等,确定试验项目。性能试验主要基于考核指标,并要求全覆盖;作战试验强调主要作战样式,要求任务剖面和环境剖面的完整性[22]。目前常用的试验项目设计方法包括树形图法和映射法[23]。树形图法的依据是预先确定的指标体系;映射法根据试验中的关键因素,如能力、任务、环境等之间的映射关系。对作战试验来说,装备根据其使命任务、作战方向、作战地域等有不同的作战行动样式,每类作战行动有其独特的装备作战运用过程,因此可以依据每个作战行动确定作战试验项目。

由于指标体系、作战任务具有层次性,试验项目也可分成不同层级。例如,通用质量特性试验项目又可分为可靠性试验项目、维修性试验项目等子项目;战场定位试验项目可分为位置搜索、位置验证/融合、目标认证、位置分享等子项目。

形成初始的多级试验项目后,将考核指标与底层试验项目进行映射,以确定数据采集需求,并为试验影响因素分析设计提供条件。底层试验项目与考核指标间存在一对多、多对一或一对一等多种映射关系。对于作战试验来说,由于考核指标与作战试验想定有关,因此映射完成后还要分析所映射的指标是否便于采集数据,必要时可结合试验科目内的行动内容进一步分解指标,以便形成便于采集的数据集。

对初步构设的试验项目,根据试验费用、进度、组织实施难度等进行综合考虑,对试验项目进行筛选、整合,例如:采信典型环境试验结果,保留复杂环境试验项目;将维修性试验科目与测试性试验科目合并,通过一个科目同时考核维修性指标和测试性指标。

---

① 这里的考核指标,可以理解为装备性能参数、装备作战能力、需要通过关键作战问题回答的关键作战效能和适用性问题等,虽然有些文献的提法不同[19],但都是关注于对指标的考核而非对任务的试验。

2. 规划试验任务

在装备试验过程中,需要完成多种类的大量试验项目,若干试验项目会整合为试验任务。试验任务(test task)是类似或关系密切的,或者根据其他准则能够集中或统一组织实施的若干试验项目的有机集合。美军的作战试验中称为试验场景(test scenario, test vignette)[24],是指可执行的、具有逻辑关系的子任务/试验事件(test event)组合;术语的使用上,美国海军用 vignette,其他军兵种用 scenario。

由于多个试验项目的实施时机、试验条件可能有不同的要求,从试验资源看各试验项目也不可能独立实施,因此试验项目/试验任务之间一般存在复杂的约束和依赖关系。例如,一台样车在各种路面上试验,一种性能通过模型、样机分别在室内、室外进行试验,都是试验项目之间存在约束的情形。为了满足试验进度要求和试验资源(test resource)约束,或者缩短试验周期、提高试验效率,从管理角度要对试验项目/试验任务进行统筹安排,包括先后顺序、样机分配、资源安排等。

试验项目的时间安排有一些基本原则[12,25,26],例如:在性能试验中,先技术性能、后战术性能,先软件测评、后硬件试验,先静态试验、后动态试验;采用不同试验方法时,先数值模拟、后实物试验;需要在多种水平的条件下试验时,先常规条件、后边界性能;对于有相应国军标规范的试验项目应按有关标准规范安排试验,如环境鉴定试验可以按产生最大环境影响排序、按模拟实际环境出现次序排序等。

试验样机和资源安排是一个比较复杂的约束规划问题[27],需要考察试验项目属性、样机约束等建立数学模型,采用启发式算法、遗传算法等求解。

1.4.4　任务分析

试验任务分析根据指标考核需求和试验项目中包含的信息、目的和意图,确定试验目标、响应变量和试验空间,为试验设计奠定基础。

1. 分析试验目标

试验目标决定了试验的类型。美国空军飞行试验中,用观察(observe)、比较(compare)、论证(demonstrate)、确定(determine)、评估(evaluate)、验证(verify)六个动作动词刻画试验目标[2],文献[28]把试验设计中的问题分为处理比较、变量筛选、响应面探查、系统优化和系统稳健性五种类型,文献[29]认为试验的目标至少包括描述、筛选、优化、确认、发现、稳健性等。从统计推断理论角度,统计试验可以分为指标估计试验和指标检验试验两大类,前者是为了获得指标,后者为了检验指标是否满足要求,二者的差异在于样本量确定的依据——前者依据评估精度要求,后者基于检验的风险。不过实际上,无论是估计还是检验,最终都会根据试验数据获得指标。从这个角度来说,可以根据试验的目的,把统计试验设计分为四类,即对比、筛选、表征和优化。对比是对不同处理或方案进行比较,以客观方式评估两个或多个方案;筛选是识别重要变量,如确定影响效能的关键因子;表征是为了探查重要变量在响应上的效应,涉及对装备在整个运行范围内的建模;优化包括寻找变量的最优组合以优化响应,或提高系统抗干扰能力。不同的试验设计问题有不同的试验设计方法。图 1-7为四种类型试验的目标示意图。

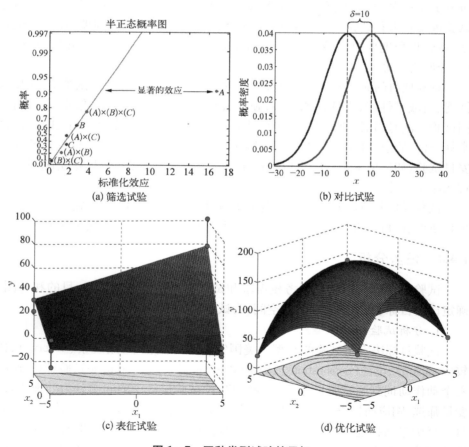

图 1-7　四种类型试验的目标

1）筛选试验

在试验设计时,有很多因素或条件变量会影响试验结果。如果将所有的影响因素都考虑在内进行试验,不仅会加大试验成本和时间,而且可能会造成浪费,并加大试验结果的误差。因此,对有显著影响的因子进行筛选就显得十分必要。筛选试验的目的是识别对试验结果有显著影响的因子,剔除不显著的因子,为后续节约高效地针对重要因子开展试验设计提供依据。

为了减少试验次数和样本量需求,筛选试验通常不考虑因子之间的交互作用和高阶效应,因此可以通过一些两水平试验或者专门的筛选试验来完成。通常,将各个因子的水平设置为 2~3 个,采用析因设计方法进行试验设计,并且用方差分析方法得到试验结论。在大型的仿真试验中常常涉及大量的因子,此时筛选试验尤为关键。

2）对比试验

顾名思义,对比的主要目的,是比较几种不同的因子水平组合或不同的方案下响应的取值,并选择最好的水平组合或方案。例如,比较不同仪表布局方案对人机工效的影响,比较温度对材料强度的影响。这类试验称为对比试验,即比较不同的试验输入条件下试验结果是否具有显著性差异。

对比试验可以通过完全随机化设计和区组设计进行试验设计,用方差分析方法得出试验结论。

3）表征试验

筛选试验不考虑因子间的交互效应,但给出了主要因子。一般主要因子的数量不会太多,可以进一步探查它们在响应上的效应。这些因子与响应之间的关系有时称为响应曲面。表征试验的主要目的就是确定响应曲面,因此表征试验也称为响应面试验。通过设计的试验以及参数或半参数模型,帮助人们分析和建立起因子和响应间的模型,可以估计因子的主效应、二次效应以及因子间的某些交互作用。表征试验的试验设计通常采用因子设计方法进行,响应曲面通常可以用一次、二次曲面或各种多元回归模型表示。在数学仿真中,则更多地用空间填充试验设计方法,并建立各种类型的代理模型。

表征试验中有一类称为析因试验,其试验方法主要选择各因子取值组合构成的几何体的顶点。通过这样构造的试验,可以帮助确定是否存在主效应或者哪些主效应是显著的,是否存在交互作用或者哪些交互作用是显著的。试验的最终结果通过方差分析来鉴定这些效应是否显著,同时对筛选试验也是一种验证。在数学仿真中,还可以用方差分解方式来评估各种主效应和交互效应。

通过表征试验建立的响应曲面,可以用来对装备性能进行评估或预测。特别的,有些复杂装备或装备系统难以进行实验室或现场的实物试验,这时需要通过仿真试验进行评估。例如,某些卫星部件受空间辐射环境影响而发生性能退化或功能异常,但是在实验室环境下模拟真实的空间辐射试验环境非常困难。目前核武器的性能和安全可靠性认证,主要依赖于大规模数值模拟试验。为了评估对象的性能,在仿真试验设计与实施过程中,需要充分考虑仿真模型与实物的差异、考虑模型和数据中的各种不确定性因素(包括认知不确定性和偶然不确定性)。

表征试验主要在性能鉴定试验中进行,其目的是表征装备在作战剖面上的性能,确定装备是否在变化的作战条件下满足需求。

4)优化试验

表征试验确定了所有因子与响应间的主要影响关系,并且可以确定主要因子的大致水平。有时需要进一步地安排一些试验来最终确定因子的最佳水平,此时的试验是对表征试验的补充,也就是利用已有的表征试验的数据来优化响应,或者说增加一些水平组合来完成这个任务,以便用优化的手段来确定最优的水平组合。优化试验的目的是找出使装备特性达到最佳值的设计参数或试验条件变量取值。优化试验设计通常基于响应曲面,采用序贯和优化方法实现。

2. 选择试验响应

好的试验要求是可测量的。在确定试验目标后,另一个关键问题就是确定测量哪些数据。响应变量(简称响应)是试验事件的输出(测量数据),是度量试验结果的变量,用于评估试验的目标。对于给定的试验和所支持的需求,可能存在若干个响应,需要通过适当的工具来确定所测量的试验响应。文献[2]提出一种流程图来帮助确定试验响应。所有响应都应该能够追溯到被试装备的 KPP、KSA、MOE、MOS 等指标参数。另外,在类似试验项目中使用的指标参数,或者是由主题专家开发的指标参数,也应该在选择响应时进行考虑。

响应变量的数据类型可能会影响试验所需的资源,从而影响统计分析的质量。例如,实弹射击试验可能具有破坏性,因此无法精确测量弹着点。如图 1-8 所示,使用命中和未命中这样的计数而不是测量落点到目标的距离可能更容易。然而,使用分类数据而非连续数据类型所带来的好处,可能会因资源的浪费和分析的复杂性而得不偿失。一般来说,采用分类变量意味着需要较多的试验次数,对试验评估结果精度也可能产生影响。与连续数据相比,分类数据包含关于响应的信息相对较少(在某些情况下信息量减少 38%~60%),从而在有噪声的条件下,难以检测到响应的变化。更具体地说,这时试验结果的信噪比(与视作连续数据相比)将会变差(信噪比定义为响应的期望差异与过程噪声变化幅度的比值)。较差的信噪比反过来需要更多次的重复试验才能获得足够的功效。

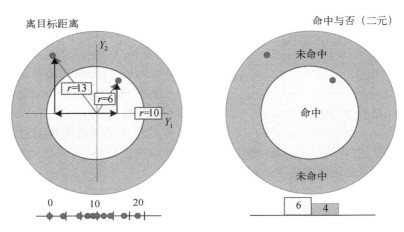

图 1-8 连续响应变量和分类响应变量

3. 确定试验空间

试验空间或试验样本空间,是试验条件变量及其水平组合构成的集合。通过分别识别试验因子及其水平和约束条件,确定试验空间。

1)确定试验因子及其水平

装备试验中所涉及的各种变量称为试验变量,包括响应变量和条件变量,条件变量是影响试验结果的变量。装备试验中受控的条件变量称为试验因子(factor),试验因子的取值称为因子水平(level)。试验因子可分为外部环境和装备编配两大类[4],外部环境包括自然和人为构建的试验环境(test environment)、目标(靶标)特性等,是试验事件的输入或条件(test condition),影响响应的变异性。在任务剖面基础上,可以通过以前的试验、系统知识、对物理过程的洞察等途径获得试验因子;运用一些头脑风暴工具如鱼骨图(fishbone diagram)、亲和图(affinity diagram)、相互关系图(inter-relationship diagram)等,可以确定因果因子(causal factor)[2]。

鱼骨图通常用在协作环境下。在创建鱼骨图时,首先识别所有潜在因子,试验团队随后对因子进行分类,识别其在试验过程中是变化的还是保持常数,是否可控、可测量还是作为噪声等。亲和图是大量项目(item)按亲和程度进行

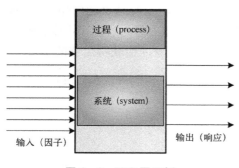

图 1-9　IPO 图示例

分组的有效工具。首先,每个试验团队成员将可能影响试验结果的潜在因子单独制成便签或卡片,然后团队所有成员一起查看,将相似内容的卡片合并。使用关系图可以进一步理解和探查项之间的关系。

对因子分析识别的结果,可以使用输入-过程-输出(Input-Process-Output, IPO)图进行汇总,如图 1-9 所示。IPO 图的输入是通过亲和图、鱼骨图等识别的因子,过程是试验目标,输出是所识别的响应。另外,还可以使用 IPO 图展示输入因子和输出响应中的噪声因子。

可以通过筛选试验对大量的试验因子进行筛选,使得后续的试验设计只针对重要的试验因子进行。

对于所确定的试验因子,需要进一步确定因子取值范围,以及在其取值范围内应选择哪些特殊水平。实际上,因子取值范围和水平都不是随意的,需要由装备自身特点和试验要求决定。应从度量试验响应出发,控制试验因子及其水平。另外在试验设计时,应重点考虑对试验结果产生较大影响的因子水平。

2）分析试验约束

由于试验资源等的限制,在试验设计时只能重点考虑对试验结果产生较大影响的因子和水平。另外,在试验设计中,试验点(test point)[即统计试验设计中的处理(treatment)或因子水平组合[30],也称设计点(design point)]是在整个运行范围选择的,可能超出装备设计中的需求定义区域,如图 1-10 所示。因此,并不是所有的试验都是人们所感兴趣的,也不是所有的试验都是可以实施的。

试验设计时必须考虑对试验区域的限制或约束。常见的约束包括预算、试验区域以及随机化限制(包括难以改变因子水平)等。约束条件影响不同因子之间哪些水平组合可以同时出现在设计中,从而

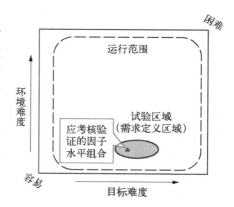

图 1-10　试验设计(DOE)的范围

影响设计点的几何布置。在试验任务分析中,必须决定试验所感兴趣的区域即试验空间,它可能是装备运行范围的一个子集。试验区域不一定是矩形,表示可能存在不允许的因子水平组合。例如,两个因子(如压力和温度)中单独某个取高水平的情况在运行范围内,但是两个因子的高水平的组合可能在运行范围之外。所禁止的组合可能源于其对性能指标的相互作用,或者是安全性的考虑,或者某些特定组合会导致不希望的结果,或者源自物理原理的限制。因此要尽早识别所有被禁止的组合。

除了被禁止的组合,还有些组合是试验中特别关心、必须进行试验的,也会对试验区域产生影响,这意味着试验空间的不同区域具有不同的重要性。

1.4.5　试验设计

试验设计根据试验响应、试验因子和试验约束进行。试验设计的根本目的是在试验资源和时间约束下,选择数量非常少的试验场景,然后为这些试验场景分配数量可能略大的试验事件,以便尽可能提供充足的证据,了解大量场景中的装备性能/效能①,并尽可能获得试验对象的因果关系[19]。调查表明,在作战试验设计过程中只要进行适度的努力和微小的改进,作战试验设计的质量就可以得到实质性的提高,并降低试验成本[16]。

对于特定的试验目标,有若干可供选择的试验设计方法,因此有时要在候选的试验设计方法或获得的试验方案之间进行选择。这是一个多目标决策问题,需要考虑许多因素,包括:试验目标、评估模型、指标的显著变化、置信水平、检验功效、预测质量、混杂效应等。通过适当定义的试验方案评价准则比较多种设计,以平衡试验方案的风险和成本。

1. 试验样本量设计

在试验设计过程中,一般首先确定试验样本量。试验样本量可以是通常的样品数量,也可能是其他等价的量,如试验总时间(对于寿命试验)。

根据数理统计理论,试验样本量与参数估计的精度(标准差、置信区间)和假设检验的风险有密切关系。在区间估计问题中,当置信水平一定时,随着样本量的增加,置信区间会变小;在指标检验问题中,为了同时降低研制方风险和使用方风险,只能通过增大试验的样本量。因此,在试验设计时确定试验样本

---

① 这称为杜宾挑战(Dubin's Challenge)。形式化地描述,就是如何将给定数量 t 的试验分配给 m 个不同的感兴趣场景,并且 t 远远小于 m,基于 t 个试验能够较好地理解跨 m 个场景的平均性能和单个场景的性能。

量是一个非常重要的问题,需要基于置信水平和两类风险要求,对试验样本量进行优化。

试验样本量设计可以分为三类[31],即给定置信水平要求的设计、给定检验风险要求的设计、联合要求的设计。给定置信水平要求的样本量设计,是选择满足置信区间估计精度要求的最小样本量或试验时间。给定检验风险要求的样本量设计是在固定的生产方风险和使用方风险条件下,确定最小样本量或试验时间。有时同时要求估计精度和检验风险,则需要选择同时满足上述两种条件的最小样本量或试验时间。

有时样本量不是预先固定的,而是根据抽样(或观测)过程出现的情况来决定何时停止抽样(或观测),即"试试看看,看看试试",这就是序贯试验法。序贯试验就是根据逐次试验的结果进行分析判断,决定是否提前结束试验,从而减少试验样本,节省资金,或者按预定的样本量继续进行试验。

对于昂贵或复杂装备的试验鉴定来说,有时试验样本量的确定不是一个简单的统计学问题,这时根据装备研制的约束规定样机数量,从而对样本量形成约束。

关于试验样本量设计已经有很多理论研究,包括国军标在内的一些标准规范对特定类型指标或一些常规装备试验,规定了应该采用的样本量。另外,实际试验设计中影响样本量的因素很多,因此本书中不把样本量设计作为讨论的重点,感兴趣的读者可以参考有关文献。

2. 试验样本设计

试验样本设计是试验设计的核心,其结果是试验矩阵(test matrix),一般用矩阵的行向量代表因子水平组合。试验样本设计一般在规定的试验样本量基础上进行,如果未指定样本量,则根据试验类型和试验要求,设计试验样本,获得试验样本量。

针对不同类型的试验设计问题,都已经提出了多种试验设计方法。对实物试验、仿真试验、实物与仿真联合试验等不同类型的试验方法,也进行了大量的针对性研究。实物试验设计的研究目前比较成熟,已经提出包括区组设计、拉丁方设计、正交设计、均匀设计、参数设计、回归设计、切片设计等多种有效的设计方法并得到广泛应用,在这些基本方法基础上,通过折叠、交叉、组合等方式,进一步产生新的试验方案。表1-4是不同类型试验下,适用于不同因子数的实物试验设计方法[2]。在装备试验设计中,除了经典的随机化、重复和区组化原则,还有两个一般的原则:① 应该在响应变量变化最大的地方安排更多试验;② 应该为试验因子选择接近典型使用极限的值。

表 1-4　典型的实物试验设计方法

因子数	对比试验	筛 选 试 验	表 征 试 验	优化试验
1	完全随机化设计		完全因子设计	序贯设计
2~4	随机区组设计	完全或部分因子设计	中心复合设计,或 Box-Behnken 设计	
≥5	随机区组设计	部分因子设计,或 Plackett-Burman 设计	需要首先筛选变量以减少因子数量	

　　仿真试验因其易于实施以及试验结果的确定性,在试验设计方法选择上与实物试验(物理试验)也有区别。例如,因子数较少时可采用全因子组合或中心复合设计;随因子数增加,在筛选试验中可采用 Plackett-Burman 设计、Sequential Bifurcation 设计等方法,在表征试验中可以依次考虑全因子、微分网格、频率设计、拉丁超方设计等。

　　由于 LVC 试验比实物试验更灵活,因此在 LVC 试验设计中可以使用更简单、完全随机化的试验设计方法:当随机化不受限制时,推荐使用正交阵列(orthogonal array, OA)、近似正交阵列(nearly orthogonal array, NOA)和最优设计(optimal designs);如果不能做到完全随机化,如因子难以改变(hard-to-change, HTC),存在人员因子的限制,或者存在健壮产品设计(robust product design, RPD)等情况,可以采用裂区设计(split-plot designs)[32]。在 LVC 试验中,通常的部分因子设计并不总是适用的。另外,由于协调和控制实物资产以及实物和虚拟资产中的人员,会给 LVC 试验的重复带来问题,因此若要重复 LVC 试验,可能需要明确的重复计划和试验实施规程。文献[11]为联合任务环境下 LVC 试验设计提供了更进一步的指导,包括一个比较详细的试验设计方法对比和一个选取试验设计方法的流程。本书第 3 章介绍了试验样本设计的一些最新成果。

　　无论是实物试验、仿真试验还是基于 LVC(联合任务环境)的试验,统计试验设计都可以大大提高试验中数据采集质量,提高试验效率,对性能和效能做出更有效的客观结论。

　　需要指出,性能试验和作战试验的试验样本设计存在一些细微的差异。性能试验中试验条件仅作用于被试装备,因此直接针对性能考核指标选择因子水平组合即可。在作战试验中,作战环境或情景中的不同变量可能影响装备、任务、使命等不同层级。这时,可以统一考虑影响被试装备性能的所有变量[21];也可针对不同层级依次设计试验样本,比如先根据作战方向和地域等因素选择典型使命任务,设计试验想定,再针对(单个想定的)试验项目开展进一步的试验样本设计[4]。

本书第 3 章对试验设计的评价准则进行了综合分析,针对目前装备试验设计的实际问题,介绍了复杂约束情况下试验设计和序贯试验设计的较新的研究成果。

3. 试验设计的其他考虑

在试验设计过程中,需要考虑试验数据分析评估方案的影响。一般来说,在试验设计过程中,需要制定试验数据分析评估的方案指导试验设计工作。由于分析评估方案针对的是实际收集的数据,而不是计划收集的数据,因此试验误差、样本误差等是试验设计时必须考虑的因素。

一般考核指标与试验项目之间存在多对多的对应关系,比如一个指标可以在多个项目中考核,一个试验项目也可以用于考核多个指标。因此可以利用多个试验项目之间的信息重叠,进行综合设计。例如,导弹的飞行可靠性,可以对单元级综合环境试验,以及导弹的地面试验、仿真试验、挂飞试验和飞行试验等试验项目进行综合设计,提高试验效益。

1.4.6 数据分析

数据分析是指通过实物试验数据、仿真试验数据、观察数据等的分析,获得变量关系、方案优劣、缺陷问题等的定性和定量结论,其核心是影响评价(impact evaluation),包括确定效应(effect)的大小[即平均影响(average impact)],以及确定方案优良的原因及实现的途径。关于数据分析的内涵,在不同文献中有不同的规定。传统的数据统计分析理论中,将数据分析分为探索性分析和验证性分析两类。本书借鉴这种分类,将数据分析分为无模型的探索性分析和基于模型的验证性分析两类。

探索性分析是在无预想情况下定性探索数据集的结构和模式,以便对数据的分布、趋势、关联、聚类等有直观的理解,包括通过数据汇总了解响应的变化范围,分析确定响应是否相关、影响最大的因子、是否存在显著的交互、影响的模式是线性还是非线性、感兴趣的输入区域,对比识别方案的优劣、缺陷和问题等。

验证性分析是基于模型和假设,定量评价条件变量对响应变量影响的活动,包括析因效应分析、灵敏性/重要度分析、因果效应分析等。析因效应分析利用多水平试验数据分析单个因子取不同值对响应的影响,或者因子在不同水平上对响应的影响是否受到其他因子的影响。灵敏性分析量化的是由条件变量变化所引起的响应变量的变化范围或极限值,从众多条件变量中找出对响应变量有显著影响的变量。因果效应分析的目的是确定在干预和不干预的情况下,结果是否存在显著差异。

关于试验数据分析的内容见本书第 4 章。

1.4.7　数据建模

模型是试验数据分析与结果评估的核心。数据建模的目的是用形式化的数学模型定量描述响应变量和条件变量之间的关系。利用模型可以充分发挥试验数据价值、拓展试验内容。

模型包括模型结构(如多项式的阶数)和模型参数(如多项式的系数、测量误差的方差)两部分,因此建模包括确定模型结构和估计模型参数两部分。传统的试验数据建模中,统计学一直居于主导地位。在传统的统计建模中,可以基于第一原理或统计建模(如逐步回归)确定模型结构,或者直接采纳半参数或非参数模型。随着大型复杂数据集的出现,依赖于统计学方法从数据获得结论,有时候越来越困难。随着计算能力的提高,模型结构的确定也可以自动实现,即设计模型结构搜索算法,从模型空间搜索满意的模型结构描述研究对象的规律,如自动化机器学习(AutoML)方法。

Leo Breiman 教授结合自身经验,对统计学和机器学习这两类数据建模方法进行了总结,指出其代表两种不同的建模文化[33],即基于数据的建模和基于算法的建模,指出应采用更多样化的工具来分析数据和解决问题。

统计建模属于基于数据的建模方法,解决的是数据贫乏或有限样本情况下的数据建模问题,重视数据对生成过程的描述。其中,假设数据是由一个随机数据模型生成的,如图 1-11 所示。建模就是对数据模型进行辨识,模型验证(validation)通过拟合优度检验、残差检查等途径实现。基于数据的模型一般比较简单,可解释性是这类模型的优势,模型预测能力并不是其主要关注点。回归分析、逻辑斯谛回归、广义线性模型、广义可加模型,以及结构方程模型等,都属于基于数据的建模。

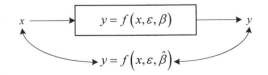

图 1-11　基于数据的建模策略

在自然、异构以及动态不确定条件下,基于简化的随机数据模型进行的推断和预测,可能难以满足精度要求。基于算法的建模对数据生成机制不做假设,认为生成数据的过程是复杂和未知的,建模不是提供数据生成机制,而是找到一个函数 $f(x)$,或者一种对 x 进行运算以预测 y 的算法,能够对输入的 x 尽可能精确地预测输出 y,如图 1-12 所示。在这种策略下,模型空间可能非常复杂,甚至没有解析形式、没有好的可解释性,只要模型的预测精度(更一般的,泛化性能)满足需求,就可以用来对未出现在训练集中的数据进行预测。

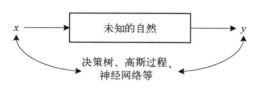

图 1-12 基于算法的建模策略

随着试验鉴定领域的大数据趋势,在试验数据建模中采用机器学习方法,已经成为共识。一些更复杂的建模工具的知识,如非齐次泊松过程、分类回归树、高斯过程模型、神经网络模型等,都开始得到研究和应用。

总之,需要针对数据获取的方式和特点,包括试验数据和观察数据、单一来源和多种来源等,研究和运用合适的数据建模方法。本书第 5 章介绍了几种较新颖的适用于装备试验数据的建模方法。

1.4.8 结果评估

试验结果评估(或评定)是指依据装备使命任务和研制总要求,采用综合分析、统计推断等方法,对试验结果进行思考、分析和判断的过程。试验结果评估是做出试验结论的基础和依据,是装备改进设计的依据[34]。结果评估的基础是数据模型,包括参数化模型、半参数化模型和非参数模型。根据对指标的考核方式,结果评估问题可分为估计和认证两类。指标估计即得到指标的测量值或评估值,指标认证是对指标是否满足要求进行的检验。针对不同的考核指标、数据类型和数据来源,可以采用针对性的评估方法。

可以从不同的角度对评估方法进行分类。根据评估信息来源,可分为试验评估法、等效折算法、模型评估法、经验评估法和集成评估法等。根据指标层次和类型,可将评估方法分为基础指标评估和派生指标评估,基础指标评估根据其数据类型又可分为成败型、寿命型、精度型、距离型等多种类型,都有其相应的统计评估模型和方法。派生指标的评估一般采用综合评估模型,常用的有层次分析法、线性加权评估法、模糊综合评价法等。根据评估原理,可将评估方法划分为统计评估方法、非统计评估方法、多源信息融合评估方法等。由于装备试验复杂、人类认知局限,有时试验数据的分布难以确定,这时提出了一些非统计分析方法,如模糊数学、灰色系统理论、可能性理论、证据理论、区间分析等,处理试验数据的模糊性、灰色性、未确知性等非概率型不确定性。多源信息融合评估主要指综合利用多种来源的数据和信息进行评估,如综合多个专家判断的专家评估法、综合多种数据来源的贝叶斯统计方法、综合偶然不确定性和认知不确定性的裕量及不确定度量化方法等。

由于装备试验的小子样特点,综合多种来源的数据进行结果评估不可避免。然而人们对此又常常存在顾虑,对于这种担心至少有四种解释[16]:① 担心将不同试验的信息进行组合的有效性;② 在作战试验评估时使用研制试验或其他信息存在法律限制;③ 难以获取试验和现场使用数据的文档;④ 试验社区缺乏进行更复杂的统计分析所需的专业知识。不过,文献[16]认为这些争论所涉及的障碍都是可以克服的。

由于装备试验样本数据的有限性和随机性,以及各种不确定性的影响,应该对评估结果发生错误的可能性(概率)以及由此造成的后果(损失)进行评估。也就是说,除了提供性能和效能等指标的点估计及其显著性等结论之外,还应提供决策相关的信息。例如,应该提供一个试验规模与各种性能水平有关的错误水平的表,以帮助指导关于各种试验规模优势的决策;进行点估计的同时应该提供置信区间(或相关的结构),它提供了与试验结果一致的值,当置信区间的端点是装备实际性能水平时,还应评估其对采办产生的影响。

需要指出,传统的统计评估基于样本对总体特征进行量化时,相当于利用被试产品的数据对未试验(待评估)产品进行推断。某些特殊装备如军用卫星、大型舰船等,待评估装备就是被试装备,其评估基于该件或该批装备的直接或间接观测数据,对其指标进行量化。对于这种类型装备的评估,应该探讨新的评估原理,不能简单套用传统的统计学概念和方法。

本书第 6 章系统梳理了装备试验结果评估的基本方法,从估计和认证两个方面,介绍了目前适用于装备试验结果评估的概念和方法。

1.5　装备试验设计与分析评估的新问题

装备试验鉴定与战争形态、装备发展、科学技术发展密切相关。装备试验鉴定在装备建设发展中的地位作用越来越重要。目前,我国装备性能试验取得了长足的发展,打下了坚实的基础;作战试验工作正在加速推进,基础理论方法取得了积极进展,具有广阔的发展创新空间。本节从智能装备试验、装备体系试验以及试验鉴定数字化的角度,简单讨论装备试验鉴定的发展趋势,以及装备试验设计、分析评估和组织实施等面临的新机遇和新挑战。

1.5.1 智能装备试验

智能装备是各类智能弹药、军用机器人(例如,排雷机器人)、智能枪械、无人自主系统等的统称。智能弹药是具有信息感知与处理、判断与决策等智能行为的各类弹药,它可以自动搜索和捕获目标,"智能命中、智能毁伤"。无人自主系统是另一类智能装备,包括各类无人机、无人车、无人潜航器,如美国的"捕食者"察打一体无人机、英国的 Manta XLUUV 无人潜航器等。智能装备具有自主决策和行为能力,按照"自动化→智能化→自主化→集群化"的趋势演化发展,带来对认知、决策、涌现等复杂性进行试验评估的新问题。

首先,与传统的机械化、信息化装备相比,智能装备状态空间规模巨大,使用环境复杂,试验范围不确定,并且装备智能与环境之间关系复杂。因此,智能装备试验空间探索是一个 NP –困难问题,难以实施传统的穷举式试验,经典的统计试验设计受高阶交互效应影响也很难奏效,基于分解式的试验策略会导致装备的技术状态与任务条件之间关系处理困难,使试验数据分析复杂化。

其次,传统装备试验过程中,对数据采集与分析评估的时效性要求比较低,一般以小时或天为单位。与传统装备相比,智能装备的环境更复杂恶劣,任务实时性更高、对抗性更强,对试验序贯实施的要求非常高,需要及时分析当前数据以指导下一步试验。然而,智能装备试验数据高密度与试验信息不完整共存,对数据分析和序贯试验设计提出了极高要求。

最后,传统装备结构良好,可以采用硬系统工程方法指导试验活动。智能装备具有多层次复杂系统特点,智能算法、智能装备、智能系统或集群既具有各自的特点和试验需求,又相互联系密不可分,导致智能装备试验考核目标不明确、系统试验设计综合决策困难,要求从试验鉴定角度明确不同试验场景对智能装备试验鉴定的效果,有针对性地设计高效的试验方案。

目前国内外对智能装备的试验高度重视,积极从算法、平台、系统、体系等各个层级,研究智能或非智能化的试验和评估技术,打造虚实结合、多维分布、跨域联合的试验平台和试验体系。2016 年，美国国防科学委员会的研究报告认为，自主系统的试验已超出常规试验能力范畴，现有的试验方法和流程难以用于测试具有自学习和自适应能力的软件，应当建立新的试验鉴定模式。美国国防部专门成立了无人自主系统试验（Unmanned and Autonomous System Test, UAST）讨论组，制定了无人自主系统试验体系结构框架，如图 1 - 13 所示。文献[35]面向五类作战空间的自主系统，构建基于观察-判断-决策-行动（Observe - Orient - Decide - Act, OODA）闭环的 LVC 混合试验环境，开展无人自主系统的安全性、作战效能、敏捷性、适应性和生存性等的试验评估。

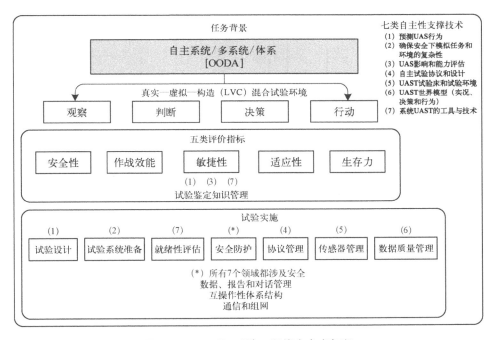

图 1 - 13　UAST 系统工程能力参考框架

对智能装备进行试验的一个主要困难，是装备智能与环境之间存在的复杂相互作用，这实际上是一个 NP -困难问题。因此，难以实施传统的穷举式试验，经典的统计试验设计受高阶交互效应影响很难奏效，分解试验策略则会导致装备的各种内部状态与任务条件之间产生一系列棘手问题，使试验评估复杂化。针对无人自主装备性能边界（performance boundary）考核问题，文献[36]给出了如图 1 - 14 所示的综合试验设计策略，其中，通过自适应采样的仿真试验寻找试验响应具有高度非线性的区域,再通过约束空间的试验设计在不规则非线性区域上构造优化的试验方案。

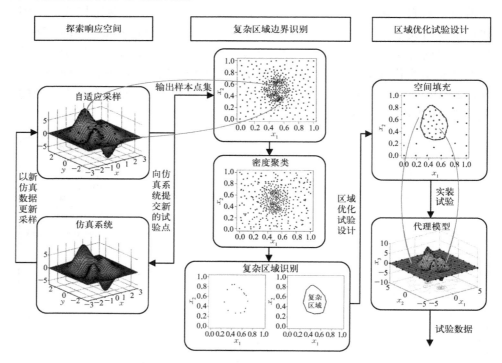

图 1 - 14　无人自主装备性能边界试验策略

1.5.2　装备体系试验

　　体系(system of systems)是由两个或两个以上的系统以松耦合、网络化方式构成的复杂系统。相对于一般单体系统,体系是一种多体"网络"系统。在网络信息支持下,装备体系中的各作战平台通过互联互通和互操作,实现组分装备的有效结合、构成整体。这是对传统的装备编配运用方式的颠覆,由此对装备体系试验也提出了新的要求,要求重点围绕装备(装备系统)之间信息融合、体系融合、体制融合以及互通复用等进行检验。

　　体系试验是在特定作战任务背景下,按照典型作战流程,考核装备体系作战效能、适用性和装备性能,检验评估装备体系完成特定任务作战能力的规范化试验活动。体系试验可在军兵种范围内开展,也可跨军兵种跨领域组织实施。美军对装备体系试验进行了大量实践探索,包括:推行一体化试验鉴定模式,发展建模仿真和互操作性验证,整合分布式综合性试验设施,规范装备体系试验鉴定过程。据报道,美国海军曾验证了由海军陆战队的一架 F–35B 向一艘驱逐舰发送无人机目标信息,再由驱逐舰发射导弹将该目标击落。

从复杂性系统科学的视角来看,装备体系与单装和装备系统具有不同层次的复杂性和涌现性,因此,不能认为装备级试验结果符合要求,就推断装备体系的效能和适用性也是满意的,装备体系试验与装备级和装备系统级试验具有不同的特点和要求。

首先,装备体系试验参试装备、参试单位和人员的数量规模较大,实装试验的组织实施、环境构设、测试测量保障等难度大、要求高,因此基于实装的装备体系试验样本量极少。目前,装备体系试验主要采用数学仿真方法,正在积极探索基于实装、模拟器、数学模型等 LVC 资源的联合试验方法。

其次,装备体系的作战运用通常涉及陆、海、空、天、电磁和网络等多种复杂战场环境,试验结果还受作战对手的体系目标特性和作战运用方式等的影响,体系效能和适用性影响因素极多。另外,装备体系的性能和效能等考核指标具有多层次、多方面和动态性、不可预知性[37],具有复杂网络特点。需要研究新的方法和方法论,根据少量实装试验样本和大量仿真试验样本,分析装备体系试验变量之间的复杂关系,评估装备体系网络化效能和整体性能。第 5 章介绍了一种基于结构方程模型的体系整体性能建模方法,以便利用多种任务下的体系效能评估结果,对体系能力进行建模与分析。

最后,在装备体系试验中,除了关注作战效能这一核心指标外,还要加强对体系适用性的检验,即检验装备融入体系以及在体系中的地位作用,包括体系融合度和装备体系贡献率的检验,前者对应于体系中装备和装备系统之间的互操作性和协同性,后者度量装备和装备系统对整个装备体系作战效能的影响。体系适用性评估是"what-if"问题,受实装试验样本量制约,一直是体系试验评估中的难点,需要综合装备论证、建模仿真、部队演练等多源数据资料,综合性地考核。本书第 4 章介绍了一种体系评估对比分析方法,基于"单调性"规则对体系薄弱环节进行分析。

1.5.3　试验鉴定数字化

现代战争不断增长的威胁复杂性、系统复杂性和技术破坏性,意味着技术要更快从图纸走向战场,装备要更快形成作战能力。为此,美军大力推动数字工程和数字化试验鉴定,先后于 2018 年和 2019 年发布《数字工程战略指南》和《国防部数字现代化战略》。2020 年国防指令 DODI 5000.89 要求:"作为数字工程战略的一部分,在使命环境中使用模型和数据来数字化地表示系统,进行一体化试验鉴定活动。"

试验鉴定数字化是以装备建设全寿命周期过程中的统一数字空间为基准,对试验鉴定领域内以装备实体、管理活动、试验活动、外部空间为核心要素的系统性工作体系的数字化表达,形成以装备模型、试验环境模型、靶场资源模型、试验管理评估模型为核心的数字模型体系,通过数据驱动支撑试验鉴定管理活动。

试验鉴定数字化的一个关键支撑技术是数字孪生。自从 2011 年美国空军研究实验室和 NASA 合作提出构建未来飞行器数字孪生体以来,数字孪生得到了广泛关注。2019 年 3 月,美国海军"阿利·伯克"级导弹驱逐舰"托马斯·哈德纳"号使用"虚拟宙斯盾"系统成功进行首次实弹拦截试验,成为数字孪生技术在装备试验鉴定领域的里程碑事件。2020 年 3 月 26 日,美国空军太空与导弹系统中心为 GPS Block IIR 卫星建造了"模拟卫星"数字模型,利用数字孪生技术开展网络攻击试验。目前,美军开始探索在试验鉴定中引入数字孪生试验新方法。按照美军说法,之所以需要引入包括数字孪生的数字化技术,是因为"杀伤网"(kill web)带来了新的试验要求,以及联合全域作战(joint all-domain operations, JADO)更好测试的需要。数字孪生试验新方法能够帮助美军跟上快速和频繁的变化,不断监测部署系统的作战效能。不过,根据对两百多个采办项目的调查发现,数字孪生还未在美军作战试验或实弹试验得到应用[38],需要专门的投资和计划以标准化实现该方法。

关于什么是数字孪生,目前国内外其实仍有模糊的认识,美军不同军种甚至也有不同观点[38]。一般认为,数字孪生(digital twin)是一个集成了多学科、多物理量、多尺度、多概率的仿真过程,包括三个部分:① 物理实体的数学模型;② 与物理实体相关的一组不断变化的数据;③ 一组根据数据动态更新和调整数学模型的方法。相比传统仿真中模型与其描述对象之间独立运行,数字孪生中物理实体及其数字模型构成一个整体,深度融合仿真模型与数据模型,实现虚实对象的自治、同步、互动、共生。

目前,数字孪生技术在设计、制造、运维等领域正在发挥重要作用,必将也应该对装备试验带来革命性变化。然而,对基于数字孪生的装备试验仍缺乏研究,很多研究没有将其与传统的仿真试验、LVC 试验等有效区分。实际上,在装备试验设计、管理决策和性能评估等方面,数字孪生技术都可以提供有效支持。

以飞机的飞行试验为例,除了试飞前通过虚拟仿真辅助试验设计、试飞中实时映射实装状态辅助决策以外,在复杂环境、极端环境试验中,可以通过数字孪生模型的实时更新,真实反映实装的结构、强度、技术状态等,实现对试验的更有效控制。

对性能试验和作战试验来说,数字孪生技术的作用和实现途径有所差异。

性能试验在预先设置的环境条件下进行,因此根据有无实装参试,基于数字孪生的性能试验有图 1-15(a)、(b)所示两种配置。其中,通过装备数字孪生与环境数字孪生交互(图 1-15 中用阴影框表示),实现环境条件对装备性能的影响的虚拟试验。由于环境是受控的,于是可以预先构建环境的数字孪生模型,因此图中真实环境和环境数字孪生之间不需要数据连接。另外,图 1-15(b)中存在装备数字孪生更新(图 1-15 中用空心箭头表示),因此需要物理实体与装备数字孪生之间的数据连接。对于有实装试验的情形,对物理实体施加复杂或极端环境,或者将物理实体置于边界性能,需要以装备数字孪生预先试验为基础,在确保安全的情况下进行,因此图 1-15(b)中真实环境下的实装试验用长虚线表示。

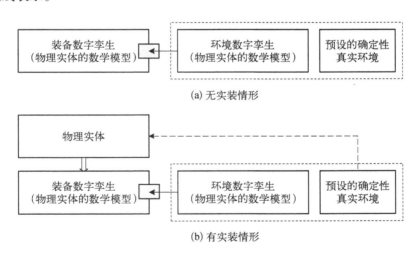

(a) 无实装情形

(b) 有实装情形

图 1-15 基于数字孪生的性能试验

作战试验是一个连续的动态过程,存在紧耦合的博弈对抗,战场环境具有高度不确定性,也就是说,虽然可以通过想定对战场环境和作战过程进行初步构想,但是不能预先准确确定。于是,根据有无实装参试,基于数字孪生的作战试验有图 1-16(a)、(b)所示两种配置。其中,装备数字孪生模型与战场环境数字孪生交互(用图 1-16 中阴影框表示),实现战场环境对装备任务完成效果的影响的虚拟试验。在两种试验配置下,都需要根据实际战场环境数据更新环境数字孪生模型;有实装参与的情况下,需要基于实装观测数据更新装备数字孪生模型。因此,图 1-16 中存在装备与装备数字孪生、环境与环境数字孪生之间的数据连接。与图 1-15(b)类似,图 1-16(b)中的长虚线表示真实环境下的实装试验。

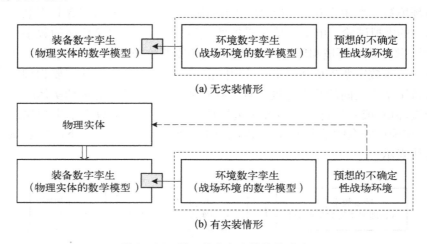

(a) 无实装情形

(b) 有实装情形

图 1-16　基于数字孪生的作战试验

　　需要指出,数字孪生试验并不是要取代实战或实弹试验。数字孪生试验结果与实际情况可能存在偏差,需要通过实战或实弹试验鉴定获得的数据进行校核、验证和确认。将数字孪生试验新方法与实弹和实战试验相结合,增强试验效果,推进试验鉴定的演进。

参考文献

[1]　Department of Defense. Test & evaluation management guide[R]. 6th ed. The Defense Acquisition University Press, 2012.

[2]　Burke S, Divis E, Guldin S, et al. Guide to developing an effective STAT test strategy V7.0[R]. STAT Center of Excellence, 2019.

［ 3 ］ 罗鹏程,周经伦,金光.武器装备体系作战效能与作战能力评估分析方法［M］.北京：国防工业出版社,2014.

［ 4 ］ 王凯.装备作战试验［M］.北京：国防工业出版社,2023.

［ 5 ］ 德内拉·梅多斯.系统之美［M］.邱昭良,译.杭州：浙江人民出版社,2012.

［ 6 ］ 朱迪亚·珀尔,达纳·麦肯齐.为什么——关于因果关系的新科学［M］.江生,于华,译.北京：中信出版社,2019.

［ 7 ］ 苏德隆.医学中的因果关系——是联系还是因果［J］.医学与哲学,1983,7：5－10.

［ 8 ］ Schölkopf B. Causality for machine learning［J］. arXiv：1911.10500v2［cs.LG］, 2019.

［ 9 ］ 李硕.科技词汇"实验"与"试验"的历史考证及词义辨析［J］.山东外语教学,2011,32（3）：38－40.

［10］ Deputy Assistant Secretary of Defense for Developmental Test and Evaluation. Department of Defense scientific test and analysis techniques in test and evaluation implementation plan［R］. Deputy Assistant Secretary of Defense for Developmental Test and Evaluation, 2012.

［11］ JTEM JT&E. Analyst's handbook for testing in a joint environment［R］. JTEM JT&E, 2009.

［12］ 武小悦.装备性能试验［M］.北京：国防工业出版社,2023.

［13］ 休·W.科尔曼,W.格伦·斯蒂尔.实验、验证和不确定度分析：第 4 版［M］.曹夏昕,边浩志,丁铭,译.北京：国防工业出版社,2022.

［14］ Harman M. A process to assess rigor in test and evaluation plans［R］. STAT T&E Center of Excellence, 2016.

［15］ Jones N, Adams W. Models selection and user of empiricism in digital engineering［J］. The ITEA Journal of Test and Evaluation, 2022, 43：157－164.

［16］ National Research Council. Statistics, testing, and defense acquisition：New approaches and methodological improvements［M］. Washington：National Academy Press, 1998.

［17］ Mailman L, Merhoff H, Bancroft D. Automating the operational test data process［J］. The ITEA Journal, 2012, 33（2）：123－126.

［18］ Klenk J. Field guide to data science［R］. 2nd ed. Booz Allen Hamilton, 2015.

［19］ 赵彬,刘宏强,周中良,等.基于因果关系的作战试验设计启发式框架［C］.北京：第四届中国指挥控制大会,2016.

［20］ 徐强,金振中,杨继坤.美军水面舰艇作战试验研究及启示［J］.火力与指挥控制,2022,47（2）：176－179.

［21］ JTEM－T. Measures development standard operating procedure （SOP）, Version 2［R］. JTEM－T, 2011.

［22］ 曹裕华.太空目标监视装备作战试验设计研究［J］.国防科技,2021,42（2）：14－20.

［23］ 叶康,曹裕华,钱昭勇.武器装备作战试验科目设计方法研究［J］.工程与试验,2020,60（4）：64－67.

[24] 江涌,齐振恒.基于任务的美军装备作战试验设计研究[J].中国电子科学研究院学报,2022,17(3):226-231.

[25] 贺荣国,杨继坤.水面舰艇设计定型试验项目规划与实施研究[J].装备学院学报,2016,27(4):116-122.

[26] 苟仲秋,闫鑫,张柏楠,等.载人航天器地面试验验证体系研究[J].航天器环境工程,2018,35(6):528-534.

[27] 刘艺博.民机试飞科目架机分配方案自动化生成方法研究[D].上海:上海交通大学,2020.

[28] Jeff Wu C F, Hamada M.试验设计与分析及参数优化[M].张润楚,郑海涛,兰燕,等译.北京:中国统计出版社,2003.

[29] Montgomery D C. Design and analysis of experiments[M]. 9th ed. New York: John Wiley & Sons, 2017.

[30] 王正明,卢芳云,段晓君.导弹试验的设计与评估[M].北京:科学出版社,2022.

[31] 武小悦,刘琦.装备试验与评价[M].北京:国防工业出版社,2008.

[32] Haase C L, Hill R R, Hodson D. Using statistical experimental design to realize LVC potential in T&E[J]. ITEA Journal, 2011, 32(3): 288-297.

[33] Breiman L. Statistical modeling: The two cultures[J]. Statistical Science, 2001, 16(3): 199-231.

[34] 常显奇,程永生.常规武器装备试验学[M].北京:国防工业出版社,2007.

[35] 周宇,杨俊岭.美军无人自主系统试验鉴定挑战、做法及启示[EB/OL]. https://www.sohu.com/a/130477401_635792[2018-03-17].

[36] 尤杨.复杂试验空间下试验设计方法及应用研究[D].长沙:国防科技大学,2022.

[37] 胡晓峰,杨镜宇,张明智,等.战争复杂体系能力分析与评估研究[M].北京:科学出版社,2020.

[38] Director Operational Test and Evaluation. Digital twin assessment, agile verification processes, and virtualization technology[R]. Director Operational Test and Evaluation, 2022.

第 2 章　试验需求与规划

　　装备试验鉴定是集导向性、严格性、科学性、受控性、探索性于一体的复杂活动和系统工程过程,涉及大量确定和不确定、客观和主观的影响因素,不同类型试验的目标和内容不同,不同类型装备试验的方式方法和试验条件等差异明显,很难有一种能够普遍适用的方法。本章根据装备试验考核实战化和充分性要求,提出一种基于使命任务的试验需求分析和试验项目设计方法,包括使命任务分析、考核指标分析、影响因素分析以及试验项目分析和统筹等,为装备性能试验和作战试验的需求分析与试验规划提供一种比较规范的实现途径。

2.1　使命任务分析

　　使命任务分析的目的是对装备履行使命任务的活动和过程进行描述。通过规范化的实施步骤和形式化的描述模型,对装备使命任务进行严格规范的分析描述,以保证不遗漏重要信息。由试验人员和军事专家合作提出的装备使命任务描述,也为分析任务效果和要求、识别作战环境因素等提供框架指导。目前已有多种分析和描述装备使命任务的方法,如事件流程图[1]、使命-手段框架[2]、DODAF视图模型[3]等。这里介绍基于 DODAF 视图模型的装备使命任务分析和描述方法。目前,DODAF 在装备作战试验设计分析中已经得到一些研究和应用[4]。

2.1.1　DODAF 简介

　　DODAF 全称是国防部体系结构框架(Department of Defense architecture framework),是体系结构开发的一个通用框架,包括指导、规则、视图、产品说明等。基于 DODAF 对体系结构提供统一的规范化描述,以保证系统之间集成与互操作的实现。DODAF 通过多种视图模型对体系结构进行规范描述,通过支持能力-活动-系统的映射关系,并且给出元数据模型的概念、关系、属性定义,实现数据的共享与集成。DODAF 包含多个视角,每个视角都对应一个特定的目的和立场。例如,全景视角描述系统的顶层信息,能力视角阐述系统的能力要求以及部署的能力,数据和信息视角阐述体系结构中有关能力、系统工作过程和服务等方面内容中的数据关系和排列结构,作战视角描述系统的作战想定、过程、活动和状态,系统视角描述提供或支持国防领域职能的系统及其组成、互联关系。从试验鉴定角度,主要选择全景视角中的 AV-1 全景视图与作战视角中的几种典型视图,对装备使命任务进行分析和规范化描述,作战视角典型视图描述的映射关系如表 2-1 所示。

表 2-1　作战视角典型视图描述的映射关系

作战视角典型视图	对应标识	映射关系
高级作战概念图	OV-1	使命任务与作战体系
作战节点描述	OV-2	作战任务与作战节点
组织关系	OV-4	作战体系与节点
作战活动模型	OV-5	作战任务与能力需求

2.1.2　装备使命描述

装备使命描述的目的是借助 DODAF 视图工具来实现装备的使命任务和编配方案等的规范化描述。使用全景视图(All View, AV)对装备使命进行整体描述,包括包含被试装备系统或装备体系作战系统的范围和上下文,这里范围包括时间范围和空间范围,上下文包括各种相关条件,如战略战术、作战目标、作战想定、军事行动概念等。具体地,使用全景视图 AV-1 对被试装备的使命进行描述,该视图产品的主要形式为文本文档,其中描述了被试装备的使命说明、使命目标或效果、编配方案等,提供对作战系统的性质以及作战系统如何与被试装备交互的整体了解。

装备使命既包括战斗使命,也包括业务进程。使命描述是试验项目设计的基础,在任务描述中将使用 OV-1 代替 AV-1,用于考核内容分析、影响因素分析以及试验项目分析与统筹,OV-1 包含了关于装备使命任务的信息。

2.1.3　装备任务描述

采用作战视图(operational view, OV)描述作战任务(operational task)。OV

描述了为履行使命所需执行的作战任务、作战活动、战斗要素以及信息交换。OV 包含了很多文字和图形的产品,描述了战斗节点、元素、任务指派、活动以及节点间的信息流,定义了信息交换的类型和频度,以及用于支持作战任务和活动的信息交换的其他属性。这里使用 OV - 1、OV - 5b、OV - 2 等的任务模型,对被试装备(在典型想定下的)履行使命的任务过程进行分解,直到形成不可再分的多个任务阶段(再分的依据是看该任务阶段是否对应于装备功能或能力)。装备任务描述包括作战节点描述与作战任务描述两部分。

1. 作战节点描述

作战节点描述采用高级作战概念图(high-level operational concept graphic)OV - 1,从顶层阐明了目标体系将要做什么以及如何去做。OV - 1 是作战概念的高层图形/文本描述,其中描述作战任务并突出主要作战节点,强调了军事活动的主要方面。OV - 1 还描述体系要素之间的相互关系以及系统内部和外部环境。由于仅使用图形很难涵盖所有重要的体系架构数据,OV - 1 需要配以相应的文字说明。

需要注意,OV - 1 中的系统是作战节点而不是特定的装备或装备系统;如图 2 - 1 中的作战节点包括侦察卫星节点、地面站节点、信息处理节点、任务管控节点以及作战指挥中心,这些作战节点有的对应于装备系统,有的则不是。标准 OV - 1 提供环境及在环境中执行任务的系统的形象表示。对标准 OV - 1

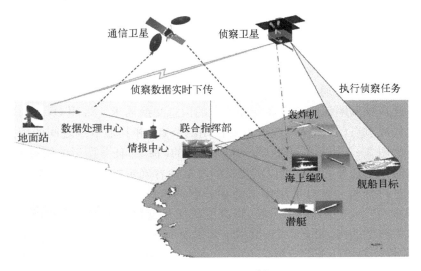

图 2 - 1　OV - 1 示例

进行扩展以提供使命任务信息,如图2-1所示。对于装备试验评估来说,通过OV-1提供被试装备及所有参试装备。另外,可通过OV-1提供被试装备与参试装备的连接关系,并识别连接关系因素是否可作为试验因子。

对使命进行分析,根据履行使命过程中所执行的作战任务(活动),并根据作战想定,对作战体系进行描述,采用组织关系模型OV-4。例如,结合OV-1以及现实作战力量组织架构,设计如图2-2所示组织关系,整个作战体系主要由任务管控节点、地面站节点、信息处理节点、侦察卫星节点四部分组成。

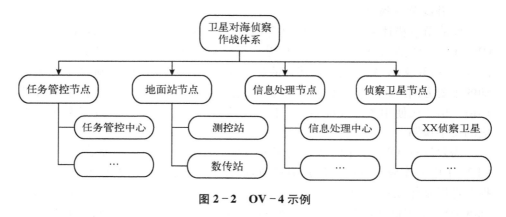

图2-2 OV-4示例

2. 作战任务描述

采用作战节点连接描述(operational node connectivity description)视图OV-2描述作战节点之间的连接关系,并将作战任务(活动)赋予作战节点。OV-2用图形化的方式描述各作战节点,用需求线表示节点间的信息交换,但是OV-2并不描述节点间连通性。作战节点包括体系内部作战节点和外部作战节点。OV-2还应该阐明作战节点和外部节点的信息交换需求。采用OV-2,可以跟踪特定作战节点(在体系中起着重要作用的节点)和其他节点之间的信息交换需求。如图2-3所示是基于OV-1所提供的(顶层)任务所形成的OV-2。

有时顶层任务的粒度难以满足试验考核内容确定的要求,这时需要将高层次任务进行分解。这时采用作战活动分解树(operational activity decomposition tree)视图OV-5a描述任务分解,将高层次任务分解为多个子任务(sub-task),并表示为树形结构,如图2-4所示。如果所有子任务都映射至同一个作战节点,则应停止对该任务的分解。

将任务分解为子任务时,可以基于以下规则确定子任务层级数:① 一个任

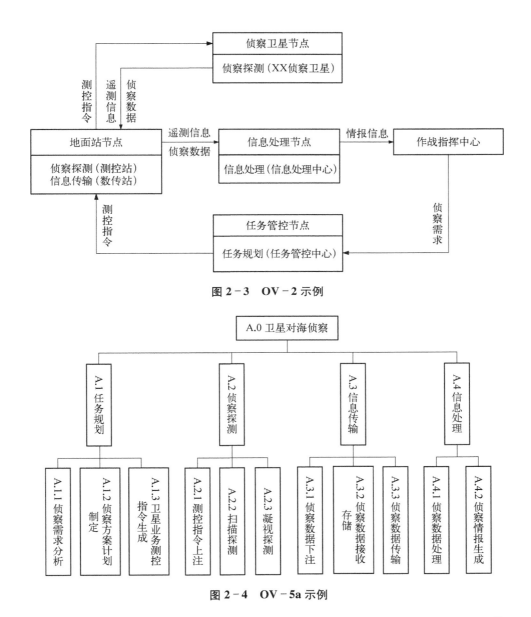

图 2-3 OV-2 示例

图 2-4 OV-5a 示例

务对应于一个主要执行者（performer）（个体或组织）以及与其关联的系统（system），如果存在多个执行者或系统，则该任务应该分解；② 如果任务的执行者和系统在任务执行期间提供信息（或其他物理参数）交换作为输出，则应该对该任务进行分解,以便在一个子任务的结束端获得输出;③ 如果一个信息提供者的任何输出是另一个任务执行者的输入,则输出应该发生在任务(子任务)的结束端;④ 如果有助于评估系统功能或设计试验,则对任务进行分解。

　　子任务之间的"相互关系"采用作战活动模型(operational activity model)OV-5b 描述,如图 2-5 所示;然后通过 OV-2 进一步描述各作战节点的子任务。

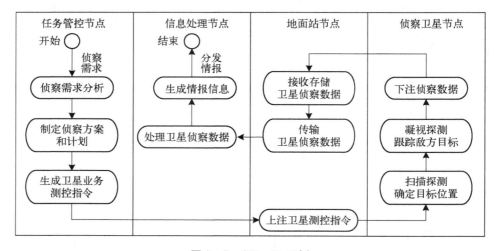

图 2-5　OV-5b 示例

　　OV-5a 和 OV-5b 描述了正常完成作战任务所需要的业务,包括作战活动(activity)、能力、活动间的输入输出流以及活动与系统外部的输入输出流。在体系结构分析中,可以将 OV-5 与 OV-2 相结合,清楚地描述活动的职责,找出不必要的冗余的运作活动,为优化、合并、删除某些活动做出决策,并定义和标识那些需要细察的活动之间的信息流。OV-5 是描述系统能力的最主要的视图。

　　注意在 OV-5 中并没有关于活动时序的描述,活动时序通过 OV-6(包括运作规则模型 OV-6a、作战状态转换描述 OV-6b、作战事件/跟踪描述 OV-6c)描述。对于指标体系构建来说,并不需要对作战活动的时序进行描述。

2.2　考核指标分析

　　无论是性能(鉴定)试验还是作战试验,对装备性能或效能指标进行考核都是其最重要的内容,通过精心设计和实施的试验,摸清装备性能或效能底数。因此,确定考核哪些装备指标是装备试验的核心问题。对装备性能试验来说,通常有比较明确的考核依据,即装备研制总要求,其中对装备关键性能参数和指标要求进行了规定。在装备作战试验中,考核指标包括效能指标和适用性指标两大类[5],前者衡量装备发挥作用的程度①,后者主要指对装备的满意程度。其中,效能指标的确定是作战试验的关键。

本节重点介绍一种基于使命任务的作战试验效能指标体系构建方法,并在此基础上简单讨论面向实战化的性能试验考核指标完善方法。

2.2.1　作战效能指标的多层级性

作战效能指标的确定存在多种做法,一般从装备使命任务出发,根据装备能力需求和关键作战问题等,通过分解方式生成不同层级的效能指标,如映射法、质量功能部署(QFD)法、树状分解法、Delphi 法等[5]。与性能试验不同,作战试验的对象除了被试装备,还涉及装备在其中履行使命任务的作战体系,以及作战目标、作战过程等。这时,除了需要考核装备功能实现的程度,还要对使命任务完成情况进行评估。

传统上,作战效能指标体系由派生指标和基础指标构成,是一种从高维度空间到低维度空间的映射,并通过分层聚合逻辑表达指标之间的关联关系[1,5],如图 2-6 所示。这种类型的指标体系反映了逻辑完备的效能生成机理,即:派生指标由其低层的输入指标完全决定,例如,任务完成情况由装备功能/性能实现情况决定,不存在未知或未观测的影响因素。按照这种逻辑,无论指标之间的关系是线性还是非线性的,都意味着效能评估的结果完全取决于试验度量的基础指标。通过试验获得基础指标,逐层聚合就可以获得派生指标。图 2-6 隐

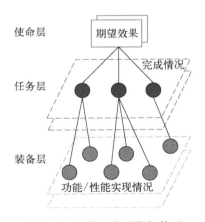

图 2-6　逻辑完备型指标体系

---

①　文献[3]中称为测度(measure),即用于描述不同完成水平(levels of accomplishment)的参数(parameter)。参数通常针对性能,采用 KPPs、CTPs、KSAs 等描述形式;文献[3]中用测度描述使命效果(mission effect)、任务性能(task performance)、系统功能(system function)的完成水平,相当于不同层级上的效能指标。本章没有对不同层级的效能指标的名称作进一步区分,统称为效能指标。

含了在效能评估过程中,需要获得影响效能的所有因素,如影响体系效能的所有组分系统的效能或能力以及对手和环境等因素。这种指标体系通常用于基于仿真的效能评估[1]。

不过,试验评估与效能仿真等应用不同,图2-6的指标体系忽视了实际装备试验评估问题的特点。在实际试验过程中,主要测量被试装备数据,很少或不测量参试装备数据,也缺乏影响效能的非装备因素(人员、训练、环境)的数据。另外,从系统观点来看,作战效能是装备与目标、环境、作战过程等大量因素复杂相互作用的结果,任务级效能是比装备功能/性能更高层次的涌现性。图2-6的指标体系和确定性(上下级)关联模型,忽视了作战效能结构的复杂性和机理的不确定性。实际上,任务级效能除了受到一些能够确知的因素,如装备功能性能、作战环境等的影响,还受大量未知因素的影响。例如,装备无法完成任务,可能不是装备自身功能性能的原因,而是缺乏必要的(未确知的)体系能力支撑。如果在试验中没有明确或没有测量这些支撑能力,仅根据任务效能不足就认为装备效能不满足要求,则对装备效能的评估就失之偏颇(存在混杂效应)。

因此,从作战试验的实际出发,作战试验考核指标不能在装备级效能指标之上简单"叠加"任务级效能指标,而应该以装备使命为基准,以装备功能性能为基础,基于装备作战运用,在不同层级上有独立的效能指标体系,在各层级之间建立关联关系,如图2-7所示。其中实线表示同层级内完备的逻辑关系,虚线表示层级间不完备的逻辑关系。可见,完备关联存在于层级内指标之间,不同层级的指标之间的关系是不完备的。

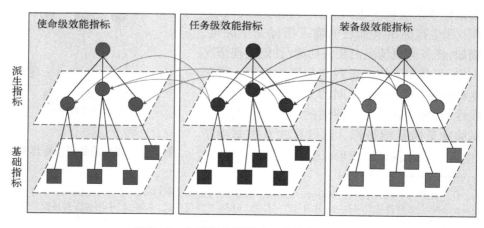

图2-7　多层级关联的独立效能指标体系

2.2.2　作战试验指标体系构建方法

为构建上述指标体系,借鉴美军基于使命的试验鉴定指标体系构建程序[3],提出基于"使命-任务-装备"映射的指标体系构建过程,如图 2-8 所示。通过装备使命、任务、功能分析,从使命、任务、装备三个层级,构建三个既相互独立又紧密联系的作战试验指标体系。其中,属性(attribute)对应于派生效能指标,测度(measure)对应于基础效能指标。

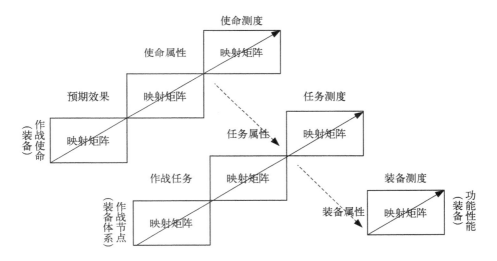

图 2-8　使命-任务-装备三层级效能指标体系构建过程

1. 使命级效能

使命级效能指标构建过程如图 2-9 所示,其中依次将作战使命描述映射至使命预期效果、使命预期效果映射至使命属性、使命属性映射至使命测度,直至将作战使命映射为可度量的基础效能指标参数即各使命测度。作战试验过程中,收集数据对使命测度进行解算,通过加权综合等途径获得使命属性和期望效果,实现对装备作战使命的试验评估。

图 2-9　使命级效能指标构建过程

步骤一：根据作战使命分解使命目标，每个使命目标至少用一个使命预期效果描述，形成如表 2-2 所示映射 M_1。

表 2-2　作战使命-预期效果映射 M_1

M_1	预期效果 1	预期效果 2	预期效果 3
使命目标 1	×	×	×
使命目标 2		×	

注：表中×表示使命目标与预期效果之间存在对应关系，其余表皆同。

步骤二：对矩阵 M_1 中的预期效果，寻找合理的属性进行描述。要求每个预期效果至少用一个使命属性进行描述，形成如表 2-3 所示映射 M_2。

表 2-3　预期效果-使命属性映射 M_2

M_2	使命属性 1	使命属性 2	使命属性 3
预期效果 1	×	×	
预期效果 2		×	×
预期效果 3	×		

步骤三：对矩阵 M_2 中的使命属性，开发能够对其进行量化评估的基础指标即使命测度，如表 2-4 所示。要求每个使命属性至少用一个使命测度进行度量。显然，根据矩阵 M_2 和 M_1，这些使命测度可以反向追溯至使命预期效果和使命目标。

表 2-4　使命属性-使命测度映射 M_3

M_3	使命测度 1	使命测度 2	使命测度 3	使命测度 4	使命测度 5
使命属性 1	×	×			
使命属性 2			×	×	
使命属性 3					×

2. 任务级效能

装备通过执行一系列作战任务（或活动）达成作战使命。对装备作战过程进行分解，对每项任务通过任务属性进行描述，对每个任务属性则进一步分解为多个效能指标参数及任务测度。根据装备作战任务描述,可经由作战节点与作战活动的映射关系,以及对任务属性和完成情况的度量,构建任务级效能指标。还可以从已发布的任务清单中进一步识别联合(可能还有服务)任务,并从那些已发布的清单中挑选出指标,如图 2 - 10 所示。同理,任务测度可以反向追溯至任务属性以及整个作战任务的完成情况。

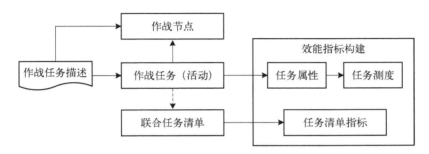

图 2 - 10　任务级效能指标构建过程

步骤一:根据使命划分具体作战节点,将作战节点映射到任务及子任务,形成作战节点与作战活动的映射。根据 OV - 2 模型获得作战节点与作战活动的对应关系,如表 2 - 5 所示。

表 2 - 5　作战节点-作战任务映射 M_4

M_4	任务 1	任务 2		
		子任务 2.1	子任务 2.2	子任务 2.3
作战节点 1		×	×	
作战节点 2	×		×	×

步骤二:每个作战任务的完成需要对应的能力支撑。对每项作战任务分析其能力需求,并从不同方面进行度量,得到任务属性。与使命属性映射类似,任务属性描述作战行动的定量或定性的特征,每项任务至少用一个任务属性描述,如表 2 - 6 所示。

步骤三:对每个"任务-属性"对,例如,任务 1 和属性 3、任务 2 和属性 3,围绕任务属性分析提出相关的任务测度,包括测度的名称、度量尺度、测度描述等。每一个任务-属性对至少用一个任务测度进行度量,如表 2 - 7 所示。

表 2-6   作战任务-任务属性映射 M_5

M_5		任务属性 1	任务属性 2	任务属性 3
任务 1		×		×
任务 2	子任务 2.1			×
	子任务 2.2	×		×
	子任务 2.3		×	

表 2-7   任务属性-任务测度映射 M_6

M_6		任务 属性			任务 测度		
		属性 1	属性 2	属性 3	名称	尺度	描述
任务 1		×			测度 1		
				×	测度 2		
				×	测度 3		
任务 2	子任务 2.1			×	测度 4		
	子任务 2.2	×			测度 5		
				×	测度 6		
	子任务 2.3		×		测度 7		

3. 装备级效能

参考装备研制总要求、研制任务书、装备性能鉴定试验报告等,提出装备功能(function)属性,并对功能属性进一步分解和量化,得到功能测度,形成装备级效能指标体系,如表 2-8 所示。装备功能属性允许分解为子属性。如果装备的功能属性对条件(condition)敏感,则功能测度可以包括环境条件等的描述,如表 2-8 所示。

4. 跨层级指标连接

作战试验的目的,一方面是评估装备完成使命任务的能力,另一方面还需找出影响装备使命任务完成的原因。一般来说,可以通过任务与使命、装备与任务之间的关联和对比分析,研究其中的影响。对基于使命的评估来说,要求获得表 2-9 所示的多种关系,其中使命、任务、装备各层级内部的关系在指标体系构建过程中描述,这里需要对装备对任务、任务对使命之间的连接关系作进一步分析。

表 2-8　装备功能属性-装备功能测度映射矩阵 M_7

M_7	装备功能属性			装备功能测度		条　件	
类型	名　称			尺度	描述	名称	取值
KPP	功能属性 1	子属性 11	测度 111				
			测度 112				
			测度 113				
		子属性 12	测度 121				
			测度 122				
KSA	功能属性 2	子属性 21	测度 211				
			测度 212				
		子属性 22	测度 221				
		子属性 23	测度 231				
OSA	功能属性 3	子属性 31	测度 311				
			测度 312				
		子属性 32	测度 321				

表 2-9　连 接 关 系 表

层　级	连 接 关 系	作　用
使命	条件与使命	用于描述能力差距中所要求的条件
	期望效果与属性	用于评估使命效能
	属性与测度	用于评估使命效能
任务	任务与属性	用于评估任务性能
	属性与测度	用于评估任务性能

层 级	连 接 关 系	作 用
装备	被试装备(SUT)与属性	用于评估 SUT 功能
	属性与测度	用于评估 SUT 功能
装备-任务	装备属性与任务属性	用于追踪 SUT/体系对任务影响
任务-使命	任务属性与使命属性	用于追踪任务对使命影响

不同层级的指标之间难以确定完备的因果关系,只能建立连接(linkage)[3]关系。连接发生在属性之间,即不考虑测度之间的连接关系。通过不同层级指标之间的连接关系,可以分析关于使命级和任务级效能评估结果的根本原因(root cause)。

1) 任务与使命连接

为了建立任务与使命之间的连接,建立任务属性与使命属性之间的连接,如表 2-10 所示。其中,连接发生在使命属性与任务/子任务属性之间。为了简洁,也可以只考虑任务级而不考虑子任务级。

表 2-10　使命属性-任务属性连接 M_8

M_8	任务 1		任务 2					
			子任务 2.1	子任务 2.2		子任务 2.3		
	属性 1	属性 3	属性 3	属性 1	属性 3	属性 2		
使命属性 1	×				×			
使命属性 2	×		×					
使命属性 3		×				×		

2) 装备与任务连接

为了分析被试装备属性对任务的影响,在任务/子任务属性与装备属性之间建立连接,映射矩阵如表 2-11 所示。这里,连接发生在属性之间,可不考虑装备的子属性与任务/子任务属性的连接。

表 2−11　任务属性−装备属性连接 M_9

M_9			功能属性 1	功能属性 2	功能属性 3
任务 1		属性 1	×		
		属性 3	×	×	×
任务 2	子任务 2.1	属性 3			×
	……	……			

2.2.3　性能试验考核指标的完善

在装备性能试验中,根据研制总要求及其他权威文件,确定装备考核指标(属性①和测度)。然而,研制过程中提出的一些指标要求,并不总是与装备使命任务存在完备的对应关系,有些指标可能与作战无关,有些作战人员关心的指标并未体现在研制要求之中。因此,可以根据装备使命任务要求,分析任务对被试装备的能力和功能需求,对装备(与履行使命任务有直接关系的)性能进行分析识别,确定性能试验重点考核的性能指标或性能测度,补充研制任务书中可能未重点考虑的装备性能参数,以完善性能试验考核指标。

2.3　影响因素分析

装备通过在战场环境之下运用来实现功能和性能,发挥作战效能。环境是影响装备性能和效能的主要因素。在性能试验中,需要特别重视复杂环境和极端环境下的试验。在作战试验中,需要构建逼真的战场环境。无论是性能试验还是作战试验,都需要对影响试验装备及其试验的各种客观因素进行系统分析和规范描述,特别是要重点分析装备执行任务过程中可能遇到的环境条件。此外,由于环境复杂多样,不同环境因素的影响存在差异,从提高试验效率、考核重点关注的角度,需要对环境条件进行剪裁。

本节在装备使命任务分析的基础上,提供一种规范化的环境描述和环境影响分析方法,为确定试验项目、开展试验设计奠定基础,包括环境(environment)

---

① 国内更多地称为"能力",但是能力一词也经常出现在效能指标体系中。

描述(含环境组合分析)、环境影响及关键性分析、试验剖面确定、边界性能试验项目确定等。这里的环境包括气象、地理等自然环境和干扰、对抗等作战环境;不包括条令、组织、训练等因素。

需要指出的是,战场环境各组成要素之间并不是独立的,而是相互关联、相互作用的,是一种多元、多变、交互等的复杂环境体系[6,7]。

2.3.1 环境因素分析

环境因素分析的目的是给出装备在作战任务过程中可能经历的所有战场环境因素及水平,确定装备各任务阶段的环境条件,并对每个任务阶段建立环境因素(等级)与任务效能、装备性能(等级)的映射。这里根据性能试验和作战试验的特点,需要考虑的环境因素可能有所不同。例如,性能试验主要考虑各种自然环境、诱发环境、目标环境等,自然环境又分为气象环境、地理环境、水文海况环境以及电磁环境,而作战试验还需要考虑对抗环境。

环境因素分析的步骤如下。首先,以装备全寿命周期为基准,利用已经制定的关于环境分类、分级的标准规范,对装备所涉及的环境条件进行全面的分析和描述。每种类型的环境有其对应的环境因素。例如,海区环境可能包括:海况、温盐密声、潮汐、海流、中尺度涡等;机场环境可能包括:云、雨、雾等。目前对装备试验中环境的分类还有不同的观点,如文献[6]将装备作战试验环境分为自然环境、人工环境、电磁环境和对抗环境四类,并指出环境具有共同属性、军事属性和试验属性三个方面的基本要素。文献[5]分为战场自然环境、火力环境、电磁环境、运输环境和核生化环境五类。在进行环境因素分析时,可以根据需要选择适当的环境分类方式。

其次,依据装备设计以及装备专家、作战专家的定性分析,确定装备各任务阶段的环境条件,建立"环境条件-任务阶段"映射,如表 2-12 所示。

表 2-12 环境条件-任务阶段映射

	任务 1	任务 2	任务 3	任务 4
环境因素 1	×		×	
环境因素 2		×		
环境因素 3	×			×
环境因素 4	×		×	

在表 2 - 12 的基础上,根据历史数据、装备使命任务以及作战专家、装备专家的经验,确定环境因素的试验特性和取值范围。取值范围应尽可能根据有关规范划分环境等级,也可根据经验规定其水平。环境因素的试验特性是指该环境因素是否可控制、可观测,据此确定该环境因素的试验因子类型;例如,在性能试验中,自然环境可以作为试验设计因子(design factor),或者仅观测不控制(recorded condition),或作为噪声(noise)因素;对抗环境建议作为试验设计因子。

对于所确定的各阶段的环境因素及其等级,为了衡量环境对装备的影响,需要对环境因素及其水平的可能性进行量化。例如,对各任务阶段内的各特定等级的环境因素,确定其发生的可能性(等级)或概率。可以根据历史数据统计或专家评价等方式获得。在缺乏定量数据资料的情况下,按照如下方式确定单个环境或组合环境发生的可能性等级:

- A 级(经常发生):在任务阶段 50%以上时间持续该环境。
- B 级(有时发生):在任务阶段 25%~50%时间持续该环境。
- C 级(偶然发生):在任务阶段 10%~25%时间持续该环境。
- D 级(很少发生):在任务阶段 1%~10%时间持续该环境。
- E 级(极少发生):在任务阶段 1%以下时间持续该环境(或:该任务阶段"少于 1%的可能"遇到该环境等级)。

最后,对多种环境因素进行组合分析,包括多环境因素组合分析、多环境因素组合描述、组合环境可能性分析。交互效应分析基于专家经验、建模仿真等,判断多环境因素之间是否存在交互效应;多环境因素组合描述采用各环境因素等级构成的向量描述;组合环境可能性分析针对各任务阶段内各特定组合的可能性(等级)或概率,这可以通过历史数据统计或专家评价等方式获得。

应该仅对确实有交互影响的环境因素组合进行描述,而没有必要对所有组合进行描述。例如:"多云~阴,雷阵雨,西南风 4~5 级,雷雨时阵风 7 级,浪高1.5~2 米,能见度大于 5 海里"是环境组合,可以分为"浪高""能见度"等单因素环境,以及"雷雨时阵风 7 级"这样的组合环境。

2.3.2　环境影响及关键性分析

对于每种类型的环境因素及其水平,需要分析其对装备性能和效能的影响及其关键性,以便确定在试验过程中需要重点关注的环境因素及其水平。

1. 环境影响分析

环境影响分析的目的是确定环境是否对装备性能或效能产生显著影响。

通过严重性等级度量环境因素的影响。严重等级描述该环境因素等级造成的最坏潜在后果的量度表示。例如,可以采用如下的四个等级度量环境影响的严重性:

- Ⅰ类:导致任务失败;
- Ⅱ类:导致任务性能严重降级(或需要增加 100% 的代价完成任务);
- Ⅲ类:导致任务性能降级(或需要增加 50% 的代价完成任务);
- Ⅳ类:不影响任务性能,但是导致非计划性的代价增加或维护成本。

为了进行环境影响分析,可以基于各阶段环境因素分析结果,以及"任务阶段-任务效能"映射,建立效能指标与影响因素之间的关联,如表 2-13 所示,以及"环境条件-装备性能"的映射,如表 2-14 所示。

表 2-13 环境条件-任务效能映射

	效能 1	效能 2	效能 3	效能 4
环境因素 1	×			×
环境因素 2				
环境因素 3	×			×
环境因素 4		×	×	×

表 2-14 环境条件-装备性能映射

	性能 1	性能 2	性能 3	性能 4
环境因素 1	×			×
环境因素 2			×	
环境因素 3	×			
环境因素 4		×		×

在上述表 2-13、表 2-14 关联映射基础上,构造表 2-15 所示环境影响分析(effect analysis)表,进行环境影响分析。表 2-15 中,环境因素指单个环境因素(的编码),环境等级是单个环境因素的等级(依据标准规范),任务阶段是指构成任务剖面的最底层任务(活动、子任务)。环境影响包括对装备性能的影响、对任务阶段的影响以及对整个任务的影响。

表 2 - 15　环境影响分析表

环境因素	环境等级	任务阶段	环境影响			严重等级	考核方式	备注
			装备级	任务级	使命级			

环境影响可以通过描述该环境等级导致的"性能"降级的最大程度进行度量。例如,对装备性能的影响,基于环境对与该环境直接关联的装备(或其关键部件、分系统)性能的影响,采用分组方式定义装备性能等级,环境对装备性能的影响通过"导致装备性能降级为某等级"进行描述。对活动性能的影响描述该环境(导致装备性能降级后)对活动的影响,采用"成-败"描述,即该装备该性能降低到该等级,最坏情况下是否导致该任务阶段失败。如果能够提出"任务阶段"性能,也可考虑采用分组描述,即"导致任务性能降级为某等级"。"任务影响"描述的是环境对装备、任务、使命的最终影响。需要注意的是,这里的最终影响可能是(两因素)组合环境导致的后果,也可能是环境影响叠加其他某个因素影响导致的后果,即不限于所考虑的(单一或组合)环境因素。

2. 环境关键性分析

环境关键性分析的目的是按照每一环境因素等级(影响)的严重程度及该环境因素发生的可能性,对环境因素划分等级并进行分类,以便全面评价各种环境因素等级的影响。环境关键性分析(critical analysis)表,如表 2 - 16 所示。

表 2 - 16　环境关键性分析表

环境因素	环境等级	任务阶段	严重等级	可能性等级	危害度 C_r	备注

根据环境因素的可能性等级和严重性,绘制危害性矩阵,如图 2 - 11 所示。根据所记录的危害度的分布点在对角线上的投影离原点越远,则该等级环境因素的危害性越大,需要进行试验并进行考核。

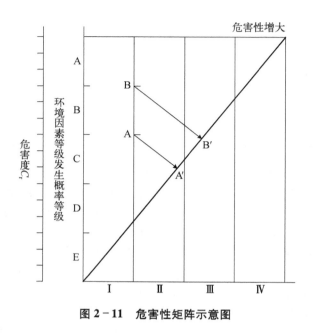

图 2-11　危害性矩阵示意图

2.4　试验项目设计

　　试验项目是在限定条件下,为达成预定的试验目的(如考核某项指标)而组织的试验活动[8],包括试验目的、试验对象、考核指标、试验环境与条件、数据采集方法、试验过程及方法、试验数据处理分析方法等。例如,性能试验中为了考核导弹的命中概率而组织导弹飞行试验项目,作战试验中为了回答装备关键作战问题而开展的作战效能试验项目。针对被试装备的具体试验任务就是由围绕试验考核指标体系而构建的一系列试验项目构成的。试验的过程也就是试验任务所包含的全部试验项目的完成过程。由于装备指标体系的层次性,试验项目也可能分成不同层级。例如,通用质量特性试验又可分为可靠性试验、维修性试验等子项目。

2.4.1　性能试验项目设计

　　性能试验项目主要依据需考核验证的性能指标,并参考有关国家军用标准确定,试验项目比较明确,也比较容易确定。但是对复杂装备,由于考核指标多,仍然需要统筹试验时间和试验资源,对试验项目进行优化。

1. 备选试验项目的提出

首先,针对考核指标体系中的每一个指标,依据指标的考核方式,参照相关标准或考核要求,提出考核该指标的试验项目。对于性能鉴定试验,试验项目必须覆盖所有的性能指标。

试验项目的设置需要考虑装备使命任务特点,兼顾针对性和完备性。如雷达装备,如果明确了部署地域,可以根据部署地域的环境特点进行试验项目的选择。如部署地域为高原,低气压和太阳辐射项目就应该作为必做项目。如果部署地域不确定,在试验项目的选择上就要全面考虑多种可能的条件。

设置试验项目时,应该重点考虑装备的关键性能指标、薄弱环节和以往试验中曾经出现问题的环节,如复杂环境适应性、边界性能、可靠性、网络安全性和互操作性等。例如,针对地面雷达的环境适应性指标,需要开展的项目有高低温、湿热、振动、冲击、跑车和淋雨等,低气压、霉菌、盐雾、砂尘和太阳辐射等可作为选做项目。

试验项目的设置应遵循通用要求服从具体要求、下一级产品要求服从上一级产品要求的原则。例如,装备使用环境有特殊要求时,应按具体装备的要求设置试验项目,否则可以参考相关环境试验国军标设置试验项目。

试验项目的设置需要基于试验单位的试验能力、水平和试验条件等实际情况。例如,地面雷达一般来说体积庞大、结构复杂,进行其整机的实验室环境试验较为困难。因此,气候类项目如温度、湿度试验可以到方舱级,力学类项目如振动、冲击试验只能到机柜级,低气压、太阳辐射、砂尘、淋雨、霉菌、盐雾等试验项目只能到设备级或组件级。有时,装备性能指标的考核通过一个试验项目难以完成,还需要通过多个试验项目进行测试。

2. 试验项目的筛选

一个装备有很多试验项目或子项目,但出于试验资源、试验能力、试验水平等多方面因素的考虑,在提出备选的试验项目集合后,应综合考虑试验项目的重要性、试验消耗和时间成本等因素,进行试验项目的筛选。应尽可能保留重要的、试验消耗少和信息量大的试验项目,确保获取充分有效可信的试验数据。要充分利用数学仿真、半实物仿真以及模拟器(件)开展试验,通过采信已有的试验结果减少试验项目,以缩短时间、减少费用和产品消耗。

3. 试验项目的统筹

各个试验项目的实施时机、试验条件可能有不同的要求,且试验项目之间可能存在复杂的相互关系,因此,通过试验项目的统筹安排,将装备性能的各个试验项目综合考虑,实现试验信息的综合利用,可以有效缩短试验周期、提高试验效率。

试验项目的实施顺序安排是试验总体设计的重要内容。合理安排试验项目的顺序,可以有效缩短试验周期、提高试验效率。此外,一些试验结果受试验项目顺序的影响,部分试验项目(如环境试验)对产品有破坏性,也需要对试验顺序做出合理的安排。

以环境鉴定试验为例说明不同类型环境试验的顺序安排。相关国军标针对不同类型的设备给出了对应的各种环境试验项目的试验优先顺序安排建议。当许多试验项目先后在同一个试验样品上进行时,一般应采用国军标推荐的试验顺序。通常,环境鉴定试验中各试验项目的顺序按如下原则安排:

(1)按产生最大环境影响排序。当试样数量受限时,可以从最小严酷的试验项目开始,按后一环境能暴露或加强前一环境作用的原则安排,至少前一试验不能降低后一试验的效果。

(2)按模拟实际环境出现次序排序。一般应从装备实际可能遇到的起主要影响的环境因素出现的次序考虑安排试验顺序。对于运输、贮存和使用条件非常明确的火工品,可根据它们将经受各种环境因素的先后来确定试验顺序,这样真实性较强。

通常可按下述顺序安排试验项目:先数值模拟,后实物试验;先软件测试,后硬件试验;先静态试验,后动态试验;先常规条件试验,后边界性能试验;先内场(室内)/地面/系泊试验,后外场/空中/航行试验;先技术性能试验,后战术性能试验;先单项、单台(站)试验,后综合、系统试验。一般情况下,具有损坏性的试验项目在试验后期进行。

确定了试验项目的顺序安排,就可以在此基础上制定试验工作计划网络图,明确试验项目名称及内容、工作周期、完成试验所需条件、责任单位、评价等。

有时,一个性能指标可以运用不同试验项目进行考核,以获取更多的关于该指标的数据信息。此外,一个试验项目也可以用于考核多个性能指标,通过一个试验活动获取关于多个性能指标的信息。在此情况下,可以分析各个试验项目信息之间的相互关系,通过信息融合或前序项目为后序项目提供验前信息,实现装备性能试验结果的综合评定。例如,对于导弹的飞行可靠性指标,可以将单元的综合环境试验、地面试验、仿真试验、挂飞试验和飞行试验等试验项目进行综合设计,采集相关数据,有利于实现对指标的综合评定。

2.4.2　作战试验项目设计

在作战试验中,试验项目又称试验科目。由于装备作战试验的考核指标与其使命和任务可能有多对多的关系,因此作战试验项目的设计不能简单套用性能试验科目设计方法。

目前有多种作战试验科目设计方法,如基于装备能力[9]、基于作战流程[5]或基于任务过程[9,10]、基于关键作战问题[11]、基于工作分解结构[8]、基于特定试验需求等[5]。通常作战试验科目具有多个层级。基于作战流程即将装备若干相互联系的作战活动视为整体形成试验科目,如卫星侦察监测试验,依据图 2-4 的作战任务划分科目,可形成任务规划、侦察探测、信息传输、信息处理四个科目。基于作战能力就是围绕被试装备核心作战能力构建试验科目,这些能力是试验关注的重点,如某合成营装备体系要点夺控作战试验,依据其作战能力进行科目划分,可分为战场感知、指挥控制、机动突击等科目[5]。关键作战问题是指关键的作战效能和/或作战适用性问题,需要通过作战试验进行检验以决定被试装备是否有能力执行使命。因此,基于关键作战问题实际上就是围绕关键的效能和适用性指标构建试验科目,如评估某型军机对威胁降低的影响、对最小化附带损伤的影响、对预防伤害友军的影响[3]等。基于特定试验需求通常是围绕装备作战适用性、在役适用性、体系适用性等评估内容进行试验科目构建,如针对装备体系贡献率构建科目。

在形成多级多项试验科目后,需要将考核指标与试验科目进行映射,以确定数据采集需求,并为试验影响因素分析设计提供条件。试验科目与考核指标间一般存在一对多、多对一、一对一等多种映射关系[5,10]。在上述映射基础上,可将多个试验科目依据试验评估内容、组织实施方法、试验资源等进行整合。例如,在构设某合成营装备体系作战试验科目时,战场机动和开进展开两个任务阶段均评估非威胁环境下的装备体系战场机动效能[5]。假设两个阶段装备作战运用环境类似,则可将这两个阶段的战场机动效能评估科目进行合并处理。另外,由于开进展开阶段开展的试验科目较多,因此在开进展开阶段可不开展非威胁环境下的机动效能评估,只要在战场机动阶段完成该科目即可。

参考文献

[1] 罗鹏程,周经伦,金光.武器装备体系作战效能与作战能力评估分析方法[M].北京：国防工业出版社,2015.

[2] Sheehan J H, Deitz P H, Bray B E, et al. The military missions and means framework [C]. Orlando：Interservice/Industry Training, Simulation, and Education Conference, 2003.

[3] JTEM－T. Measures development standard operating procedure（SOP）, Version 2[R]. JTEM－T, 2011.

[4] 刘中眶,王凯,樊延平.基于作战视图的新型坦克作战试验任务剖面设计[J].装甲兵工程学院学报,2017,31(6)：30－33.

[5] 王凯.装备作战试验[M].北京：国防工业出版社,2023.

[6] 何国良,姚伟光,穆歌.装备作战试验环境的规范化描述[J].装甲兵工程学院学报,2017,31(6)：6－10.

[7] 姚伟光,何国良,穆歌.面向实战化的试验环境相关问题研究[M].北京：金盾出版社,2016：328－341.

[8] 曹裕华,郑小蕾.基于工作分解结构的装备作战试验项目设计与评价[J].国防科技,2022,43(2)：20－26.

[9] 叶康,曹裕华,钱昭勇.武器装备作战试验科目设计方法研究[J].工程与试验,2020,60(4)：64－67.

[10] 吴溪,郭广生,王亮,等.装备作战试验科目设计方法研究[J].火力与指挥控制,2018,43(11)：177－183.

[11] 曹裕华,周雯雯,高化锰.武器装备作战试验内容设计研究[J].装备学院学报,2021,25(4)：112－117.

第 3 章　试验样本设计

　　试验样本设计是在试验实施可行性约束下,从试验数据有效性角度,根据装备试验目的制定优化的试验方案的过程。装备在作战使用过程中面临复杂的战场环境,在实战化考核的要求下,试验环境应尽可能向作战环境靠近,使得传统的试验设计方法一定程度上难以适用于工程实际问题。本章针对装备试验设计的新特点和新问题,对试验样本设计的研究成果进行整理,对试验样本设计准则、规则空间和复杂空间下固定试验设计、序贯试验设计、综合试验设计等进行系统论述。

3.1　试验设计准则

　　试验设计准则是衡量试验方案优劣的准则,也是开展试验设计的基础。试验样本设计就是以一个或多个试验设计准则为目标的寻优过程。可以从多个角度衡量试验方案的优劣,如以试验点数量、试验点在试验空间中的分布特性、根据试验点所建立模型的预测精度、试验点对于分辨试验因子效应的作用等。本节对试验样本设计的准则进行分类描述。这些准则从其度量尺度、角度可以分为四类,即计数型、计量型、有序型和属性型。不过从构造试验设计优化问题的角度,这里主要考虑计量型准则,其他类型的准则在试验设计中可以作为软约束条件。

　　设试验因子向量为 $\boldsymbol{X} = (X_1, X_2, \cdots, X_p)^{\mathrm{T}}$,试验样本空间记为 $\mathcal{X} = \{\boldsymbol{x} = (x_1, x_2, \cdots, x_p)^{\mathrm{T}}\}$。样本量或水平组合数为 n 的试验方案记为

$$\xi_n = \{\boldsymbol{x}_1, \boldsymbol{x}_2, \cdots, \boldsymbol{x}_n\}$$

其中, $\boldsymbol{x}_i = (x_{i1}, x_{i2}, \cdots, x_{ip})^{\mathrm{T}}$ 称为第 i 个样本点或试验点, x_{ij} 称为试验因子 X_i 的水平, X_i 可以是连续因子、离散因子或定性因子。可以用 $\boldsymbol{D}_{\xi_n} = [\boldsymbol{x}_1, \cdots, \boldsymbol{x}_n]^{\mathrm{T}} =$

$(x_{ij})_{n \times p}$ 表示 ξ_n 的设计矩阵,即 $\boldsymbol{D}$ 的每一行表示一个样本点。

3.1.1 空间填充准则

空间填充准则衡量样本点填充整个试验空间的能力。具有好的空间填充特性的设计意味着试验数据分析人员不需要对响应模型做很多假设,因此提供了探索响应模型的最好途径,对于拟合非参数模型也特别有用。空间填充设计也提供了估计线性和非线性效应以及交互效应的可行途径,因而在拟合特定类型的响应模型时可以克服某些未知效应导致的偏差。

对"填充"的不同理解会得到不同的准则。目前主要有两类空间填充准则:一种是基于样本点之间的距离,希望样本点在样本空间内"无处不在"、是充满的;另一种是基于样本点与样本空间分布之间的差异,希望样本点的"分布"与目标分布的差异尽可能小。

空间填充准则主要针对仿真试验设计。对于实物试验来说,由于样本量比较小并且有试验误差,目前在试验设计中较少直接考虑空间填充性。

1. 样本间距准则

设任意两个样本点 $\boldsymbol{x}_1, \boldsymbol{x}_2 \in \mathcal{X}$ 的距离为 d。例如,当所有试验因子都是定量因子时可以采用 L_q 距离,即

$$d = \Big[\sum_{k=1}^{p} | x_{1k} - x_{2k} |^q \Big]^{1/q}$$

其中,q 取 1 和 2 分别表示曼哈顿距离和欧氏距离。

1) 覆盖率

给定半径 $r > 0$,定义 ξ_n 对 $\mathcal{X}$ 的覆盖率为

$$\mathrm{cover}(\xi_n, \mathcal{X}, r) \overset{\text{def}}{=\!=} \frac{\mathrm{Vol}(\mathcal{X}) - \mathrm{Vol}(\cup_{i=1}^{n} B(\boldsymbol{x}_i, r))}{\mathrm{Vol}(\mathcal{X})}$$

其中,$\mathrm{Vol}(\cdot)$ 表示体积,$B(\boldsymbol{x}_i, r)$ 表示以 $\boldsymbol{x}_i$ 为球心、以 r 为半径的球。显然,给定的 r,$\mathrm{cover}(\xi_n, \mathcal{X}, r)$ 越小,试验方案 ξ_n 的覆盖性越好。如果试验空间中不同样本点的权重不同,可取 $\mathrm{Vol}(\cdot)$ 为某种勒贝格-斯蒂尔杰斯测度。

2) 最小覆盖半径

定义 ξ_n 覆盖 $\mathcal{X}$ 的最小半径为

$$\min r \overset{\text{def}}{=\!=} \inf\{r > 0: \mathcal{X} \subset \cup_{i=1}^{n} B(\boldsymbol{x}_i, r)\}$$

　　与覆盖率思想相似,其含义为确定一个最小 r 使得所有覆盖球并集可以把整个试验样本空间覆盖。显然,r 越小说明 ξ_n 的各试验点在空间的各处分布越均匀,覆盖性越好。

　　3) 最小最大距离

　　定义试验样本空间内任意一点 $\boldsymbol{x}$ 与方案 ξ_n 的距离为

$$d(\boldsymbol{x}, \xi_n) \overset{\text{def}}{=\!=} \min_{\boldsymbol{x}' \in \xi_n} d(\boldsymbol{x}, \boldsymbol{x}')$$

定义最小最大距离为所有样本点到试验方案的距离的最大值,即

$$\text{Mm} \overset{\text{def}}{=\!=} \max_{\boldsymbol{x} \in X} d(\boldsymbol{x}, \xi_n)$$

显然,Mm 越小越好。

　　4) 最大最小距离

　　定义试验方案 ξ_n 各样本点之间距离的最小值作为方案 ξ_n 的最小距离,即

$$d_{\xi_n} = \min \{ d(x_i, x_k), i \neq k = 1, \cdots, n \}$$

则 d_{ξ_n} 度量了各试验点是否足够分散且遍布试验空间,显然,d_{ξ_n} 越大说明试验方案的分散——遍布性越好。

　　5) 最大投影距离

　　可以同时优化试验点相对于所有可能的因子子集的空间填充特性,对连续型因子,定义如下指标来衡量低维试验空间的投影性:

$$\Psi(\xi_n) = \left\{ \frac{1}{\dbinom{n}{2}} \sum_{i=1}^{n-1} \sum_{j=i+1}^{n} \frac{1}{\prod_{l=1}^{p} (x_{il} - x_{jl})^2} \right\}^{1/p}$$

要求 $\Psi(\xi_n)$ 越小越好。

　　对于包含 p_1 个连续因子 $x_l(l = 1, \cdots, p_1)$、p_2 个离散数值因子 $\mu_k(k = 1, \cdots, p_2)$、$p_3$ 个定性因子 $v_h(h = 1, \cdots, p_3)$ 的情况,设 m_k 是第 k 个离散数值因子的水平数,L_h 表示第 h 个定性因子的水平数,设 $p = p_1 + p_2 + p_3$,可定义如下最大投影设计准则:

$$\Psi(\xi_n) = \left\{ \frac{1}{\dbinom{n}{2}} \sum_{i=1}^{n-1} \sum_{j=i+1}^{n} \frac{1}{\prod_{l=1}^{p_1} (x_{il} - x_{jl})^2 \prod_{k=1}^{p_2} \left(|u_{ik} - u_{jk}| + \frac{1}{m_k} \right)^2 \prod_{h=1}^{p_3} \left(I(v_{ih} \neq v_{jh}) + \frac{1}{L_h} \right)^2} \right\}^{1/p}$$

该准则具有最大投影准则的所有理想性质,在整个试验样本空间和所有可能的子空间的投影中都能够最大化空间填充性质。

如果只有定性因子,该准则与 J_2-最优准则具有相似的思想,通过最大化行之间的差异来构建混合水平正交表和近似正交表,该准则定义为

$$J_2(\xi_n) = \sum_{i=1}^{n-1} \sum_{j=i+1}^{n} \left\{ \sum_{h=1}^{p_3} I(v_{ih} = v_{jh}) \right\}^2$$

此外,如果只有一个具有 t 个水平的定性因子以及 p 个连续数值因子,那么近似于极大极小最优 SLHD 的准则:

$$\psi_{Mm}^l(\xi_n) = \frac{1}{2} \left\{ \phi_r(\xi_n) + \frac{1}{t} \sum_{i=1}^{t} \phi_r(\xi_{ni}) \right\}$$

其中, ξ_{ni} 表示 ξ_n 的第 i 个切片, $\phi_r(\xi_n) = \left\{ \dfrac{1}{\binom{n}{2}} \sum_{i=1}^{n-1} \sum_{j=i+1}^{n} \dfrac{1}{d^r(x_i, x_j)} \right\}^{\frac{1}{r}}$。

6) ϕ_q

ϕ_q 是由 Morris 和 Mitchell 提出的一种流行的空间填充性度量,该准则可以保证试验点全维良好的空间填充和每一维的均匀投影性质,定义为

$$\phi_q = \left[\sum_{i=1}^{n-1} \sum_{j=i+1}^{n} (d_{ij})^{-q} \right]^{1/q}$$

其中, q 取正整数, d_{ij} 表示任意两试验点 x_i 和 x_j 之间的距离。

2. 分布偏差准则

对试验方案 ξ_n,可以定义其经验分布如下:

$$F_{\xi_n}(x) = \frac{1}{n} \sum_{k=1}^{n} 1_{[x_k, \infty)}(x)$$

其中, $1_A(x)$ 是集合 A 的示性函数,即

$$1_A(x) = \begin{cases} 1, & x \in A \\ 0, & x \notin A \end{cases}$$

分布偏差准则假定在试验样本空间的样本点有一个目标分布,希望试验方案 ξ_n 的经验分布与该目标分布的偏差(距离) $\Phi(\xi_n)$ 或 $\Phi(D_{\xi_n})$ 越小越好。特别地,当目标分布为均匀分布时,称 $\Phi(\xi_n)$ 或 $\Phi(D_{\xi_n})$ 为方案 ξ_n 的均匀性准则。对

于均匀性准则,除了满足规范性、单调性和置换不变性外,还应该满足以下条件:

(1) 对中心 $1/2$ 反射不变:将 $\boldsymbol{D}_{\xi_n}$ 关于平面 $\boldsymbol{x}_j = 1/2$ 反射,即将 $\boldsymbol{D}_{\xi_n}$ 的任一列 $[x_{1j}, \cdots, x_{nj}]^\mathrm{T}$ 变为 $[1 - x_{1j}, \cdots, 1 - x_{nj}]^\mathrm{T}$,不改变其偏差;

(2) 要求 $\boldsymbol{\Phi}(\boldsymbol{D}_{\xi_n})$ 不仅能够度量 $\boldsymbol{D}_{\xi_n}$ 的均匀性,也能度量 $\boldsymbol{D}_{\xi_n}$ 在 $\mathbb{R}^p$ 的任意子空间内投影的均匀性。

有两种定义分布间距离的方式,一种是利用 L_p 距离,另一种是利用再生核距离,下面分别介绍。

1) L_p 距离

令 $F_u(\boldsymbol{x}) = x_1 \cdots x_p$ 为 $\boldsymbol{X}$ 上的均匀分布,ξ_n 的 L_q-偏差定义为 $F_u(\boldsymbol{x})$ 与 $F_{\xi_n}(\boldsymbol{x})$ 之差的 L_q 范数,即

$$\boldsymbol{\Phi}_q^*(\xi_n) = \begin{cases} \left(\int_X | F_{\xi_n}(\boldsymbol{x}) - F_u(\boldsymbol{x}) |^q \mathrm{d}\boldsymbol{x} \right)^{1/q}, & 1 \leqslant q < \infty \\ \sup\limits_{\boldsymbol{x} \in X} | F_u(\boldsymbol{x}) - F_{\xi_n}(\boldsymbol{x}) |, & q = \infty \end{cases}$$

当 $q = \infty$ 的 L_∞-偏差又称为星偏差,它等价于分布拟合优度检验中著名的 Kormokorov-Smirnov 统计量。L_2-偏差等价于 Cramer-Von Mises 统计量,它有便于计算的简单表达式:

$$\boldsymbol{\Phi}_2^*(\xi_n) = \left\{ \frac{1}{3^p} - \frac{2}{n} \sum_{i=1}^n \prod_{j=1}^p \frac{1 - x_{ij}^2}{2} + \frac{1}{n^2} \sum_{i, l=1}^n \prod_{j=1}^p [1 - \max(x_{ij}, x_{lj})] \right\}^{1/2}$$

给定试验因子数 p,上式的计算量为 $O(n^2)$,大大小于星偏差的计算量。

L_q-偏差具有以下几个缺陷:

(1) $q \neq \infty$ 时 L_q-偏差没有考虑低维投影的均匀性,因为 $\boldsymbol{\Phi}_q^*(\xi_n)$ 在低于 p 维的投影空间上的积分为 0,而忽略低维投影空间上的均匀性会导致不合理的结果;

(2) L_q-偏差把原点放在一个很特殊的地位,没有旋转不变性;

(3) L_q-偏差计算复杂,且衡量均匀性不够灵敏。

2) 再生核距离

L_q-偏差是 ξ_n 的经验分布与均匀分布之间的 L_q 距离。可以把偏差推广到 ξ_n 的经验分布与任意目标分布之间的距离,或二者之差的范数。设 $K(\cdot, \cdot)$ 为试验样本空间 X 上的核函数,目标分布为 μ_0,ξ_n 的偏差定义为

$$\boldsymbol{\Phi}(\xi_n, K) = \| \mu_0 - \mu_{\xi_n} \|_{\mathcal{M}}$$

这里，$\| \cdot \|_{\mathcal{M}}$ 是如下定义的范数：对 X 上任何测度 μ，

$$\| \mu \|_{\mathcal{M}} = \left[\langle \mu, \mu \rangle_{\mathcal{M}} \right]^{\frac{1}{2}} = \left[\int_{X^2} K(\boldsymbol{x}, \boldsymbol{z}) \mu(\mathrm{d}\boldsymbol{x}) \mu(\mathrm{d}\boldsymbol{z}) \right]^{\frac{1}{2}}$$

前提是上式成立，具体条件此处不再赘述。

将上式展开，可得到偏差的计算公式如下：

$$\Phi(\xi_n, K) = \left\{ \int_{X^2} K(\boldsymbol{x}, \boldsymbol{z}) \mu_0(\mathrm{d}\boldsymbol{x}) \mu_0(\mathrm{d}\boldsymbol{z}) - \frac{2}{n} \sum_{i=1}^{n} \int_X K(\boldsymbol{x}_i, \boldsymbol{z}) \mu_0(\mathrm{d}\boldsymbol{z}) \right.$$
$$\left. + \frac{1}{n^2} \sum_{i,k=1}^{n} K(\boldsymbol{x}_i, \boldsymbol{x}_k) \right\}^{\frac{1}{2}}$$

也就是说，偏差完全由试验样本空间 X、核函数 K 以及目标分布 μ_0 确定。如果目标分布为均匀分布 F_u，则偏差的计算公式为

$$\Phi(\xi_n, K) = \left\{ \int_{X^2} K(\boldsymbol{x}, \boldsymbol{z}) F_u(\mathrm{d}\boldsymbol{x}) F_u(\mathrm{d}\boldsymbol{z}) - \frac{2}{n} \sum_{i=1}^{n} \int_X K(\boldsymbol{x}_i, \boldsymbol{z}) F_u(\mathrm{d}\boldsymbol{z}) \right.$$
$$\left. + \frac{1}{n^2} \sum_{i,k=1}^{n} K(\boldsymbol{x}_i, \boldsymbol{x}_k) \right\}^{\frac{1}{2}}$$

为了计算简便，通常取 K 为 X 上的可分核，即具有下面的形式：

$$K(\boldsymbol{x}, \boldsymbol{z}) = \prod_{i=1}^{p} K_i(\boldsymbol{x}_i, \boldsymbol{z}_i)$$

下面给出几种常见偏差的可分核及其计算公式。

（1）中心化偏差。取核如下：

$$K_c(\boldsymbol{x}, \boldsymbol{z}) = 2^{-p} \prod_{i=1}^{p} \left(2 + \left| \boldsymbol{x}_i - \frac{1}{2} \right| + \left| \boldsymbol{z}_i - \frac{1}{2} \right| - | \boldsymbol{x}_i - \boldsymbol{z}_i | \right)$$

可得到中心化偏差的计算公式：

$$\Phi_c(\xi_n) = \left\{ \left(\frac{13}{12} \right)^p - \frac{2}{n} \sum_{i=1}^{n} \prod_{j=1}^{p} \left(1 + \frac{1}{2} \left| x_{ij} - \frac{1}{2} \right| - \frac{1}{2} \left| x_{ij} - \frac{1}{2} \right|^2 \right) \right.$$
$$\left. + \frac{1}{n^2} \sum_{i=1}^{n} \sum_{k=1}^{n} \prod_{j=1}^{p} \left(1 + \frac{1}{2} \left| x_{ij} - \frac{1}{2} \right| + \frac{1}{2} \left| x_{kj} - \frac{1}{2} \right| - \frac{1}{2} | x_{ij} - x_{kj} | \right) \right\}^{\frac{1}{2}}$$

（2）可卷偏差。取核如下：

$$K_w(\boldsymbol{x}, \boldsymbol{z}) = \prod_{i=1}^{p} \left(\frac{3}{2} - | \boldsymbol{x}_i - \boldsymbol{z}_i | + | \boldsymbol{x}_i - \boldsymbol{z}_i |^2 \right)$$

可得到可卷偏差的计算公式：

$$\Phi_w(\xi_n) = \left\{ -\left(\frac{4}{3} \right)^p + \frac{1}{n} \left(\frac{3}{2} \right)^p \right.$$

$$\left. + \frac{2}{n^2} \sum_{i=1}^{n-1} \sum_{k=i+1}^{n} \prod_{j=1}^{p} \left(\frac{3}{2} - | x_{ij} - x_{kj} | + | x_{ij} - x_{kj} |^2 \right) \right\}^{\frac{1}{2}}$$

（3）离散偏差。以上讨论中均假定试验空间连续，下面考虑因子离散取值的情况。设第 j 个因子有 q_j 个水平，记为 $\mathcal{X}_j = \{1, 2, \cdots, q_j\}$，试验样本空间定义为 $\mathcal{X} = \mathcal{X}_1 \times \cdots \times \mathcal{X}_p$。取核函数为

$$K_d(\boldsymbol{x}, \boldsymbol{z}) = \prod_{j=1}^{p} K_j(\boldsymbol{x}_j, \boldsymbol{z}_j)$$

其中，

$$K_j(x_j, z_j) = \begin{cases} a, & \boldsymbol{x}_j = \boldsymbol{z}_j \\ b, & \boldsymbol{x}_j \neq \boldsymbol{z}_j \end{cases}, \quad \{\boldsymbol{x}_j, \boldsymbol{z}_j\} \subset \mathcal{X}_j, \ a > b > 0$$

可得到离散偏差的计算公式：

$$\Phi_d(\xi_n) = \left\{ - \prod_{j=1}^{p} \left[\frac{a + (q_j - 1)b}{q_j} \right] + \frac{1}{n^2} \sum_{i,k=1}^{n} \prod_{j=1}^{p} \left[a^{\delta_{x_{ij}x_{kj}}} b^{1-\delta_{x_{ij}x_{kj}}} \right] \right\}^{\frac{1}{2}}$$

其中，当 $x_{ij} = x_{kj}$ 时 $\delta_{x_{ij}x_{kj}} = 1$，否则为 0。

（4）Lee 偏差。仍考虑离散的情形。设水平数 $q_1, \cdots, q_t$ 是奇数，而 $q_{t+1}, \cdots, q_p$ 是偶数，$0 \leqslant t \leqslant p$。当 $t = 0$ 时，表示所有因子的水平数都是偶数，而当 $t = p$ 时，所有因子的水平数都是奇数。对各因子的水平做如下变换：

$$k \to \frac{2k-1}{2q_j}, \quad k = 1, \cdots, q_j, \ j = 1, \cdots, p$$

使得水平值都在 $[0, 1]$ 之间，从而使试验区域 $\mathcal{X}$ 变换为 $[0, 1]^p$ 中的格子点 $\mathcal{X}'$，设计 ξ_n 也变换为 $\xi_n^* = (x_{ij})$，并以 ξ_n^* 的偏差作为 ξ_n 的偏差。取核函数：

$$K_l(\boldsymbol{x}, \boldsymbol{z}) = \prod_{j=1}^{p} (1 - \min\{|x_j - z_j|, 1 - |x_j - z_j|\})$$

可得到 Lee 偏差的计算公式：

$$\Phi_l(\xi_n) = \frac{1}{n} - \left(\frac{3}{4}\right)^{p-t} \prod_{i=1}^{t} \left(\frac{3}{4} + \frac{1}{4q_i^2}\right)$$

$$+ \frac{2}{n^2} \sum_{i=1}^{n-1} \sum_{j=i+1}^{n} \prod_{k=1}^{p} (1 - \min\{|x_{ik} - x_{jk}|, 1 - |x_{ik} - x_{jk}|\})$$

3.1.2 评估精度准则

空间填充准则不考虑响应模型的形式,是一种无模型设计。有时可以获得关于响应模型的信息,例如,可以知道模型是线性方程,则可以从建立更精确模型的角度,提出试验样本设计准则。

下面以线性回归模型为例说明评估精度准则,模型如下:

$$y = \boldsymbol{f}(\boldsymbol{x})^{\mathrm{T}}\boldsymbol{\beta} + \varepsilon, \varepsilon \sim N(0, \sigma^2)$$

假设试验空间 $\mathcal{X}$ 为有界闭集, $\boldsymbol{f}(\boldsymbol{x}) = [f_1(\boldsymbol{x}), f_2(\boldsymbol{x}), \cdots, f_m(\boldsymbol{x})]^{\mathrm{T}}$ 为定义在 $\mathcal{X}$ 上的 m 个线性无关的连续函数。

1. 参数估计精度准则

称 ξ_n 为一个试验次数为 n 的精确设计,试验点 $\boldsymbol{x}_i$ 为这个设计的支撑点或谱点。如果精确设计 ξ_n 中仅有 $k < n$ 个不同的支撑点 $\boldsymbol{x}_1, \boldsymbol{x}_2, \cdots, \boldsymbol{x}_k$, 在点 $\boldsymbol{x}_i$ 重复的次数为 ν_i, 记 $p_i = \nu_i/n$, 则 ξ_n 可用离散概率分布的形式表示如下:

$$\xi_n = \begin{pmatrix} \boldsymbol{x}_1 & \boldsymbol{x}_2 & \cdots & \boldsymbol{x}_k \\ p_1 & p_2 & \cdots & p_k \end{pmatrix}$$

由此,可以把精确设计推广到由离散概率分布确定的离散设计。

假设根据 ξ_n 得到一组观测数据 $\mathcal{D}_n = \{(\boldsymbol{x}_i, y_i): i = 1, 2, \cdots, n\}$。根据回归分析理论,参数 $\boldsymbol{\beta}$ 的最小二乘估计 $\hat{\boldsymbol{\beta}}$ 的协方差矩阵为

$$\sigma^2(\boldsymbol{X}^{\mathrm{T}}\boldsymbol{X})^{\mathrm{T}} = \sigma^2 \left[\sum_{i=1}^{n} \boldsymbol{f}(\boldsymbol{x}_i)\boldsymbol{f}^{\mathrm{T}}(\boldsymbol{x}_i)\right]^{-1} = \frac{\sigma^2}{n} \left[\sum_{j=1}^{k} p_j \boldsymbol{f}(\boldsymbol{x}_j)\boldsymbol{f}^{\mathrm{T}}(\boldsymbol{x}_j)\right]^{-1}$$

于是,从提高估计精度的角度来考虑,一个良好的设计应使得上述矩阵达到某种意义上的"最小"。对给定的离散设计,称 $\sum_{j=1}^{k} p_i \boldsymbol{f}(\boldsymbol{x}_j)\boldsymbol{f}^{\mathrm{T}}(\boldsymbol{x}_j)$ 为 ξ_n 的信息矩阵。

推广到一般设计的情况,称试验样本空间 X 上的概率分布 ξ 为一个设计,其信息矩阵定义为

$$M(\xi) = \int_X f(x)f^{\mathrm{T}}(x)\mathrm{d}\xi$$

称满足 $\det(M(\xi)) \neq 0$ 的设计 ξ 为非奇异的。这里用到了关于概率测度 ξ 的积分的概念,为便于理解,可设想 ξ 有密度函数 $p(x)$,于是信息矩阵表示为

$$M(\xi) = \int_X f(x)f^{\mathrm{T}}(x)p(x)\mathrm{d}x$$

以 $\varXi$ 表示设计的全体,$\varXi_n$ 表示支撑点数为 n 的离散设计的全体,$\mathcal{M} = \{M(\xi) : \xi \in \varXi\}$ 表示线性回归模型的一切设计对应的信息矩阵的全体。则信息矩阵满足以下几条性质:

（1）$\varXi$ 和 $\varXi_n$ 为凸集,$\mathcal{M}$ 是一个闭凸集;

（2）任意设计 ξ 的信息矩阵 $M(\xi)$ 都是非负定的;

（3）如果 $n < m$,则 $\det(M(\xi)) = 0$ 对任意 $\xi \in \varXi_n$ 都成立;

（4）对任意 $\xi \in \varXi$,均存在 $\tilde{\xi} \in \varXi_n$,$n \leqslant m(m+1)/2 + 1$,使得 $M(\xi) = M(\tilde{\xi})$。

根据(4),对任一设计 ξ,总可以找到一个试验点数不超过 $m(m+1)/2+1$ 的离散设计 $\tilde{\xi}$,使得它们的信息矩阵相等。因此,可以在试验点数不超过 $m(m+1)/2+1$ 的离散设计中去寻找最优设计。事实上,很多回归模型的最优设计的支撑点数恰为参数个数 m。

以下仅考虑非奇异设计的充分性。如前所述,最优设计应使得信息矩阵"最大"。由于矩阵的大小不好比较,充分性准则通过对信息矩阵的"加工" Φ：$\mathcal{M} \mapsto \mathbb{R}^+$ 来构造。一般地,要求充分性准则 Φ：$\mathcal{M} \mapsto \mathbb{R}^+$ 满足:

$$M_1 \geqslant M_2 \Rightarrow \Phi(M_1) \leqslant \Phi(M_2)$$

不同的 Φ 导致不同的充分性准则。

需要注意,一般不能保证下式成立:

$$\Phi(M_1) \leqslant \Phi(M_2) \Rightarrow M_1 \geqslant M_2$$

因此在确定充分性准则时,Φ 最好具有一定的统计意义。为简单起见,以下将复合函数 $\Phi(M(\xi))$ 简记为 $\Phi(\xi)$。

1）D 准则

在高斯-马尔可夫假定下,对于给定的置信水平 α,线性模型最小二乘估计

$\hat{\boldsymbol{\beta}}$ 的 $1 - \alpha$ 置信域为

$$\{\boldsymbol{\beta} \in \mathbb{R}^m : (\boldsymbol{\beta} - \hat{\boldsymbol{\beta}})^{\mathrm{T}} \boldsymbol{M}(\boldsymbol{\xi})(\boldsymbol{\beta} - \hat{\boldsymbol{\beta}}) \leqslant c\}$$

其中，c 为仅依赖于置信水平 α 和 $\boldsymbol{\sigma}^2$ 的常数。置信域的几何意义可解释为以 $\hat{\boldsymbol{\beta}}$ 为中心的椭球体，即置信椭球。利用多元积分的知识可知置信椭球体的体积：

$$V(\boldsymbol{\xi}) \propto \left[\det(\boldsymbol{M}^{-1}(\boldsymbol{\xi})) \right]^{\frac{1}{2}}$$

于是当 $\det(\boldsymbol{M}^{-1}(\boldsymbol{\xi}))$ 减小时，置信椭球体积减小，$\hat{\boldsymbol{\beta}}$ 的精度升高。

D 准则定义为信息矩阵逆的行列式，或行列式的逆，即

$$\Phi_D(\boldsymbol{\xi}) = \det(\boldsymbol{M}^{-1}(\boldsymbol{\xi}))$$

在实际计算中通过试验方案的信息矩阵，计算其逆的行列式即可获得 D 准则指标，实现方案优劣对比。

2）A 准则

模型参数估计精度可由估计量 $\hat{\boldsymbol{\beta}}$ 的各分量的方差的平均值来度量。根据回归分析理论可知 $\mathrm{Var}(\hat{\beta}_i) = c_{ii}\sigma^2/n$，其中 c_{ii} 是矩阵 $\boldsymbol{M}^{-1}$ 的第 i 个对角元素，对各分量求平均可以得到如下关系：

$$\mathrm{tr}(\boldsymbol{M}^{-1}(\boldsymbol{\xi})) \propto \sum \mathrm{Var}(\hat{\beta}_i)$$

于是可以定义 A 准则来衡量回归模型中的各参数估计的平均方差值，如下：

$$\Phi_A(\boldsymbol{\xi}) = \mathrm{tr}\{\boldsymbol{M}^{-1}(\boldsymbol{\xi})\}$$

3）E 准则

最优设计理论中，E 准则的统计意义是在 $\boldsymbol{c}^{\mathrm{T}}\boldsymbol{c} = 1$ 的限制下最小化线性组合 $\boldsymbol{c}^{\mathrm{T}}\boldsymbol{\beta}$ 的方差的最大值，几何意义则是最小化置信椭球体的最长轴。由于 $\boldsymbol{\lambda}_{\min}(\boldsymbol{M}(\boldsymbol{\xi})) = \min\{\boldsymbol{c}^{\mathrm{T}}\boldsymbol{M}(\boldsymbol{\xi})\boldsymbol{c} : \boldsymbol{c}^{\mathrm{T}}\boldsymbol{c} = 1\}$，$\boldsymbol{\lambda}_{\min}(\boldsymbol{M}(\boldsymbol{\xi}))$ 为矩阵 $\boldsymbol{M}(\boldsymbol{\xi})$ 的最小特征值，则可给出 E 准则定义如下：

$$\Phi_E(\boldsymbol{\xi}) = \boldsymbol{\lambda}_{\min}^{-1}(\boldsymbol{M}(\boldsymbol{\xi}))$$

以上准则都是在线性模型假定下的，对于非线性模型也有类似的准则，只是其取值与模型参数 $\boldsymbol{\beta}$ 的取值有关。对于定量因子，D 准则的计算不依赖于因子的量纲，即 D 准则的计算结果不随因子单位的变化而变化，而 E 准则、A 准则是不符合的。在实际应用中，通常使用 D 准则作为定量因子的评价指标，E 准则、A 准则针对定性因子或区组设计进行评价。

2. 模型预测精度准则

除了参数估计精度,还可以通过模型的预测精度来衡量试验方案优劣。这些准则包括 G 准则、C 准则、绝对预测误差、相对预测方差。

1）G 准则

G 准则用于对模型预测精度衡量,在回归分析理论中,$\hat{\boldsymbol{\beta}}$ 为由设计 ξ 得到的最小二乘估计,则点 $\boldsymbol{x} \in \mathcal{X}$ 处的响应预测值 $\hat{y}(\boldsymbol{x}) = \boldsymbol{f}^{\mathrm{T}}(\boldsymbol{x})\hat{\boldsymbol{\beta}}$ 的方差为

$$\mathrm{Var}(\hat{y}(\boldsymbol{x})) = \frac{\sigma^2}{n}\boldsymbol{f}^{\mathrm{T}}(\boldsymbol{x})\boldsymbol{M}^{-1}(\xi)\boldsymbol{f}(\boldsymbol{x})$$

方差越小精度越高,而方差的大小取决于 $\boldsymbol{f}^{\mathrm{T}}(\boldsymbol{x})\boldsymbol{M}^{-1}(\xi)\boldsymbol{f}(\boldsymbol{x})$ 的大小。则可定义设计 ξ 的标准化方差为

$$d(\boldsymbol{x}, \xi) = \boldsymbol{f}^{\mathrm{T}}(\boldsymbol{x})\boldsymbol{M}^{-1}(\xi)\boldsymbol{f}(\boldsymbol{x})$$

可称

$$\Phi_G(\xi) = \sup\{d(\boldsymbol{x}, \xi): \boldsymbol{x} \in \mathcal{X}\}$$

为 G 准则。

2）C 准则

C 准则定义为

$$\Phi_C(\xi) = \boldsymbol{c}^{\mathrm{T}}\boldsymbol{M}^{-1}(\xi)\boldsymbol{c}$$

其中,向量 $\boldsymbol{c} \in \mathbb{R}^m$。该准则的统计意义是参数线性组合 $\boldsymbol{c}^{\mathrm{T}}\boldsymbol{\beta}$ 的最优无偏估计的方差,但由于向量 $\boldsymbol{c}$ 可任意取值,具体计算难以实现。由于 C 准则 $\boldsymbol{c}^{\mathrm{T}}\boldsymbol{M}^{-1}(\xi)\boldsymbol{c}$ 与 G 准则 $\boldsymbol{f}^{\mathrm{T}}(\boldsymbol{x})\boldsymbol{M}^{-1}(\xi)\boldsymbol{f}(\boldsymbol{x})$ 在形式上相同,且向量 $\boldsymbol{c} \in \mathbb{R}^m$ 可以任意取值,则使用试验空间中的点 $\boldsymbol{f}(\boldsymbol{x})$ 作为 $\boldsymbol{c}$,计算参数线性组合 $\boldsymbol{c}^{\mathrm{T}}\boldsymbol{\beta}$ 的最优无偏估计的方差即为计算相应预测值的方差,度量模型预测误差,具有实际意义。

3）绝对预测误差

利用不同的预测误差可以得到不同的预测精度准则,如下所示。

（1）均方根误差（RMSE）和标准均方根误差（SRMSE）。

$$\mathrm{RMSE}(f, \hat{f}) = \sqrt{\frac{1}{n}\sum_{i=1}^{n} | f(\boldsymbol{q}_i) - \hat{f}(\boldsymbol{q}_i) |^2}$$

$$\mathrm{SRMSE}(f, \hat{f}) = \sqrt{\frac{1}{n}\sum_{i=1}^{n}\left[\frac{\hat{f}(\boldsymbol{q}_i) - f(\boldsymbol{q}_i)}{f(\boldsymbol{q}_i)}\right]^2}$$

（2）平均绝对误差（MAE）。

$$\text{MAE}(f, \hat{f}) = \frac{1}{n} \sum_{i=1}^{n} |f(\boldsymbol{q}_i) - \hat{f}(\boldsymbol{q}_i)|$$

（3）最大误差（ME）。

$$\text{ME}(f, \hat{f}) = \max |f(\boldsymbol{q}_i) - \hat{f}(\boldsymbol{q}_i)|$$

4）相对预测方差

以线性回归模型为例，设计矩阵 $\boldsymbol{D}$ 的每一行对应一个试验点，第 i 个试验点的预测结果为

$$\hat{Y} = \boldsymbol{x}_i^{\mathrm{T}} \hat{\boldsymbol{\beta}}$$

其中，向量 $\boldsymbol{x}_i^{\mathrm{T}}$ 为设计矩阵 $\boldsymbol{D}$ 中第 i 行，$\hat{\boldsymbol{\beta}}$ 为模型参数的最小二乘估计。则第 i 个试验点的相对预测方差为

$$\frac{\boldsymbol{x}_i^{\mathrm{T}} \text{Var}(\hat{Y}) \boldsymbol{x}_i}{\sigma^2} = \frac{\boldsymbol{x}_i^{\mathrm{T}} \text{Var}(\boldsymbol{x}_i^{\mathrm{T}} \hat{\boldsymbol{\beta}}) \boldsymbol{x}_i}{\sigma^2} = \boldsymbol{x}_i^{\mathrm{T}} (\boldsymbol{D}^{\mathrm{T}} \boldsymbol{D})^{-1} \boldsymbol{x}_i$$

$$= \frac{1}{\sigma^2} \left[\boldsymbol{x}_i^{\mathrm{T}} \left(\frac{1}{n} \sigma^2 \left(1 + \sum_{1}^{p} x_p^2 \right) \right) \boldsymbol{x}_i \right]$$

3.1.3　分辨率准则

给定一个试验方案，相当于给出了一个试验空间中的试验点集合。试验设计的一个目的是研究试验因子对响应的影响，即因子效应，如第 4 章所示。所谓混杂，是指根据给定的试验方案获得的试验数据，难以分离出某些因子的效应。因此在试验设计时应尽可能减少因子效应的混杂。

通过分辨率来衡量一个试验方案减少因子效应混杂的能力。因此这涉及因子效应的概念。定义单个因子的主效应为 1 阶效应，2 个因子之间的交互效应为 2 阶效应，p 个因子之间的交互效应称为 p 阶效应。称一个试验方案（或试验设计方法）的分辨率是 R，是指对应于该试验方案的结果，没有 p 阶效应与其他小于 $(R-p)$ 阶的因子效应相混杂。一个分辨率为 x 设计可以记为 Rx 设计，比如分辨率为 5 的部分因子设计可表示为 R5-FF。

例如，对于一个分辨率为Ⅲ的试验方案，各因子的主效应之间不存在混杂，但主效应可能与某些 2 个因子交互效应相混杂，且 2 个因子之间的交互效应可

能互相混杂。对于分辨率为Ⅳ的试验方案,各因子的主效应与其他因子的主效应或 2 个因子之间的交互效应没有混杂,但因子的主效应可能与 3 个因子之间的交互效应混杂,2 个因子之间的交互效应也存在相互混杂。

　　显然,试验设计的分辨率越高,试验获得的信息量越大,但通常需要的样本量也随之增大。因此,一方面需要运用科学合理的试验设计方法减少试验次数,另一方面,可以在试验设计时突出重要的效应,允许不重要的效应之间产生混杂。

3.1.4　正交性准则

　　空间填充性是模型未知的试验设计的理想特性,基于空间填充准则的设计将试验点均匀分布在整个试验空间,避免试验点的重叠导致试验资源浪费,从而提供更全面的试验空间信息。正交性是模型未知的试验设计的另一个理想特性,其能够保证试验因子的主效应是相互独立的,增强分析因子对试验响应的影响和各因子的交互作用的能力[1, 2]。Joseph 等[3]研究发现空间填充性和正交性这两个性质并不具有一致的效应,分别采用这两个标准得到的试验方案可能会有较大差异,且因子数量越多,问题就越严重。

　　传统的正交设计准则来自正交设计方法,在正交设计中,各个因子的各个水平上的试验次数相同,并且各因子的各种水平搭配是均匀的,即任意两个因子的每种水平出现的次数相等。传统的正交设计利用正交表进行。

　　对于一般情况,采用正交表进行试验设计是比较困难和复杂的。此时可以根据试验样本之间相关性给出正交性度量。对于任意两个试验点,可以给出它们的相关系数 ρ,对于设计矩阵 $\boldsymbol{D}$ 的任意两列 $\boldsymbol{x}_i = [x_{1i}, x_{2i}, \cdots, x_{ni}]^{\mathrm{T}}$ 和 $\boldsymbol{x}_j = [x_{1j}, x_{2j}, \cdots, x_{nj}]^{\mathrm{T}}$,设其相关系数为 ρ_{ij},即

$$\rho_{ij} = \frac{\sum_{k=1}^{n}\left[(x_{ki} - \bar{x}_i)(x_{kj} - \bar{x}_j)\right]}{\sqrt{\sum_{k=1}^{n}\left[(x_{ki} - \bar{x}_i)^2(x_{kj} - \bar{x}_j)^2\right]}}$$

则可以

$$\rho_{\max} = \max_{ij}\{\rho_{ij}\}$$

作为正交性度量[4, 5]。

3.1.5　试验方案评价

　　试验设计准则用于指导具体的试验设计过程,一旦完成试验方案的设计,

可以进一步从其各种角度对试验方案进行综合评价,即不限于所采用的试验设计准则。按照评价指标的取值,可以将其可分为以下四种类型。

(1)计数指标:如试验样本的数目,它们一般取正整数。

(2)计量指标:如描述试验方案空间填充性质的最小最大距离、最大投影距离等,这些指标在实数范围内取值。

(3)属性指标:如试验方案是否具有正交性、是否满足最小低阶混杂等,这些指标没有大小关系,也不能进行运算。

(4)有序指标:如试验方案正交性的强度、试验方案的分辨率等,这些等级也可以用自然数来表示,但这些数仅有序的关系,而没有量的概念。如强度为 3 的正交设计比强度为 2 的正交设计要好,分辨率为 V 的设计比分辨率为 IV 的设计要好,但谈分辨率之间的运算是没有意义的。

JMP 软件中提供了试验方案评价与比较的功能,其中包括功效分析、预测方差刻画、设计空间比例图、预测方差曲面、估计效率、别名矩阵、相关性色图以及效率测度等方法,具体可参考 JMP 软件文档库,这里不再赘述。

3.2 规则试验空间试验设计

一般的试验样本设计中,各试验因子之间是相互独立的,这时的试验空间是一个超立方体,本章称为规则试验空间,以便与复杂试验空间对比。关于规则空间的试验设计方法,在诸多教材或专著中都进行了介绍,通常按照因子试验设计、正交试验设计、最优回归设计、均匀试验设计、计算机试验设计、序贯试验设计等分类阐述。这些是试验设计的基本理论方法,在一定程度上具有较强的通用性。本节从装备试验鉴定的角度,对这些方法进行分类和简单介绍,并对有关方法的适用性进行分析。

3.2.1 实物试验设计方法

1. 实物试验设计原则

为了突显因子的效应与主效应、降低误差对试验结论的影响,在实物试验设计中需要遵循三个基本原则,即重复、随机化和区组化。

1)重复

在因子试验设计中,"重复"是指对于试验空间中的一个样本点,在同样的条件下进行多次独立试验和观测。例如,在同样的试验环境条件下对靶标进行多次射击就是一种重复。通过(独立)重复试验,不仅可以估计试验总误差,而且通过多次重复可以更好地估计试验因子的效应。

值得注意的是,在相同条件下对试验结果作多次重复测量,如重复测量导弹的重量等并不是试验设计中所指的"重复"。利用重复测量可以减少测量误差,但其结果难以用于估计试验不可控因子产生的误差。

2)随机化

随机化是指在分配样本和实施试验时,随机地将试验因子的水平组合分配给被试单元,并随机地设置其实施顺序。随机化也是经典统计理论中评价因子与响应的因果效应的基本要求。

对于试验结果的统计分析,通常要求试验观察值或测量误差是相互独立的随机变量。用随机化原则设计和实施的试验,使各种因素对试验结果的影响成为随机的,使不可控因素的影响在一定程度上相互"抵消",从而"平均出"因子的效应。因此,随机化能够降低可能影响试验结果的未知因素的影响,也可减少主观判断造成的影响,有助于提高因子效应估计的精度。

3)区组化

区组化是指在性能试验时,依据样品特性对试验结果的影响,尽可能使特性差异小的样品分在一个组内进行试验,而在各个组之间的样品可以存在较大差异。这样的分组称为区组。

由于处于同一区组内的各个试验样品差异较小,因此可以在结果分析时消除组与组之间的差异,在每个区组内分析感兴趣的因子效应,可以提高试验结果的可比性。

对照试验是一种特殊的区组化试验。在对照试验中,将样品分为试验组与对照组,除了待研究的因子水平条件不同,试验组与对照组中的其他条件应尽量相同。例如,对于产品在不同温度环境下的可靠性试验,对照组与试验组的区别仅在于两组产品所处的温度环境的差异,其他因素均保持不变。

2. 实物试验设计方法

针对不同目的类型的因子试验设计问题,目前已有多种设计方法可供选用,如完全随机化和区组设计、析因设计、正交设计、均匀设计、响应曲面设计、最优回归设计等。以下对这些方法做简要介绍。

1)完全随机化和区组设计

在完全随机化设计中,因子的水平组合被随机地指派给试验单元。随机化完全区组设计是根据误差局部控制原理和客观试验条件的约束,将对试验结果有一定影响,但不感兴趣的因子(例如,产品的批次)设置为区组因子。将具有同一区组因子水平的试验单元(例如,同一批次的产品)划分为一个区组,从而减少了同一组内的试验单元的相关特性差异,但在不同组间有较大差异。通过区组设计,减少区组因子对试验结果分析的误差影响,从而突出感兴趣的因子的效应。在随机化完全区组设计中,先按一定规则将试验单元划分为若干同质的组(即区组),再将各水平组合随机地指派给各个区组。

典型的随机化完全区组设计包括普通拉丁方设计(Latin square design)、希腊拉丁方设计(或正交拉丁方设计)和超拉丁方设计,它们分别适用于数量为2、3和更多的区组因子的情形。

裂区设计(split-plot design)主要解决试验因子水平不能随意改变所导致的随机化困难。在实际中,有的因子水平可能难以变化(例如,试验场的地域条件,或天气条件等),这时可以考虑运用裂区设计方法。裂区设计是在区组设计的基础上,将区组分裂为更小的子区。通常,应将难以变化、重复取样操作难度大的因子设置为主区因子,而将效应分析精度较高的因子设置为子区因子。与完全随机化区组设计相比,裂区设计具有较少的主区因子水平的变化次数。裂区试验设计按子区划分层次的不同有一阶裂区设计和二阶裂区设计等。

2)析因设计

部分析因(factorial factor,FF)设计主要用于确定因子的主效应及交互作用。试验的最终结果通过方差分析来检定这些效应是否显著。

在很多试验设计问题中,所有因子都只有两个水平,称为高水平和低水平,或"+1"和"−1"。对这些因子的所有可能的高、低水平进行组合,得到完全因子试验。因子数为 k 时,水平组合数量为 2^k。当因子数 k 比较大时,即使对于每个因子都只有两个水平的情况,水平组合数也可能过多。可以只选择其中的一部分,如取完全因子水平组合的 1/2 或 1/4,这时可以运用各种部分析因设计方法。

3)正交设计

正交设计(orthogonal design)是一种部分因子试验设计方法,其试验点的特点是均匀分散性和整齐可比性。下面通过一个例子说明。

考虑防空导弹命中精度试验设计问题,其中有拦截方式、目标速度、目标RCS 共 3 个试验因子,每个因子有 3 个水平。若已知各因子之间没有交互效应,需要通过试验分析各因子的主效应。如果对所有试验点进行试验,则需要$3^3 = 27$ 次试验。而采用正交设计,可以用少得多的试验点达到同样的效果。

表 3-1 给出的是 4 因子三水平的正交表,记为 $L_9(3^4)$。采用这一正交表进行试验设计,取其前三列对应的搭配组成试验点进行试验,仅需 9 次试验即可得到所有 3 个因子的主效应的准确(无混杂的)估计。前 3 列的搭配中的 9 个,是 3 个因子全部 27 种水平组合中的 9 个,因此,依正交表安排的试验次数为全部试验的 1/3。在这 9 个试验中,各因子的每个水平的搭配都是合理、均衡的,每个因子的每个水平都进行了 3 次试验,每两个因子的每一种水平组合都进行了一次试验。用图形表示试验点,表 3-1 中的 9 次试验在试验空间中的安排如图 3-1 所示。可以看出,9 个试验点均匀分布于 3 个因子构成的三维立方体上。每个因子每个水平对应的每个坐标轴上有且仅有一次试验。每个因子对应 3 个平面(例如,因子 A 对应的平面为 A_1、A_2、A_3),每个平面上进行三次试验。

表 3-1　正交表 $L_9(3^4)$

试验号 \ 因子	A	B	C	D
1	1	1	1	1
2	1	2	2	2
3	1	3	3	3
4	2	1	2	3
5	2	2	3	1
6	2	3	1	2
7	3	1	3	2
8	3	2	1	3
9	3	3	2	1

观察表 3-1 所示正交表 $L_9(3^4)$,可以发现它有如下特点:

(1)均匀分散性。每列中不同数字出现的次数是相等的,即每列中数字 1、2、3 各出现 3 次。因此,在因子各个水平上试验的重复次数是相同的。

(2)整齐可比性。将任意两列、同一行的两个数字看成是有序数对,则每种数对出现的次数相等。$L_9(3^4)$ 中有序数对共有 9 个,即 (1,1),(1,2),(1,3),(2,1),(2,2),(2,3),

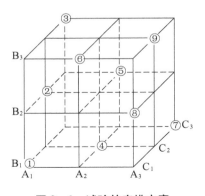

图 3-1　试验的安排方案

$(3,1),(3,2),(3,3)$，它们各出现一次。因此，各因子的各种水平搭配是均匀的，有利于因子效应的分析。

正交试验需要利用正交表进行设计，需要根据因子数量及水平数选择合适的正交表。当各个因子的水平数不同时，可以采用拟水平法进行处理或直接采用具有混合水平的正交表进行试验设计。通常，正交表都附有对应的交互作用表。当考虑因子之间的交互作用时，应将交互作用视为一个新的因子，专门占用正交表的一列（称为交互作用列），并按正交表的交互作用来安排其在正交表中的列位置。

有关学者已设计了常用的正交表，应用时可查阅有关文献获得已设计好的正交表。正交试验设计的结果常用直观分析法、方差分析法和回归分析法等多种方法完成。

4）均匀设计

尽管采用正交设计减少了试验次数，但正交试验的次数至少是因子水平数的平方。均匀设计（uniform design）是我国科学家方开泰、王元于 20 世纪 80 年代提出的，并已经在试验设计领域得到广泛应用。均匀设计方法去掉了正交设计的"整体可比性"要求，主要考虑在试验空间中尽可能均匀地散布各个试验点。与正交设计相比，均匀设计的试验次数很少，通常仅是因子的数目或因子数的倍数。但是其结果分析需要运用回归分析方法等更为复杂的统计方法。

进行均匀设计需要运用均匀设计表及其附表（称为使用表）完成。均匀设计表及其附表都是采用专门的算法构造的。常用的均匀设计表及其附表通常可查阅相关文献获得。

5）响应曲面设计

响应曲面法（response surface methodology，RSM）是一种通过试验探求响应变量变化规律和最优值的方法。设试验响应 y 与试验因子 x 的关系式为 $y = f(x) + \varepsilon$，其中，ε 表示随机误差。则称期望响应的关系式 $z = E(y) = f(x)$ 为响应曲面。通常，真实的函数关系式 $f(x)$ 是未知的。

拟合二阶响应曲面时常采用中心复合设计（central composite design，CCD）。中心复合设计可以从全因子设计（2^p 因子设计）或部分因子设计（分辨率为 5 的 2^{p-k} 设计）开始，然后对每个因子增加中心点和星点获得。p 个因子、2 水平的全因子中心复合设计如下：① 根据全因子设计获得 4 个角点，即所有各个因子都取高水平或低水平，进行完全的水平组合；② 中心点，即各因子都取零水平构成的试验点；③ 星号点，亦称轴向点，位于各个因子坐标轴上，围绕零点对称分布，离坐标零点的距离为 α，具有形式 $(0, \cdots, x_i, \cdots, 0)$，其中 $x_i = -\alpha$ 或

α, $i = 1$, $\cdots$, p, α 是待定设计参数。因此,零点的数量和轴向的数量是中心复合设计需要确定的两个主要设计参数。图 3 - 2 是 2 因子中心复合设计。

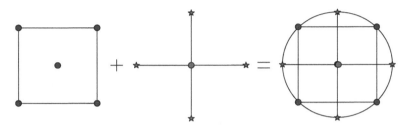

图 3 - 2　2 因子中心复合设计

响应曲面设计也是一种优化试验,其中采用序贯方式寻找 $f(\boldsymbol{x})$ 的最优值,主要步骤如下:首先在小范围内用低阶多项式模型(通常采用一阶线性模型)得到近似的响应曲面,得到近似的最速上升方向;一步步过渡到极值点附近后,再用高阶模型(通常采用二阶模型)拟合响应曲面,从而得到最佳值。在最速上升阶段,为了能够估计一阶模型中所有参数,一般采用正交回归设计。到达极值点附近后,为了能够估计二阶模型中的参数,通常采用中心复合设计。

6) 回归设计与最优设计

回归设计是通过试验空间中的试验点的合理设计,更精准地拟合试验响应与试验因子多项式回归模型,这样可以用较少的试验次数获得精度较高的多项式回归模型。常用的回归设计方法有正交回归设计和旋转回归设计。通过正交回归设计,可以使信息矩阵成为对角矩阵,从而消减回归系数之间的相关性,简化回归模型的分析和计算。在实际中,可以运用正交表实现正交回归设计。如果在相对于试验空间的中心点具有同一距离的点,回归模型的预测精度基本一致,则称该因子试验设计为旋转回归设计。例如,通过适当选择中心复合设计的参数,可以使得二次回归模型的旋转设计。

最优回归设计涉及的计算较为复杂,通常只能通过数值计算实现。

3.2.2　仿真试验设计方法

1. 仿真试验设计要求

目前,数学仿真在装备性能试验中的应用越来越广泛。随着系统越来越复杂,试验因子数量越来越多,因而需要采用科学的试验设计方法提高试验质效,减少仿真次数,提高试验结果的分析精度。仿真试验设计的主要目的是探究试验条件变量与试验响应变量(装备性能)的关系,评估因子的效应,构建装备特性的拟合模型,预测试验空间中装备的特性。

与实物试验不同,仿真试验通常需要模拟复杂的物理过程,以便了解试验因子与响应之间的真实关系。因此,在试验空间中,仅依靠选择一些超立方体上的角点(如部分因子设计)将难以构建这种复杂关系模型。因此,仿真试验设计要尽可能使试验点充满设计空间,以便捕获试验空间的不同区域内试验响应的不同行为,同时又需要考虑尽可能减少试验点的数量。

从建立高精度元模型和提高模型预测精度的角度,在选择仿真试验设计方法时考虑以下因素。

(1)试验规模。仿真试验设计的一个主要属性是估计元模型未知参数所需要的因子水平组合(亦称场景)的数量。一个试验方案被称作是饱和的,即它的因子水平组合数 n 等于试验因子数。例如,元模型是 p 个因子的一阶多项式,则一个饱和设计要求的因子水平组合数为 $n = p + 1$(加 1 表示有常数项)。

一般要求试验方案是饱和的,即对各因子水平的所有组合中的每一种都进行一次或一次以上的试验。

(2)正交性。正交性的主要作用是简化计算,有助于获得比较精确的模型,便于分离各因素对整体元模型拟合的贡献,简化对试验结果的解释。缺少正交性被称为多重共线性,这会导致参数估计具有较大的误差或难以估计。

(3)空间填充性。空间填充设计(space filling designs)对于拟合非参数模型也特别有用。空间填充设计也提供了估计线性和非线性效应以及交互效应的可行途径。空间填充性对仿真试验设计来说是非常重要的评价准则。

(4)有效性(最优性)。设计方案决定了元模型参数的估计精度。在选择试验设计方法时,首先要决定是选择经典设计还是最优设计。一般建议采用"经典方法第一"原则,而最优设计适合于样本量特殊、试验区域受限、有多个多等级分类因子等情形。

(5)模型估计精度。有很多定量指标可以用来评价模型估计精度,通过比较不同试验方案下这些指标的取值,可以对试验方案进行评价。典型的模型估计精度评价指标包括信噪比、检验功效、预测方差、方差膨胀系数、混淆程度等。方差膨胀系数是衡量多元线性回归模型中多重共线性的一种度量。

2. 仿真试验设计方法

仿真试验因其易于实施以及试验结果的确定性,因此在试验设计时不需要遵循重复性原则,一些实物试验需要考虑的问题如试验的实施难度、实施安全性、环境边界以及试验时机选择等,在仿真试验中也可以不考虑。经典试验设计方法也适用于仿真试验设计,此外关于仿真试验也开发了一些独特的试验设计方法,典型的包括拉丁超方设计、Plackett-Burman 设计、序贯分支设计等,其中拉丁超方设计是应用最为广泛的空间填充设计方法,Plackett-Burman 设计、序贯分支设计主要用于仿真试验中的因子筛选。

1)Plackett-Burman 设计

Plackett-Burman(PB)设计中每个因子取两个水平,通过比较各因子两水平之间的差异与整体差异来确定因子的重要性。PB 设计不能区分主效应与交互作用的影响,但可以确定具有显著影响的因子,从而达到筛选的目的。当试验点数为 4 的倍数而非 2 的幂时,可用 PB 设计估计主效应以确定具有显著影响的因子,并大大减少试验次数。

当因子数为 p 时,PB 设计的试验次数为 $p + 1$,其中 p 必须为奇数;有时为了数据分析(如方差分析)方便,要求必须包含 1~3 个虚拟变量(即空项)。

PB 设计矩阵是随机生成的,满足以下三个原则:

(1)每行高水平(+)的数目为 $(p + 1)/2$;

(2)每行低水平(−)的数目为 $(p − 1)/2$;

(3)每列高低水平数相等。

根据这三个原则构造 PB 矩阵的算法如下:

(1)第一行任意排列,但满足上述三原则;

(2)最后一行全为"−",即最后一行全为低水平;

(3)其余行:将上一行的最后一列作为该行第一列,上一行第一列为该行第二列,上一行第二列为该行第三列,……。

2)序贯分支设计

序贯分支(sequential bifurcation,SB)设计属于成组筛选设计,需要假设试验因子对响应的效应的符号是已知的。首先将所有感兴趣的试验因子作为一组进行试验(称为当前组),并通过试验数据获得该组的效应。如果当前组的效应是重要的,表明该组中至少有一个因子具有重要影响,则将该组划分为两个子组。对这两个子组进行试验,获得每个子组的效应,并确认每个子组是不重要还是需要进一步划分为两个子组(即表明该子组重要)。随着试验的进行,组变得越来越小,直到所有因子或者被分类到不重要组,或者作为重要组中的一员而最终实施单因子试验。SB 方法可适用于确定性和随机性仿真。

同样的想法被用于从更大的潜在因素列表中识别具有重要影响的因素。受控序贯分支(controlled sequential bifurcation, CSB)是一种非常有效的技术,它允许试验人员指定两个阈值(一个阈值以上,所有因素的影响都被视为关键;另一个阈值以下,所有因素都不重要)。CSB 从单个大组中的所有样本开始,然后递归地将组分成大约一半,直到所有因素都被确定为重要或不重要。CSB 不仅效率高,而且还具有对 Ⅰ 类和 Ⅱ 类错误有良好的控制特性。

CSB 的一个缺点是,它要求试验人员在试验开始之前知道所有效果的方向。这通常是不合理的,尤其是对于数据很少的复杂装备系统。分式析因受控序贯分支法(fractional factorial controlled sequential bifurcation, FFCSB)和 FFCSB - X(其中"X"表示使用折叠分式析因设计来控制交互效应)是两阶段过程,通过添加进行分式析因的初始阶段来扩展 CSB,根据其估计效果的符号将因素分成两组,然后采用 CSB。FFCSB 假设交互效应可以忽略不计,或者如果存在交互效应,则可以通过主效应来识别。即使基础仿真模型中存在交互效应,FFCSB - X 也允许适当识别重要的主效应。

3)拉丁超方设计

拉丁超方设计(Latin hypercube design, LHD)是一种基于抽样的填充设计,其试验点即可视为在试验空间上通过分层抽样得到的样本。假设有 p 个因子,试验空间的各个因子的取值范围组被分为 n 个等距子区间,则试验空间可以被划分为 n^p 个子立方体。拉丁超方设计先从这些子立方体中抽取容量为 n 的样本,得到 n 个子立方体,使得每个因子的各子区间中只有一个点被抽中。然后,再在每个抽出的 n 个子立方体中进行随机抽样,从而得到 n 个试验点。因此,LHD 得到的试验点集在试验空间各因子坐标轴的投影具有均匀性分布的性质。

上面的拉丁超方设计又称为随机拉丁超方设计(random Latin hypercube,RLH),仅考虑了空间填充性。为了改善其在建模中的优良性,提出了近似正交拉丁超立方(nearly orthogonal Latin hypercube, NOLH)设计,该设计对于小或中等因子规模 p 具有良好的空间填充和正交性。如果时间和预算允许更多样本,则可以堆叠两个或更多不同的 RLH 或 NOLH 设计,获得具有更好空间填充特性的更大设计。堆叠两个设计是指运行两组设计方案。

在计算机试验中,LHD 应用广泛。LHD 在每个维度上的投影总是有 n 个不同水平且不重复,是一种非折叠设计,可以避免重复的试验点出现。但是 LHD 的空间填充性并不一定是最好的。可以通过最大投影距离描述试验方案在每一维投影的均匀性,评价不同 LHD 的空间填充性。

3.2.3　常用试验设计方法的选择

无论是实物试验还是仿真试验,都已经有多种试验设计方法。许多因素会影响设计方法的选择,包括:试验目标(试验类型),试验设计方法的适用性(包括因子和水平的数量、因子类型等),试验方案的规模(包括区组大小、中心点数目、重复点数目、运行总次数等),试验方案所能支持的模型和所能识别的效应(如主效应、交互效应、二次效应等),对试验区域和随机化的限制,等等。因此如何结合实际问题选择适合的试验设计方法是工程人员非常关心的问题。试验设计方法的选择兼具科学性和艺术性,其中因子的数量和类型发挥关键作用,但不同的试验人员仍有自己的偏好。文献[6]从简易性、普适性、正交性、旋转性、均匀性、空间填充性、序贯性、稳健性等方面,综合比较了一些典型试验设计方法的适用性,并认为拉丁超立方、均匀设计、正交设计以及中心复合设计是比较好的设计方法。文献[7]从因子和响应特征的角度,对比了常用的试验设计方法,如表 3-2 所示,并总结了试验人员选择初始试验设计的过程,如图 3-3 所示。

表 3-2　试验设计方法对比

	2^k	m^k, $3 \leqslant m \leqslant 5$	m^k, $6 \leqslant m \leqslant 10$	R3FF' 正交设计	折叠设计	R4FF' PB 设计	R5FF	全因子 CCD	R5FF 的 CCD	RLH' $n \geqslant k$	最小 NOLH	较大 NOLH	交叉 NOLH	FFCSB(主效应)	FFCSB-X 或混合方法
因子特征															
因子数量:2~6	B*●	L*●	●	●	●	●	●	●	●	●	●	C*■	☆[3]	☆	☆
因子数量:7~10	●	○[1]		●	●	●	B*●	●	●	●	●	C*■	☆[3]	☆	☆
因子数量:11~29				●	●	●	B*●	●	●	●	●	C*■	☆[3]	☆	☆
因子数量:30~99				●	B*●	●	○[2]		○[2]	●[4]				●[1]	●
因子数量:100~300				●	B*●	●	○[2]		○[2]	●[4]			○[3]	●[1]	●
因子数量:301~1 000				●	○									●[1]	B* C*●
因子数量:1 001~2 000				●	○									●[1]	B* C*●
二元因子	B*●			●	●		●							●	
定性因子(不小于3水平)		L*●	●												

续　表

	2^k	m^k, $3\leq m\leq 5$	m^k, $6\leq m\leq 10$	R3FF' 正交设计	折叠设计	R4FF' PB 设计	R5FF	全因子 CCD	R5FF 的 CCD	RLH' $n\gg k$	最小 NOLH	较大 NOLH	交叉 NOLH	FFCSB (主效应)	FFCSB - X 或混合方法
离散或连续因子	☆¹			☆¹	☆¹	☆¹	☆¹							●	
离散因子(3~5 水平)	☆¹	●						●	L*●						
连续或多水平离散因子		●	●					●	●	●	●	●	●		●²
决策因子(可控)	●						●								
噪声因子(不可控)				●	☆⁴	☆⁴	☆⁴			☆⁵					
响应特征															
仅主效应(初始筛选)	☆²			●¹	■	■	■	■			●	☆⁶		●¹	■
主效应(部分 2 阶交互)	☆²							★	■						●
主效应及全部 2 阶交互	☆²	■	■				●	■	●				●		
主效应及多交互	●	☆²	☆²					●		●⁵	●⁵	●⁵			
二次效应		☆²	☆²					●	●	●	●	●	●		
阈值/非平稳效应		☆²	☆²							●	●	●	●		
灵活建模-非全部预指定		☆²	☆²							●	●	●	●		
其他考虑															
批处理模式不可用-所有运行通过 GUI		☆²		●³					●³		●³				

注:
■ 提供额外的建模灵活性或允许评估一些假设
B* 适用于二元因子
L* 适用于水平数较少的定性或离散因子
C* 适用于连续因子或多水平离散因子
● 工作很好
　●¹ 假设交互效应可以忽略
　●² 对 FFCSB - X 而言,多水平意味着 2 或 3 水平
　●³ 较小的设计是指它们可行直到变得"固定"-work with the developer
　●⁴ 设计的相关结构必须检查-堆砌多个设计可能是一种选择
　●⁵ 自由度限制了可以同时估计的模型项数量,因此并非所有的主效应和二阶交互效应可同时估计
○ 考虑以下设计如果额外的计算资源可用
　○¹ 比其他设计需要更多运行次数,除非 k 比较小,考虑 NOLH 设计
　○² 开始于 2 次重复并观察能否排除任意因子-每做一次,将有效地为余下因子运行 2 倍的重复数
　○³ 同上,但为避免过大的设计可能需要考虑饱和或近似饱和 NOLH

★ 潜在的设计提供额外的建模灵活性或允许评估一些假设,但一般需要更多试验点
☆ 潜在设计,但更好设计存在
　☆[1]除非用于初始筛选,用于探索至少 3 水平更好
　☆[2]比其他设计需要更多运行次数,除非 k 比较小,考虑 R5FF(二元)设计或 NOLH 设计
　☆[3]易于使用较大的 NOLH(如果所有因子都是定量的)或者全因子设计结合少量的 NOLH
　☆[4]由于不必估计噪声因子之间的交互效应,使用筛选设计如 R3FF 或小规模 NOLH
　☆[5]基于保持噪声因子设计小的原则,倾向于 NOLH
　☆[6]如果用于筛选或减少试验运行次数,采用较小规模的 LH 设计

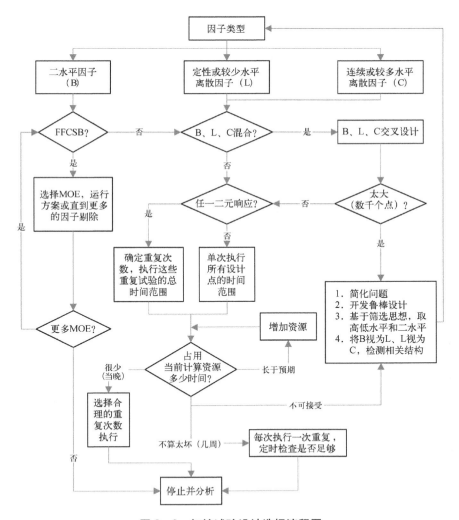

图 3 - 3　初始试验设计选择流程图

3.3 复杂试验空间试验设计

装备试验设计并非仅受样本量制约,装备结构功能和作战环境的复杂且相互制约性,也对装备试验设计有重要影响。例如,装备运用受环境条件影响,导致存在多种类型的试验因子,因子水平还通常不能自由组合;受样本量限制,只能针对重要因子或水平进行试验;考核项目和手段多样,通常采用序贯试验策略;等等。文献[8]对考虑因素分布信息的最优设计以及区域不规则情形的计算机试验近似建模试验设计进行了研究。本节针对一般的不规则试验空间,包括存在复杂约束、试验空间重要度不同、多种类型因子混合等情形的试验设计问题,介绍基于优化算法的试验设计方法。

3.3.1 不规则试验空间试验设计

传统试验设计中一般假设各试验因子是相互独立的,即改变某个因子的水平并不影响其他因子的取值。然而,实际工程中有很多试验因子之间存在约束(亦称关联)的情况,没有任何限制、完全符合因子独立性条件的试验设计问题是比较少的。这时,试验空间不是规则的超立方体,而是某种不规则的区域。

例如,文献[9]中为了监测北卡罗来纳州的空气质量,考虑在全州范围内布置传感器,传感器的位置用纬度和经度表示,属于两个连续因子。试验空间即地图形状,既不是规则矩形也不是凸的,而且无法用特定的函数表达这种约束关系。

在装备试验中因子间存在约束的问题也普遍存在。例如,在导弹飞行试验中,目标类型与干扰样式存在关联:组合干扰一般针对水面舰艇,雷达干扰一般针对陆上辐射类目标,卫星导航干扰一般针对陆上辐射类目标和陆上固定点目标。

针对上述存在约束情况的试验设计问题,传统做法是先假设因子间相互独立,用无约束试验设计方法生成试验点集后,再筛选掉不满足约束的试验点。目前,约束空间试验设计方法如滑动因子法、嵌套效应建模法等,只适用于线性约束;JMP 软件中流行的聚类方法,缺乏对设计空间边界的探索;通过赋权过滤掉不在设计区域中的点的方法,往往不能预先指定试验点的数量;此外,一些基于点交换、坐标交换的方法,试验设计的质量大多受候选试验点的影响。本章针对模型未知和已知两种情况,提出具有较高执行效率的试验设计方法,使其灵活地适用于因子间存在线性、非线性约束,解析、非解析约束等多种复杂约束的情形,并且与目前其他适用的方法相比,能够获得更优良的试验方案。

1. 试验设计目标

这里将试验设计问题转化为一个多目标优化问题:在给定的因子约束条件下,找到一个试验方案,使其空间填充性和正交性俱佳。考虑前文给出的空间填充准则 ϕ_p 和正交性准则 ρ_{max},用线性加权的形式表示试验设计目标,其数学描述如下:

$$\min \Psi(D) = \omega_1 \phi_p + \omega_2 \rho_{max}$$

其中,D 为设计矩阵,ω_1 和 ω_2 为权重系数。由于 ϕ_p 和 ρ_{max} 的尺度差别很大且数量级不同,如目标函数 $\rho_{max} \in [0, 1]$,而目标函数 ϕ_p 可能很大,选择合适的权重并非易事。需要对 ϕ_p 进行无尺度化处理,使目标函数权重的分配更合理。由文献[3]可知,LHD 中 ϕ_p 的上、下界如下:

$$\phi_{p, L} = \left\{ \binom{n}{2} \left(\frac{\lceil \bar{d} \rceil - \bar{d}}{\lfloor \bar{d} \rfloor^s} \right) \right\}^{1/s}$$

$$\phi_{p, U} = \left\{ \sum_{i=1}^{n-1} \frac{n-i}{(ik)^s} \right\}^{1/s}$$

其中,$\lceil \ \ \rceil$ 和 $\lfloor \ \ \rfloor$ 分别是向上取整和向下取整,$\bar{d} = (n+1)p/3$ 是 $n \times p$ 规模的 LHD 中平均点间距的度量,s 取正整数。

定义:

$$\phi_p = \frac{\phi_p - \phi_{p, L}}{\phi_{p, U} - \phi_{p, L}}$$

将 ϕ_p 进行无量纲化,最终归一化后的试验设计优化目标为最小化下式:

$$\Psi(D) = \omega \rho_{max} + (1 - \omega) \frac{\phi_p - \phi_{p, L}}{\phi_{p, U} - \phi_{p, L}} \qquad (3-1)$$

2. 初始设计矩阵构造

采用随机抽样的方法构造初始设计,先从因子约束的试验空间中均匀抽样一个或多个试验点,并检查它们是否满足所有因子约束条件。接受满足所有约束的点,拒绝不满足约束的点。重复这一抽样和"拒绝/接受",直到获得 n 个试验点为止。初始试验点构造的计算量主要取决于抽样数量及约束空间相对于整个因子水平规则约束空间的百分比。一些更复杂的方法可以返回更高质量的初始设计,但在复杂约束条件下可能会耗费更多运行时间,并且文献[10]指出,交换算法等局部搜索算法对初始试验点的质量并不是很敏感,只要满足因子间的约束条件即可,所以运用随机抽样方法进行初始设计是可行的。

3. 设计矩阵优化

初始设计矩阵是采用随机抽样的方法构造的,一般不会具有良好的目标特性,特别是在高维复杂试验空间及小样本量的情况下。因此,针对试验设计目标,提出一种设计矩阵优化更新方法,包括"差"试验点选取、"差"设计列选取、坐标更新三个步骤。

1)"差"试验点选取

根据试验设计目标可知,试验点的聚集会导致试验空间填充性变差,因此"差"试验点可以理解为在试验空间中与其他试验点距离近的试验点。于是,定义"差"试验点的选择概率为

$$d_r(\boldsymbol{x}_i) = \sum_{l=1, l\neq i}^{n} \left[\frac{d_{il}^{-p}}{\sum_{a\neq b}^{n} d_{ab}^{-p}} \times \left(\frac{\sum_{r\neq i, r\neq l}^{n} d_{ir}^{-p}}{\sum_{r\neq i, r\neq l}^{n} d_{ir}^{-p} + \sum_{r\neq i, r\neq l}^{n} d_{lr}^{-p}} \right) \right]$$

$$(3-2)$$

其中,第 1 项是根据试验点之间的距离,在设计矩阵的行向量 $[\boldsymbol{x}_1, \cdots, \boldsymbol{x}_n]^{\mathrm{T}}$ 中选中试验点对 $(\boldsymbol{x}_i, \boldsymbol{x}_l)$ 的概率,第 2 项是根据 $\boldsymbol{x}_i$、$\boldsymbol{x}_l$ 与其他试验点之间的距离之和,在试验点对 $(\boldsymbol{x}_i, \boldsymbol{x}_l)$ 中选中 $\boldsymbol{x}_i$ 的概率。

式(3-2)说明,试验空间中越聚集的点越容易被选作"差"试验点。

2)"差"设计列选取

根据试验设计目标可知,设计矩阵列与列之间的相关性越大意味着因子之间的正交性越差,因此"差"设计列可以理解为在设计矩阵中与其他列向量相关性更大的设计列。于是,定义"差"设计列的选择概率为

$$d_c(\boldsymbol{X}_j) = \sum_{k=1, k\neq j}^{n} \left[\frac{\rho_{kj}}{\sum_{c\neq d}^{p} \rho_{cd}} \times \left(\frac{\sum_{t\neq j, t\neq k}^{n} \rho_{jt}}{\sum_{t\neq k, t\neq j}^{p} \rho_{kt} + \sum_{t\neq j, t\neq k}^{n} \rho_{jt}} \right) \right]$$

$$(3-3)$$

其中,第 1 项是根据矩阵列相关系数的大小,从设计矩阵的列向量 $[\boldsymbol{X}_1, \cdots, \boldsymbol{X}_n]^{\mathrm{T}}$ 中,选中列向量对 $(\boldsymbol{X}_k, \boldsymbol{X}_j)$ 的概率,第 2 项是根据 $\boldsymbol{X}_k$、$\boldsymbol{X}_j$ 与其他列向量的

相关系数之和,在列向量对 $(\boldsymbol{X}_k,\ \boldsymbol{X}_j)$ 中选中 $\boldsymbol{X}_j$ 的概率。

式(3-3)反映出设计矩阵中与其他列向量相关系数越大的设计列越容易被选作"差"设计列。

3）坐标更新

根据式(3-2)和式(3-3),锁定设计矩阵中"差"试验点 $\boldsymbol{x}_i=[\,x_{i1},\ x_{i2},\ \cdots,$ $x_{ip}\,]$ 中待更新的坐标 x_{ij},其余的坐标 $x_{il}(l\neq j)$ 保持不变。将 x_{il} 的值代入定义约束条件的等式或不等式,得到 x_{ij} 的允许取值区间。其中,如果试验空间是凸的,则 x_{ij} 可行区域是单个区间 $[\,x_{\min,j},\ x_{\max,j}\,]$;当设计空间为非凸的或不连续时,$x_{ij}$ 的可行区域可能包含多个区间。在取值区间内求解使得式(3-1)最小的坐标 x_{ij}^*,并用 x_{ij}^* 替换 x_{ij},实现对设计矩阵的更新,也就实现了对试验设计方案的更新。

4. 基于坐标交换的优化算法

为了实现上述更新过程,本部分给出一种基于坐标交换的优化算法。坐标交换算法通过探索一维最优解减少了算法的执行时间,并且概率性选择改进坐标,在一定程度上降低了陷入局部最优解的可能性。传统的坐标交换算法每次迭代中只考虑改进坐标,本质上仍然是一种"爬山"方法,这也降低了找到更好设计的可能性。本节提出一种迭代坐标交换(iterated coordinate exchange,ICE)算法,ICE 算法流程如图 3-4 所示,每次执行坐标交换找到局部最优解时将扰动算子应用于该解,在交换坐标可能产生改进的区域中探索新的设计方案,从而保留现有解决方案的良好特征和属性,避免随机重启的缺点,该算法在复杂试验空间下的试验设计构造中具有很大优势。

1）局部搜索

试验表明,应用更快、更频繁的局部搜索算法可能比应用更慢、更强大的算法更有效[11-14]。

综合考虑对不规则试验空间的适用性,采用坐标交换算法作为局部搜索策略,坐标交换算法可以概括为以下 6 个步骤。

步骤 1：将初始设计设置为当前设计 $\boldsymbol{D}=\boldsymbol{D}_0$。

步骤 2：计算"差"试验点选择函数 $d_r(\boldsymbol{x}_i)$,以概率 $p_i=d_r(\boldsymbol{x}_i)\Big/$ $\sum_{l=1}^{n}d_r(\boldsymbol{x}_l)$ 从 $\{1,\ 2,\ \cdots,\ n\}$ 中抽样行索引 i。

步骤 3：计算"差"设计列选择函数 $d_c(\boldsymbol{X}_j)$,以概率 $p_j=d_c(\boldsymbol{X}_j)\Big/$ $\sum_{k=1}^{p}d_c(\boldsymbol{X}_k)$ 从 $\{1,\ 2,\ \cdots,\ p\}$ 中抽样列索引 j。

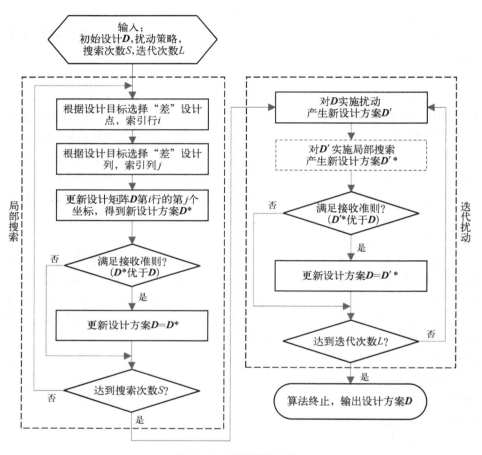

图 3-4 ICE 算法流程

步骤 4：求解描述约束条件的等式或不等式以获得点 x_i 在第 j 维投影的可行区间 $\Omega_j(x_i)$，然后解决如下一维最优化问题：

$$\max\{\Delta(x_{ij}^*,\ x_{ij})\},\ \text{s.t.}\ x_{ij}^* \in \Omega_j(x_i)$$

将最佳解表示为 x_{ij}^*。

步骤 5：如果能够证明通过求解得到的 x_{ij}^* 可以改进 Δ，则将最优解 x_{ij}^* 与 x_{ij} 交换，然后更新与当前设计有关的所有数值以及"差"试验点选择函数和"差"设计列选择函数。如果 D 得不到改进，则返回步骤 1 并选择其他坐标。

步骤 6：当 $\Psi(\boldsymbol{D})$ 收敛或达到允许的最大迭代次数时，终止算法。

2）迭代扰动

这一阶段的主要目标是通过对当前局部最优解施加扰动来跳出局部最优区域。迭代局部搜索（iterated local search，ILS）属于多起点元启发式算法的一类[9]，它通过结合更复杂的过程来提高简单随机重启的性能[12]。ILS 允许"重新启动"搜索，但尽量不"丢失"已经获得的解决方案的良好特征和属性，它试图通过从一个局部最优解跳到"附近"解的方式来探索解空间，从而避免随机重启的缺点[13]。因为它具有准确、速度、简单和灵活等特征，能够处理复杂的优化问题，已经成功应用于包括物流、运输、调度、医疗保健、营销等许多领域中复杂和大规模的优化问题[14, 15]。

ILS 实现了从一个解移动到"邻域"的解，而不受附近邻域的约束。如图 3-5 所示，给定当前设计方案的最优解 $\boldsymbol{D}$，对其进行扰动，跳到解 $\boldsymbol{D}'$。然后继续将局部搜索应用于 $\boldsymbol{D}'$，得到新的解 $\boldsymbol{D}'^*$。如果 $\boldsymbol{D}'^*$ 满足更新条件，它将成为新的最优解。只要扰动的大小合适，这种迭代的局部搜索过程应该会产生良好的全局优化效果。如果扰动太小，可能会退回解 $\boldsymbol{D}$，并且几乎不会探索到更好的解决方案。反之，如果扰动过大，$\boldsymbol{D}'$ 将是随机的，会产生类似于随机重启局部搜索的效果[16]。

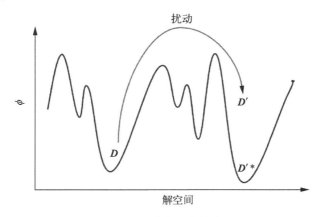

图 3-5　迭代局部搜索

在运用 ILS 算法时，扰动强度的设计是最重要的问题之一。如果扰动太小，通常会退回到上一步的局部最优解，因此几乎不可能探索到新的解空间。另一方面，如果扰动太大，可能会增加计算时间，甚至将导致类似于随机重启搜索的效果。

因此这里首先提出几种可行的扰动对象和扰动类型,并将在示例分析中进行试验验证。扰动对象可以选择试验点或试验点的坐标。试验点扰动选择待扰动试验点,用新的满足约束条件的可行试验点替换这些试验点;坐标扰动选择待扰动坐标,用新的满足约束条件的可行坐标替换这些选定的坐标。扰动类型可以是确定型或随机型。确定型即选择目前最优解中最差的试验点(或坐标)进行扰动;随机型即随机选择试验点(或坐标)进行扰动。

3)接收准则

接收准则确定是否接受新的解决方案作为当前最优解决方案。接收准则对解空间搜索的性质和有效性有很大影响。在某种程度上说,接收准则与扰动一同控制了搜索的集约化和多样化之间的平衡。通常考虑改进上升(下降)型策略:例如,当 $\Psi(D'^*) > \Psi(D)$ 时接受 D'^*,即令 $D = D'^*$;或者无论改进与否都接收策略:例如,直接令 $D = D'^*$;或者其他策略,视具体问题而确定。

5. 示例分析

下面将针对几种典型的约束条件,包括不等式约束、非凸约束、非解析约束,开展试验对比研究。

1)不等式约束的试验设计

首先考虑一个涉及两因子的试验设计,取值范围均在 $[-1, 1]$,且两因子之间存在以下不等式约束:

$$X_1^2 + X_2^2 \leqslant 1$$

即试验空间是二维圆盘而非矩形。要求试验点数为16,初始试验点为试验区域内随机选择的16个试验点。取权重 $\omega = 0.5$。分别以单一的空间填充准则 ϕ_2 和多目标准则 Ψ_2 为优化目标,其中设置准则参数 $t = 1$, $p = 2$。以基于多目标优化准则的迭代扰动坐标交换设计(ICE based on multi-objective optimization, MO-ICE)方法,与 Kang[10] 提出的基于空间填充准则的随机坐标交换(SCE based on Space-Filling, SF-SCE)设计方法,以及 Lekivetz 等[9] 提出的聚类的快速灵活填充(fast flexible filling, FFF)设计方法进行对比。试验设计结果如图 3-6 所示。

分析试验设计方案的空间填充性度量 ϕ_p(越小越好),以及正交性度量 ρ(越小越好)。本节提出的 MO-ICE 方法得到的试验方案 $\phi_p = 9.24$,SF-SCE 方法得到的 $\phi_p = 9.43$,二者具有非常接近的空间填充性,而基于聚类的 FFF 方

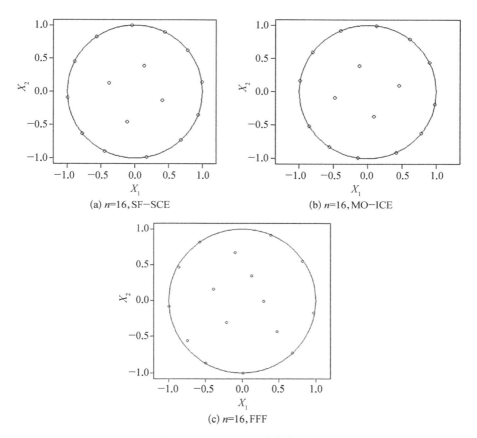

(a) n=16, SF−SCE   (b) n=16, MO−ICE

(c) n=16, FFF

图 3 - 6 n=16, 设计方案对比

法 ϕ_p = 13.0, 说明在聚类试验点较少的情况下 FFF 方法空间填充特性较差。在试验方案的正交性方面, MO - ICE 方法的两因子相关系数 $\rho = 2.9 \times 10^{-4}$, 相对于 SF - SCE 和 FFF 方法, 该指标分别降低了 98% 和 96%, 说明 MO - ICE 方法能够在保证设计方案空间填充性的同时, 获得较好的正交性, 这将显著增强分析两试验因子交互作用的能力。

为了比较 MO - ICE 和 SF - SCE 算法的收敛速度, 绘制运算轨迹如图 3 - 7 所示, 其中横坐标代表坐标交换寻优次数, 纵坐标代表目标函数值。可以看出 MO - ICE 算法具有更快的收敛速度。

重复运行 MO - ICE 和 SF - SCE 算法 100 次, 对每次运行得到的最优目标

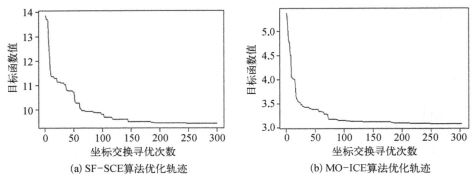

(a) SF-SCE算法优化轨迹　　　　　　(b) MO-ICE算法优化轨迹

图3-7　算法收敛速度对比

值做直方图(图3-8),其中横坐标代表两种算法在优化过程中分别对应的目标函数值,纵坐标代表其出现频次。可以看出 MO-ICE 的稳定性明显优于 SF-SCE。此外,该结果说明,基于初始随机选择试验点和坐标交换的试验方案优化算法,都存在一定的不稳定,即单次优化会陷入局部最优。为此,可通过增加扰动次数或多次改变初始试验点来获得最优的试验方案。

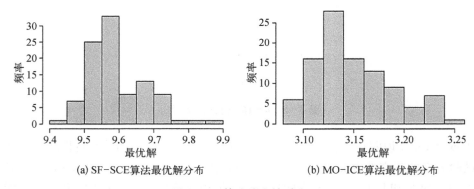

(a) SF-SCE算法最优解分布　　　　　　(b) MO-ICE算法最优解分布

图3-8　算法稳定性对比

针对不同的试验点数量,分别利用 MO-ICE 算法和 SF-SCE 算法生成试验方案,试验方案的相关性准则值和空间填充准则值见表3-3,由于权重系数设置为 $\omega = 0.5$,所以空间填充方面的表现整体与 SF-SCE 相差不多,而正交性则明显优于 SF-SCE。如果需要提高空间填充性,可以适当调节权重系数取值。

表 3 - 3　不同试验点数下的算法表现

试验点数	MO - ICE		SF - SCE	
	ρ	ϕ_p	ρ	ϕ_p
5	1.2×10^{-4}	0.83	1.6×10^{-1}	0.82
16	3.7×10^{-6}	1.98	1.4×10^{-3}	1.94
30	6.3×10^{-6}	3.14	2.1×10^{-2}	3.13
100	1.2×10^{-3}	8.44	3.2×10^{-2}	7.88

2）非凸约束的试验设计

考虑 2 因子 X_1，$X_2 \in [0，1]^2$ 试验设计，因子间约束条件为

$$(0.7X_1)^2 + (X_2 - 0.5)^2 \geqslant 0.25$$

由于因子间的约束,导致 2 维平面内形成非凸的试验空间。

试验样本量 $n = 20$，试验设计目标为最小化空间填充的 ϕ_p 准则。测试 ICE 算法在非凸试验空间下的性能,仍以 SCE 算法作为对照,并设置局部搜索次数 200,迭代次数 100。运行 ICE 与 SCE 算法,设计结果如图 3 - 9 所示,试验设计方案 的 ϕ_p 值分别为 4.786 和 6.399,相较于 SCE 算法,ICE 算法最优 ϕ_p 值降低了 25%。

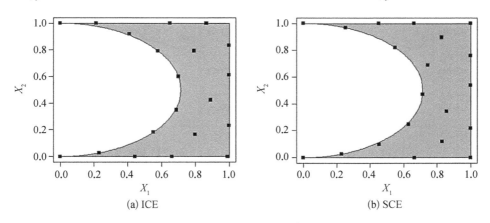

(a) ICE　　　　　　　　　　(b) SCE

图 3 - 9　$n = 20$，设计方案对比

设置试验样本量 $n = 40$，将 SCE 方法与本节方法(以最小化 ϕ_p 为设计目 标)进行对比。算法设置迭代次数 100,局部搜索次数取不同水平值,运行结果

见图 3-10。

可以看出在该 2 维非凸约束示例下，本节试验设计方法均有良好表现，而 SCE 算法在低局部搜索次数时表现不佳，同时该算法稳定性佳，受局部搜索次数影响不大，即使在较小的局部搜索次数下也能获得理想的目标函数值，这对于节约运行内存和降低运行时间、提高搜索效率具有一定意义。

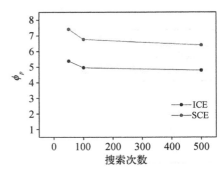

图 3-10 算法对比，非凸约束空间

3）非解析约束的试验设计

文献 [17] 中，展示了一类非解析约束（边界点约束）的冰川桩网二维设计，它的试验空间边界是由 247 个点定义的，而非等式或不等式约束。试验因子为冰川桩网的横、纵坐标，要求试验点均匀分布在冰川表面。

对于该例中的 14 桩设计，以同样适用于非解析约束试验设计的 SF-SCE 方法，与 MO-ICE 方法对比，其中 MO-ICE 方法设置权重系数 $\omega = 0.5$，冰川桩网设计的分布示意见图 3-11。

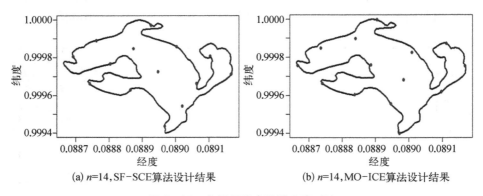

(a) $n=14$，SF-SCE算法设计结果　　　(b) $n=14$，MO-ICE算法设计结果

图 3-11 非解析约束设计方案对比

图 3-11（a）的设计方案的相关性为 0.21、空间填充性为 4.02；图 3-11（b）的设计方案列相关系数为 0.09、空间填充性指标为 3.88，MO-ICE 两项均优于 SF-SCE 算法获得的试验设计结果。因此，MO-ICE 算法应用于更加不规则的非解析约束试验空间也具有较大的优势。

3.3.2　不均匀试验空间试验设计

有时在试验前,通过一些数据或专家经验,获取了有关试验空间重要度的信息,可以指导试验设计更具有侧重地进行,即在重要的试验空间区域放置更多的试验点,在相对不重要的试验空间区域放置较少的试验点,从而可以用更少但分配更合理的试验数据更准确地对试验对象进行建模和评估。

一种情况是根据装备实际,获得试验因子水平重要度的验前信息。例如,有限元的载荷和几何尺寸一般认为服从正态分布,一系列相同雷达反射截面的组合 RCS 服从瑞利分布,海杂波的分布服从 K 分布等,这些都将导致试验空间重要度不同。针对这一问题,研究了试验因子的分布特性,给出了因子水平权函数的度量,并在此基础上提出了一种赋权的试验设计方法。

对于试验因子水平重要性不同且模型未知的情况,试验设计既要考虑令试验点在试验空间中均匀填充,又要考虑试验因子水平重要度不同导致的试验点在试验空间中分布非均匀,期望试验点在试验空间出现的概率与试验点重要程度具有一致性。

本节提出用试验点的权重修正基于距离的空间填充试验设计,包括权函数定义和设计矩阵优化两个关键部分。

1. 试验点赋权

对于因子 X 取值的权函数 $w(X)$,要求 $\int_{X \in [0,1]} w(X) = 1$,$w(X) \geqslant 0$,并且要反映因子水平重要度的分布。不失一般性,将权函数表示为概率密度函数的形式,即因子 X_j 的权函数表示为 $w(X_j) = f(X_j)$,$j \in \{1, \cdots, p\}$;如果因子 $X_1, \cdots, X_p$ 的联合概率密度函数可以表示为 $f(X_1, \cdots, X_p)$,则试验点在试验区域 Ω 上的权函数表示为

$$w(X_1, \cdots, X_p) = f(X_1, \cdots, X_p)$$

而试验点 $\boldsymbol{x}_i$ 处的权重可以表示为

$$W_i = w(X_1 = x_{i1}, \cdots, X_p = x_{ip}) = f(X_1 = x_{i1}, \cdots, X_p = x_{ip}), \ i \in \{1, \cdots, n\}$$

2. 设计矩阵优化

根据两试验点对之间的空间距离来选择待改进的试验点对,空间距离越近的两试验点被选中的概率越大,而对于概率密度加权的试验设计,定义试验点对抽样概率时还需要同时赋予概率密度权重,概率密度权重越小的试验点被选

中的概率越大,据此,定义试验点对抽样概率:

$$P_{ij} = \frac{(W_i W_j d_{ij})^{-p}}{\sum_{i=1}^{n-1} \sum_{j=i+1}^{n} (W_i W_j d_{ij})^{-p}}$$

其中,d_{ij} 表示加权设计矩阵 $\boldsymbol{D}$ 中任意两试验点,即行向量 $\boldsymbol{x}_i$ 和 $\boldsymbol{x}_j$ 之间的距离:

$$d_{ij} = \left[\sum_{k=1}^{p} \mid x_{ik} - x_{jk} \mid^t \right]^{1/t}$$

其中,t 取 1 和 2 分别表示曼哈顿距离和欧氏距离。W_i 和 W_j 分别是试验点 $\boldsymbol{x}_i$ 和 $\boldsymbol{x}_j$ 处的概率密度权重。

设以正比于 P_{ij} 的概率,从设计矩阵 $\boldsymbol{D}$ 的行向量 $[\boldsymbol{x}_1, \cdots, \boldsymbol{x}_n]^{\mathrm{T}}$ 中选择一对试验点对 $(\boldsymbol{x}_a, \boldsymbol{x}_b)$,于是可以定义试验点抽样概率为

$$P_i = \frac{\sum_{r \neq a, r \neq b}^{n} (W_i W_r d_{ir})^{-p}}{\sum_{r \neq a, r \neq b}^{n} (W_a W_r d_{ar})^{-p} + \sum_{r \neq a, r \neq b}^{n} (W_b W_r d_{br})^{-p}}, \quad i \in \{a, b\}$$

其中,$\sum_{r \neq a, r \neq b}^{n} d_{ir}, \ i \in \{a, b\}$ 表示设计矩阵 $\boldsymbol{D}$ 中试验点 $\boldsymbol{x}_a$ 或 $\boldsymbol{x}_b$ 与设计矩阵中其他试验点之间的距离之和。

设以正比于 P_i 的概率从 $(\boldsymbol{x}_a, \boldsymbol{x}_b)$ 中选择一个作为待优化试验点 $\boldsymbol{x}_i$($i = a$ 或 b),于是可以定义坐标抽样概率为

$$P_j = \frac{f(X_j = x_{aj}) f(X_j = x_{bj}) \mid x_{aj} - x_{bj} \mid}{\sum_{k=1}^{p} f(X_k = x_{ak}) f(X_k = x_{bk}) \mid x_{ak} - x_{bk} \mid}, \quad j \in \{a, \cdots, p\}$$

设以正比于 P_j 的概率选择待优化试验点 $\boldsymbol{x}_i$ 的一个待优化坐标 x_{ij},则以加权的 ϕ_p 准则作为设计矩阵空间填充特性的度量,即最小化下式:

$$\phi_p = \left[\sum_{i=1}^{n-1} \sum_{j=i+1}^{n} (W_i W_j d_{ij})^{-p} \right]^{1/p}$$

利用迭代扰动的坐标交换算法求解上述优化问题,得到新的坐标值,实现对试验点和试验方案的更新。

3. 示例分析

考虑 Haario 等在文献[18]中研究的一种具有香蕉形轮廓的二维概率密度:

$$f(X) \propto \exp\left\{ -\frac{1}{2} \times \frac{X_1^2}{100} - \frac{1}{2} \times (X_2 + 0.03 X_1^2 - 3)^2 \right\}$$

试验因子 X_1 取值范围为 $[-20, 20]$，试验因子 X_2 取值范围为 $[-10, 5]$，试验因子水平的联合分布见图 3-12。由该等高线图可以看出，试验因子水平集中于香蕉形状上，其他区域的概率趋近于 0。

构造一个试验样本量 $n = 50$ 的试验设计方案，利用概率密度加权的空间填充试验设计方法。初始设计由极大极小 LHD 构造，可以利用 R 包的"lhs"生成，如图 3-13(a) 所示，此时 50 个试验点在整个设计空间近似均匀地分布。然后迭代地选择设计矩阵坐标并优化，共 100 次，每次坐标更新利用 R 包"GenSA"的广义模拟退火算法。

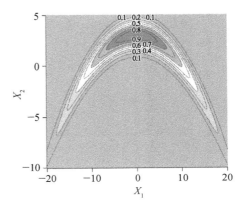

图 3-12　因子水平香蕉型概率密度

试验设计方案迭代优化的趋势如图 3-13(a)、(b)、(c)、(d) 所示，分别对初始设计、迭代 15 次、迭代 45 次、迭代 100 次的试验设计方案绘制 2 维散点图，可以明显看出，试验点逐步向权重高的区域移动，最终集中在试验因子联合概率密度不为 0 的区域，并达到均匀分布。

3.3.3　多类型因子混合试验空间试验设计

实际试验过程中可能涉及连续数值因子、离散数值因子、有序定性因子和无序定性因子等多种类型因子。例如，舰空导弹飞行试验中，试验因子包括目标速度、海况等级、目标距离、目标种类等。目标速度一般为连续数值因子，如亚声速导弹的飞行速度一般为 200~300 m/s；海况等级一般划分为 1~6 级，属于离散数值因子；目标距离可以分为近、中、远界，是定性因子且存在有序关系；目标种类如亚声速导弹、超声速导弹、隐身飞机等则属于无序定性因子。有序定性因子可以转化为离散数值因子，以下叙述中将离散数值因子和有序定性因子统称为离散因子。

试验涉及离散因子时，最优设计策略与含有连续因子的不同，因为离散因子的水平可能存在重复；也与含定性因子的试验设计策略不同，因为定性因子之间并不存在距离度量。然而，目前解决含有离散因子试验设计的主要策略是忽略因子之间的顺序，将其视为无序定性因子。还有一种策略是将离散因子视为连续因子，然后四舍五入到最接近的离散数值。这种方法的问题是最终设计方案可能不是最优的，甚至比局部最优解还要差。Joseph 等[19]首先针对含有连续、离散、

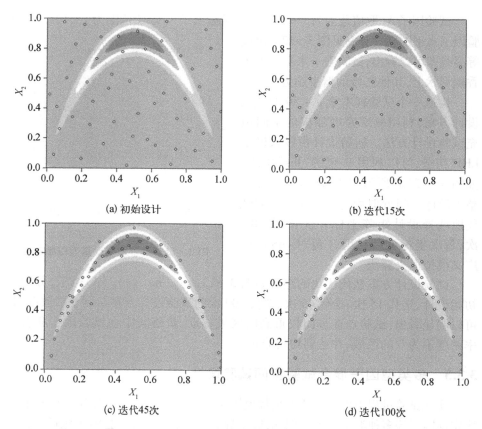

(a) 初始设计   (b) 迭代15次

(c) 迭代45次   (d) 迭代100次

图 3 – 13   不同优化阶段的试验设计方案 2 维散点图

定性因子的情况扩展了其 MaxPro 设计,可以在全设计空间和所有可能的子维投影中实现良好的空间填充特性,该方法迅速流行,并在 JMP 软件中得到了应用。该方法通过生成随机 LHD 并将离散因子的 n 个水平折叠到最接近的给定离散数值水平来随机初始化设计矩阵,使用模拟退火算法通过在设计矩阵中随机选择设计矩阵一列内的两个坐标进行交换来迭代搜索最优解。不过,该方法实质上并未改变初始设计的离散因子水平分布,且交换坐标的选择完全随机。

本节提供一种基于最大投影准则的试验设计方法,即最大投影坐标交换(MaxPro coordinate exchange,MP – CE)设计方法[20],利用多类型因子坐标投影准则和高分离距离准则指导坐标交换策略,解决包含连续数值因子、离散数值因子、无序定性因子等多类型因子混合的试验设计问题。

1. 坐标选择

根据投影和距离准则来选择待交换的坐标,或称"差"坐标。定义两点 $\boldsymbol{x}_i$, $\boldsymbol{x}_j$ 之间第 l 维的投影系数为

$$ro(x_{il}, x_{jl}) = \begin{cases} \dfrac{1}{|x_{il} - x_{jl}|}, & l = 1, \cdots, p_1 \\[3mm] \dfrac{1}{|x_{il} - x_{jl}| + \dfrac{1}{m_l}}, & l = p_1 + 1, \cdots, p_1 + p_2 \\[3mm] \dfrac{1}{I(x_{il} \neq x_{jl}) + \dfrac{1}{L_l}}, & l = p_1 + p_2 + 1, \cdots, p_1 + p_2 + p_3 \end{cases}$$

$$(3-4)$$

选择坐标的过程如下。

(1) 从设计矩阵的行向量 $[\boldsymbol{x}_1, \cdots, \boldsymbol{x}_n]^{\mathrm{T}}$ 中,以正比于式(3-5)的概率随机选定一对"差"试验点 $(\boldsymbol{x}_a, \boldsymbol{x}_b)$。

$$P_{ab} = \frac{\prod_{l=1}^{p_1+p_2+p_3} (pro(x_{il}, x_{jl}))^2}{\sum_{i=1}^{n-1} \sum_{j=i+1}^{n} \prod_{l=1}^{p_1+p_2+p_3} (pro(x_{il}, x_{jl}))^2} \qquad (3-5)$$

从数值稳定性角度考虑,当 $p_1 + p_2 + p_3$ 很大时,可以用以下公式:

$$P_{ab} = \frac{\left(\prod_{l=1}^{p_1+p_2+p_3} pro(x_{il}, x_{jl})\right)^{-(p_1+p_2+p_3)}}{\sum_{i=1}^{n-1} \sum_{j=i+1}^{n} \left(\prod_{l=1}^{p_1+p_2+p_3} pro(x_{il}, x_{jl})\right)^{-(p_1+p_2+p_3)}} \qquad (3-6)$$

(2) 分别计算试验点 $\boldsymbol{x}_a$、$\boldsymbol{x}_b$ 与其他试验点的投影系数之和,并以正比于式(3-7)的概率确定行坐标索引 i ($i = a$ 或 $i = b$)。

$$P_i = \left(\frac{\sum_{r \neq a, r \neq b}^{n} pro(x_a, x_r)}{\sum_{r \neq a, r \neq b}^{n} pro(x_a, x_r) + \sum_{r \neq b, r \neq a}^{n} pro(x_b, x_r)}, \right.$$
$$\left. \frac{\sum_{r \neq b, r \neq a}^{n} pro(x_b, x_r)}{\sum_{r \neq a, r \neq b}^{n} pro(x_a, x_r) + \sum_{r \neq b, r \neq a}^{n} pro(x_b, x_r)} \right) \qquad (3-7)$$

（3）最后，在"差"试验点对（$\boldsymbol{x}_a$，$\boldsymbol{x}_b$）中，以正比于式（3-8）的概率确定列坐标索引 j，$j \in \{1, \cdots, p_1 + p_2 + p_3\}$。

$$P_j = \left(\frac{pro(x_{al}, x_{bl})}{\sum_{l=1}^{p_1+p_2+p_3} pro(x_{al}, x_{bl})} \right) \tag{3-8}$$

2. 坐标交换

根据上述过程选择待改进的坐标 x_{ij}，下面对该坐标进行优化。首先，保持该坐标对应的试验点 $\boldsymbol{x}_i$ 其余的坐标 $x_{il}(l \neq j)$ 不变，并将其代入定义约束条件的约束集合 $cons = (约束1, \cdots, 约束s)$，针对坐标 x_{ij} 求解约束，得到 x_{ij} 的更新值域 $[low_{x_{ij}}, up_{x_{ij}}]$，若不存在约束，则值域为 $[0, 1]$。在该新值域内求解一维优化问题，用得到的最优解 $\boldsymbol{x}_{ij}^*$ 来迭代地生成新的设计矩阵 $\boldsymbol{D}^*$。

每次迭代求解一维优化问题，除试验点 $\boldsymbol{x}_i$ 外，其他各点之间的投影系数之和保持不变：

$$\sum_{k=1, k\neq i}^{n-1} \sum_{f=k+1, f\neq i}^{n} \prod_{l=1}^{p_1+p_2+p_3} (pro(x_{kl}, x_{fl}))^2 \tag{3-9}$$

点 $\boldsymbol{x}_i$ 与其他点在除第 j 维外各维的投影系数保持不变，投影系数矩阵表示如下：

$$\left[\left(\underset{f\neq i, l=1, l\neq j}{pro} (x_{il}, x_{fl}) \right)^2, \cdots, \left(\underset{f\neq i, l=p, l\neq j}{pro} (x_{il}, x_{fl}) \right)^2 \right]_{(n-1)\times(p_1+p_2+p_3-1)} \tag{3-10}$$

其中，列向量 $\left(\underset{f\neq i, l\neq j}{pro} (x_{il}, x_{fl}) \right)^2$ 表示为

$$\left[\left(\underset{f=1, f\neq i, l\neq j}{pro} (x_{il}, x_{fl}) \right)^2, \cdots, \left(\underset{f=n, f\neq i, l\neq j}{pro} (x_{il}, x_{fl}) \right)^2 \right]$$

当坐标 x_{ij} 更新时，点 $\boldsymbol{x}_i$ 与其他点在第 j 维的投影全部更新，用如下列向量表示：

$$\left[\left(\underset{f=1, f\neq i}{pro} (x_{ij}, x_{fj}) \right)^2, \cdots, \left(\underset{f=n, f\neq i}{pro} (x_{ij}, x_{fj}) \right)^2 \right]^{\mathrm{T}} \tag{3-11}$$

式（3-10）与式（3-11）合并后，计算点 $\boldsymbol{x}_i$ 与其他点的投影系数之和，更新后为

$$\sum_{f=1, f\neq i}^{n} \prod_{l=1}^{p_1+p_2+p_3} (pro(x_{kl}, x_{fl}))^2 \tag{3-12}$$

根据最大投影准则，合并式（3-9）和式（3-12），目标函数为最小化式（3-13）：

$$\left\{ \frac{2\left(\sum_{k=1,\,k\neq i}^{n-1}\sum_{f=k+1,\,f\neq i}^{n}\prod_{l=1}^{p_1+p_2+p_3}\left(pro(x_{kl},\,x_{fl})\right)^2 + \sum_{f=1,\,f\neq i}^{n}\prod_{l=1}^{p_1+p_2+p_3}\left(pro(x_{kl},\,x_{fl})\right)^2\right)}{n(n-1)}\right\}^{\frac{1}{p_1+p_2+p_3}}$$

$$(3-13)$$

为了简化计算,坐标交换的一维最优化求解问题可以简化为

$$x_{ij}^{*} \leftarrow \operatorname*{argmin}_{x_{ij}\in[low_{x_{ij}},\,up_{x_{ij}}]} \sum_{f=1,\,f\neq i}^{n}\prod_{l=1}^{p_1+p_2+p_3}\left(pro(x_{kl},\,x_{fl})\right)^2 \qquad (3-14)$$

其中,式(3-14)使用 R 包"nloptr"计算。重复坐标交换优化,根据式(3-13)比较空间投影特性,若坐标交换后得到的新的设计矩阵 D^{*} 优于当前最优设计矩阵 D,则实施坐标交换,更新当前最优设计矩阵 D。

3. 迭代扰动

局部搜索优化算法在一定程度上会受到初始设计的影响,一般通过多批次重复搜索(即用新的初始试验点集重启搜索)克服局部最优问题。研究发现,重启策略只是扩大了试验搜索的范围、增加了避免局部最优的机会;另外,该策略缺乏稳定性,且不适应大规模试验设计情形。因此为 MP-CE 增加扰动迭代,将扰动算子设置为坐标,对当前最优设计矩阵 D 施加扰动,使其"跳出"局部区域,并将扰动后的最优设计矩阵记为 D',再通过 MP-CE 算法对其进行优化。如此反复进行局部搜索和扰动,达到迭代次数后返回最优设计矩阵。

Cuervo 等[13]试验研究发现,导致最佳算法性能的扰动算子的大小为 PERT_SIZE = 10%,借鉴其试验结论,设置坐标扰动规模为 10%($n \times p$)。

4. 示例分析

本节选择了 4 种流行的空间填充试验设计方法进行比较,分别是均匀设计、最大最小拉丁超立方设计(maxmin Latin hypercube design,MmLHD)、快速灵活填充(fast flexible-filling,FFF)设计、定性定量混合最大投影设计(maximal projection design with qualitative and quantitative factors,MaxProQQ)。

对 MP-CE,设置内部循环搜索次数 100,外部扰动次数 20。运用连续优化算法 nloptr 对设计矩阵进行优化,寻找坐标交换的局部最优解,该函数可以在 R 包"nloptr"中获得。

对初始设计矩阵,连续因子采用 LHD 设计,离散因子通过随机抽样形式分配给每个试验点,并根据约束条件检验每个试验点的可行性。MmLHD、MaxProQQ、MP-CE 对比试验采用相同的初始设计,其中 MmLHD、MaxProQQ 迭代次数设置为 1 000。均匀设计和 FFF 设计的重新开始设计次数设置为 20。

在本节的试验分析中,采用 MaxPro 指标评估设计的空间投影优良性,见式 (3-6);采用 ϕ_p 指标评估空间填充距离优良性。

1)$[0,1]^p$ 的空间填充设计

为比较均匀设计、MmLHD、FFF 设计、MaxProQQ 设计以及 MP-CE 设计,在几种不同的输入配置下进行试验,包括 $p=2$,$p=6$,$p=10$,以及 $n=25$,$n=50$,$n=100$。几种不同的输入配置得到的试验结论相似,表 3-4 以 $n=50$ 为例,列出了在 2、6、10 维空间中不同试验设计方法的性能表现。每列最佳者加粗标出,对照方法的最佳者用下划线标出。

表 3-4 空间填充设计方法的性能对比

	ϕ_p			MaxPro		
	$p=2$	$p=6$	$p=10$	$p=2$	$p=6$	$p=10$
均匀设计	81.448	47.212	33.480	111.347	39.332	28.765
MmLHD	119.771	77.440	69.750	118.804	39.827	29.030
FFF	**63.152**	<u>35.968</u>	31.623	<u>102.319</u>	<u>36.180</u>	25.883
MaxProQQ	63.587	39.343	<u>29.849</u>	113.138	36.841	<u>25.448</u>
MP-CE	<u>63.285</u>	**34.138**	**28.939**	**100.814**	**34.561**	**24.363**

可以看到,MP-CE 在 ϕ_p 和 MaxPro 方面整体表现优于其他空间填充设计方法。当试验空间维度从低到高变化时,MP-CE 对 ϕ_p 和 MaxPro 性能的改善程度有所提高。具体而言,在 $p=2$,$p=6$,$p=10$ 时,与已有对照方法的最佳者对比,ϕ_p 分别提高了-0.21%,5.09%,3.05%;在 $p=2$,$p=6$,$p=10$ 时,与已有对照方法的最佳者对比,MaxPro 指标分别提高了 1.47%,4.47%,4.26%。证实了该方法在低维和高维空间填充上的优越性。由于 MP-CE 是基于最大投影准则设计的,所以在 MaxPro 方面有更大的提高。此外,MaxProQQ 设计与 MP-CE 均采用相同的初始设计,MP-CE 在 ϕ_p 和 MaxPro 方面均有一定提高,说明与模拟退火算法相比,迭代扰动的坐标交换算法也具有一定的优势。初始设计对最终效果也有一定的影响,特别是当试验点数较少或维度较低的时候,可以通过增加算法迭代次数克服。

2)约束条件下的空间填充设计

下面对比研究不同试验设计方法在试验空间受约束情形的性能,考虑一个 $p=2$ 的约束区域:

$$X_1^2 + X_2^2 \leqslant 1$$

图 3 - 14 绘制了 $n = 10$ 和 $n = 100$ 的设计结果,采用在规则空间试验设计中表现较好的 FFF 方法与 MP - CE 进行对比。

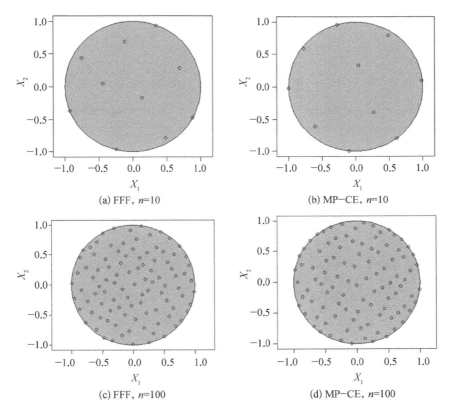

(a) FFF, n=10　　　　　　　(b) MP-CE, n=10

(c) FFF, n=100　　　　　　(d) MP-CE, n=100

图 3 - 14　约束条件下的设计

图 3 - 15 对以上两方法在不同设计规模下的空间投影和空间填充特性做了比较,由于不同规模下衡量尺度不同,所以图 3 - 15(b)和(d)对于 MP - CE 方法比 FFF 方法性能提升的百分比绘制了示意图,使其更直观。结合图 3 - 14 和图 3 - 15 可以观察到两个现象。首先,对于 $p = 2$ 的约束空间,FFF 方法与 MP - CE 方法具有非常接近的空间填充距离和投影性能,这证实了该方法在约束空间的适用性;其次,与 FFF 方法相比,MP - CE 方法对于每个设计规模 n 都提供了最优的极大极小设计和最大投影设计,特别是当设计规模增大时,MP - CE 方法的表现会更优。

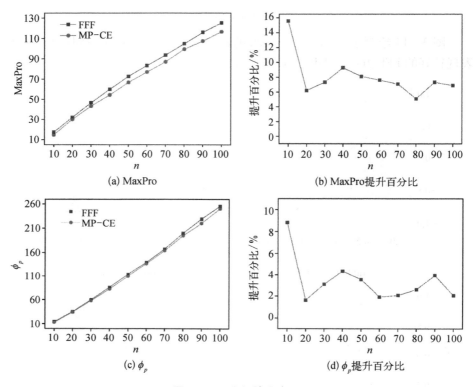

(a) MaxPro

(b) MaxPro提升百分比

(c) ϕ_p

(d) ϕ_p提升百分比

图 3 - 15   空间填充表现

为了进一步验证本书方法在含有离散因子的试验设计的适用性及表现,考虑一个 3 维约束空间的试验设计,试验因子 X_1、X_2、X_3,其中 X_1、X_2 为定量因子,取值区间为 $[-1, 1]$,X_3 为离散数值因子,取值 0、0.5、1,因子间存在约束:

$$X_1^2 + X_2^2 \leqslant 1$$

为了与 MP - CE 方法进行对比,利用 JMP 的混合因子可定义约束的定制试验设计功能,输入 2 个连续因子,在约束条件选项中添加约束不等式,并对第 3 个因子施加约束,使其无限逼近离散取值水平,选择 FFF 空间填充设计,并将设计准则设置为 MaxPro。设置 $n = 27$ 个试验点,图 3 - 16 给出了两种试验设计结果的 2 维映射散点图,圆、三角、加号分别代表 $X_3 = 0$, 0.5, 1。可以看出,FFF方法的空间填充性能明显不如 MP - CE 方法,FFF 方法虽然在对应离散因子 X_3 的每个水平时试验点分布较为均匀,但试验点整体空间填充性较差。

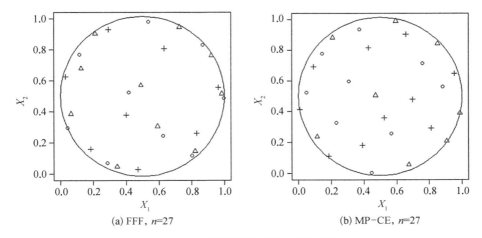

(a) FFF, $n=27$　　　　　　(b) MP-CE, $n=27$

图 3-16　设计结果 2 维映射散点图

3.4　序贯试验设计

在单阶段试验设计中,试验点的选择仅基于实施建模之前可用的信息,如模型类型信息、试验空间重要度信息等。其中所有的试验点是一次性选择的,整个过程不需要额外的试验,如图 3-17 虚线框部分所示。单阶段试验设计方法的优点是广泛可用(大多数试验设计软件或算法可用),易于使用和理解,并且提供良好的试验空间信息覆盖。它的前提是试验样本量需求已知。单阶段试验设计可能会导致局部欠采样或过采样,或者导致较差的系统近似。

序贯试验设计可以解决单阶段试验问题,其过程如图 3-17 所示。每次试验后拟合模型,并使用如交叉验证、外部测试集、数据误差等度量来估计模型的精度,决定是否需要选择更多的试验点进行试验。先前的试验数据(输入和输出)和模型,都为下一步试验点该置于何处提供了重要信息,充分利用这些附加信息,将获得比单阶段试验设计更有效的样本分布。

探索(exploration)和开发(exploitation)是序贯设计的两个基本策略。探索策略用于探索试验空间,目的是全面获取系统行为的信息,这意味着让试验点尽可能均匀地填充输入域。而开发策略则是在已经确定(或潜在)感兴趣的区域中放置试验点,例如,可能希望在性能突变的区域放置试验点,以验证性能边界。

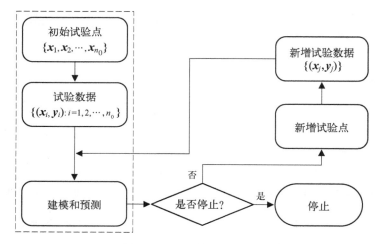

图 3-17　序贯试验设计流程

在序贯设计中，需要在这两个策略之间进行权衡。基于探索策略的序贯试验设计，不需要分析试验输出数据，只需要关注如何令试验点序贯地填充试验空间，这种方法高效且扩展性强，但有可能会忽略更感兴趣的区域。基于开发策略的序贯设计，虽然增加输出数据分析会增加运算的复杂度，但可能会获得更高的预测精度。

3.4.1 节提出一种基于探索的多类型试验因子空间填充序贯设计方法，其中只使用先前的试验点来确定在哪里放置试验点，并基于最大投影准则序贯补充试验点。3.4.2 节提出了一种基于高斯过程（Gaussian process，GP）模型的序贯设计方法，该方法将同时关注探索和开发策略，即根据试验的输入和输出数据来序贯补充试验点。

3.4.1　基于输入的序贯试验设计

基于输入的序贯设计不考虑试验响应，只关注试验方案的空间填充性，一般适用于补充试验或粗粒度序贯试验，即对于已有的试验设计，一次性补充需要数量的试验点或序贯产生较大数量的试验点。

在 3.3.3 节多类型因子 MP-CE 单阶段设计的研究基础上，给出一种空间填充序贯设计方法，其实现过程如图 3-18 所示。

步骤 1：由试验方指定，生成一组由 n_0 个试验点构成的试验设计矩阵 $\boldsymbol{D}_0 = \begin{bmatrix} \boldsymbol{x}_1, \boldsymbol{x}_2, \cdots, \boldsymbol{x}_{n_0} \end{bmatrix}^{\mathrm{T}}$。

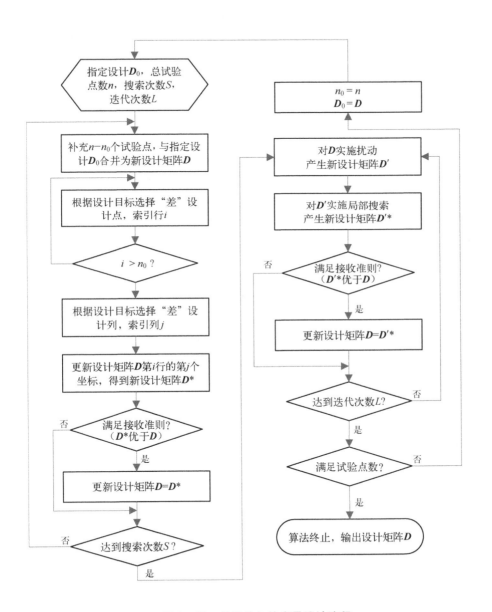

图 3-18　基于输入的序贯设计流程

步骤 2：用试验设计方法如随机或拉丁超方等方法，按补充试验点数量需求 n 生成一组新的试验点，与已有试验点组合，形成一个 $(n_0 + n) \times p$ 的试验设计矩阵 $\boldsymbol{D} = [\boldsymbol{x}_1, \boldsymbol{x}_2, \cdots, \boldsymbol{x}_{n_0}, \boldsymbol{x}_{n_0+1}, \cdots, \boldsymbol{x}_{n_0+n}]^{\mathrm{T}}$。

步骤 3：以正比于式(3 - 5)的概率从试验设计矩阵 $\boldsymbol{D}$ 中抽样试验点对，以正比于式(3 - 7)的概率抽样待改进的试验点 $\boldsymbol{x}_i$。

步骤 4：判断待改进的试验点是否为已有试验点，若 $i = \{1, 2, \cdots, n_0\}$，则重复步骤 2，否则转入步骤 4。

步骤 5：以正比于式(3 - 8)的概率抽样待改进的坐标 x_{ij}。

步骤 6：以式(3 - 14)为优化目标函数，求解优化的坐标(如采用 R 包 "nloptr" 提供的算法)。

步骤 7：判断是否达到优化迭代次数，若不满足，则转入步骤 3，否则转入步骤 8。

步骤 8：判断是否满足停止条件，如序贯试验点数、拟合代理模型的均方根误差等。若满足条件，则停止该算法。否则，设置 $n_0 \leftarrow n_0 + n$，然后转入步骤 2。

与更复杂的基于输出的方法相比，基于输入的空间填充序贯设计有以下优点：

第一，速度快，适合于高维或模型信息难以获得的情况。基于输出的方法对于高维和大量样本的适应性较差，当无法花费大量时间分析数据以确定下一个试验点时，基于输入的方法可以以相当快的速度提供实时样本选择。

第二，基于输出的方法都需要一个探索(基于输入)组件。如果基于输出的方法不执行设计空间探索，它将纯粹关注已经确定的感兴趣的区域，而可能会忽略设计空间中同样有趣或更有趣的很大一部分。因此，即使在基于输出的序贯设计的背景下，研究好的空间填充方法也是有意义的。

第三，当今流行的建模方法，如 Kriging 法，实际上更倾向空间填充性，而不是将试验点聚集在难以近似的区域。这是 Kriging 模型相关矩阵的结构所决定的，当两个试验点太近时，该矩阵往往会变得病态。为了避免这个问题，试验点会尽可能均匀地分布在设计空间中，这正是基于输入的空间填充序贯试验设计的目标。

3.4.2　基于输出的序贯试验设计

在某些情况下，例如，设计空间的某些区域比其他区域更难近似时，不均匀分布的试验点可能对提高模型准确性更有利。基于模型的序贯设计方法，在每一步试验后进行评估,更新元模型,获得试验响应的新信息,指导后续的试验点设计。

1. 混合因子的高斯过程模型

考虑一个输入向量为 $\boldsymbol{x} = (\boldsymbol{d}, \boldsymbol{v})$,其中 $\boldsymbol{d} = (d_1, \cdots, d_{p_1+p_2})$ 表示 p_1 个连续定量因子和 p_2 个离散定量因子,共 $p_1 + p_2$ 个,这里统称为定量因子。$\boldsymbol{v} = (v_1, \cdots, v_{p_3})$ 表示 p_3 个定性因子,共计 $p_1 + p_2 + p_3 = p$ 个因子。第 h 个定性因子有 L_h 个水平,所有定性因子的组合种类记为 $m = \prod_{h=1}^{p_3} L_h$。在输入 $\boldsymbol{x}$ 处的模型为

$$y(\boldsymbol{x}) = f^{\mathrm{T}}(\boldsymbol{x})\boldsymbol{\beta} + \varepsilon(\boldsymbol{x}) \qquad (3-15)$$

其中,$f(\boldsymbol{x}) = (f_1(\boldsymbol{x}), \cdots, f_q(\boldsymbol{x}))^{\mathrm{T}}$ 是一组 q 个回归函数,$\boldsymbol{\beta} = (\beta_1, \cdots, \beta_q)^{\mathrm{T}}$ 是位置系数向量,残差 $\varepsilon(\boldsymbol{x})$ 是均值为 0,方差为 σ^2 的平稳高斯过程。

当只存在定量因子 $\boldsymbol{d}$ 时,上式是标准高斯过程模型,输入 $\boldsymbol{d}$ 处的响应 y 建模为

$$y(\boldsymbol{d}) = f^{\mathrm{T}}(\boldsymbol{d})\boldsymbol{\beta} + \varepsilon(\boldsymbol{d}) \qquad (3-16)$$

其中,$f(\boldsymbol{d}) = (f_1(\boldsymbol{d}), \cdots, f_q(\boldsymbol{d}))^{\mathrm{T}}$ 是一组 q 个回归函数,$\boldsymbol{\beta} = (\beta_1, \cdots, \beta_q)^{\mathrm{T}}$ 是位置系数向量,残差 $\varepsilon(\boldsymbol{d})$ 是均值为 0,方差为 σ^2 的平稳高斯过程,相关函数为 $corr(\varepsilon(\boldsymbol{d}_1), \varepsilon(\boldsymbol{d}_2)) = K(\boldsymbol{d}_1, \boldsymbol{d}_2)$,高斯相关函数是一种常用的相关函数表示:

$$K(\boldsymbol{d}_1, \boldsymbol{d}_2) = \exp\left\{-\sum_{i=1}^{p} \phi_i (d_{1i} - d_{2i})^2\right\} \qquad (3-17)$$

上述标准高斯过程模型已在各种软件中实现,如 MATLAB 工具箱 DACE。

对于既含有定量因子又含有定性因子的模型,主要问题在于为 $\varepsilon(\boldsymbol{d})$ 指定有效的相关结构。为了方便起见,用 $c_1, \cdots, c_m$ 表示 m 个类别,对应所有定性因子的水平组合种类。以 $\boldsymbol{x} = (\boldsymbol{d}, c_k)(k = 1, \cdots, m)$ 定义所有定性定量因子,对于两个输入 $\boldsymbol{x}_i = (\boldsymbol{d}_i, c_i)(i = 1, 2)$,$\varepsilon(\boldsymbol{x}_1)$ 和 $\varepsilon(\boldsymbol{x}_2)$ 之间的相关性定义为

$$corr(\varepsilon(\boldsymbol{x}_1), \varepsilon(\boldsymbol{x}_2)) = corr(\varepsilon_{c_1}(\boldsymbol{d}_1), \varepsilon_{c_2}(\boldsymbol{d}_2)) = \tau_{c_1, c_2} K(\boldsymbol{d}_1, \boldsymbol{d}_2)$$
$$(3-18)$$

其中,τ_{c_1, c_2} 是类别 c_1 和 c_2 之间的互相关参数,新的相关函数定义为

$$corr(\varepsilon(\boldsymbol{x}_1), \varepsilon(\boldsymbol{x}_2)) = \tau_{c_1, c_2} \exp\left\{-\sum_{i=1}^{p} \phi_i (d_{1i} - d_{2i})^2\right\} \qquad (3-19)$$

其中,ϕ_i 是粗糙度参数,统一记作 $\boldsymbol{\Phi} = \{\phi_i\}$。

要使式(3-19)成为有效的相关函数,矩阵 $T = (\tau_{r,s})_{m \times m}$ 必须是具有单位对角线元素的正定矩阵(positive definite matrix with unit diagonal elements, PDUDE),使用超球体分解对 T 进行建模。这种参数化提供了一种简单灵活的方式来建模 PDUDE,它由以下两个步骤组成[21]。

步骤 1:对 T 应用 Cholesky 分解,

$$T = LL^{\mathrm{T}} \tag{3-20}$$

其中,$L = \{l_{r,s}\}$ 是具有严格正对角线项的下三角矩阵。

步骤 2:L 中的每个行向量 $(l_{r,1}, \cdots, l_{r,r})$ 被建模为 r 维单位超球面上的点坐标,当 $r = 1$ 时,令 $l_{1,1} = 1$,当 $r = 2, \cdots, m$ 时,使用如下球面坐标系:

$$\begin{cases} l_{r,1} = \cos(\theta_{r,1}) \\ l_{r,s} = \sin(\theta_{r,1}) \cdots \sin(\theta_{r,s-1}), \text{ for } s = 2, \cdots, r-1 \\ l_{r,r} = \sin(\theta_{r,1}) \cdots \sin(\theta_{r,r-2}) \sin(\theta_{r,r-1}) \end{cases} \tag{3-21}$$

其中,$\theta_{r,s} \in (0, \pi)$,所有式(3-21)中的 $\theta_{r,s}$ 用 Θ 表示。因为每个 $\theta_{r,s}$ 都被限制在 $(0, \pi)$ 中取值,所以 L 中的所有对角线元素 $l_{r,r}$ 是正的,从而保证 T 是正定矩阵。此外,$\tau_{r,r} = \sum_{s=1}^{r} l_{r,s}^2 (r = 1, \cdots, m)$,表示 T 必须有单位对角线元素,因此,在该参数化下的矩阵 T 总是 PDUDE。

以上参数化有几个主要优点。首先,将复杂的 PDUDE 约束转化为简单的盒约束 $\theta_{r,s} \in (0, \pi)$;其次,因为 $\theta_{r,s}$ 在 $(0, \pi)$ 中取值,所以 T 中的元素可以是正的,也可以是负的,因此可以捕获不同类别之间的各种相关性;最后,任何 PDUDE 和 Θ 具有一一对应关系,即具有任意结构的 PDUDE 可以使用一组 Θ 值来参数化,并且任意给定 Θ 值也对应一个 PDUDE。

对于具有多个定性因子的情况,相关函数可以采用乘积形式:

$$\begin{aligned} corr(\varepsilon(\boldsymbol{x}_1), \varepsilon(\boldsymbol{x}_2)) &= corr(\varepsilon(\boldsymbol{d}_1, \boldsymbol{v}_1), \varepsilon(\boldsymbol{d}_2, \boldsymbol{v}_2)) \\ &= \prod_{j=1}^{p_3} \tau_{j, z_{j1}, z_{j2}} \exp\left\{ -\sum_{i=1}^{p_1+p_2} \phi_i (d_{1i} - d_{2i})^2 \right\} \end{aligned} \tag{3-22}$$

其中,每个矩阵 $\boldsymbol{T}_j = \{\tau_{j,r,s}\}(r, s = 1, \cdots, m_j)$ 都是利用公式(3-18)和公式(3-19)来进行参数化建模的 PDUDE。该公式在模型涉及的定性因子个数不少的情况下,可以显著减少参数个数。

从相关函数的定义可以看出,两试验点 $\boldsymbol{x}_1$ 和 $\boldsymbol{x}_2$ 之间的相关性,与定量因子之间的空间距离,以及定性因子水平组合之间的相关系数有关,当定量因子的空间距离越小,定性因子水平组合之间的相关系数越大,则两试验点 $\boldsymbol{x}_1$ 和 $\boldsymbol{x}_2$ 之间的相关性越大。类似地,当两试验点中的定量因子空间距离越大,定性因子水平组合之间的相关系数越小,则 $\boldsymbol{x}_1$ 和 $\boldsymbol{x}_2$ 之间的相关性将接近于 0。

假设有 n 个已进行试验并获得评估值的试验点 $\boldsymbol{D} = (\boldsymbol{x}_1, \cdots, \boldsymbol{x}_n)^\mathrm{T}$,以及各试验点对应的输出响应值 $\boldsymbol{y} = (y_1(\boldsymbol{x}_1), \cdots, y_n(\boldsymbol{x}_n))^\mathrm{T}$,$\sigma^2$、$\boldsymbol{\beta}$、$\boldsymbol{\Phi}$、$\boldsymbol{\Theta}$ 是待估参数,可用极大似然法估计。$\boldsymbol{y}$ 的对数似然函数为

$$-\frac{1}{2}\big[n\lg(\sigma^2) + \lg|\boldsymbol{R}| + (\boldsymbol{y} - \boldsymbol{F}\boldsymbol{\beta})^\mathrm{T}\boldsymbol{R}^{-1}(\boldsymbol{y} - \boldsymbol{F}\boldsymbol{\beta})/\sigma^2 \big] \qquad (3-23)$$

其中,$\boldsymbol{F} = (\boldsymbol{f}(\boldsymbol{x}_1), \cdots, \boldsymbol{f}(\boldsymbol{x}_n))^\mathrm{T}$ 是一个 $n \times p$ 的矩阵,$\boldsymbol{R}$ 是相关矩阵,其中第 (i, j) 个元素是由式(3-19)或式(3-22)定义的相关函数 $corr(\varepsilon(\boldsymbol{x}_i), \varepsilon(\boldsymbol{x}_j))$。参数 σ^2、$\boldsymbol{\beta}$、$\boldsymbol{\Phi}$、$\boldsymbol{\Theta}$ 的估计值为

$$\hat{\boldsymbol{\beta}} = (\boldsymbol{F}^\mathrm{T}\boldsymbol{R}^{-1}\boldsymbol{F})^{-1}\boldsymbol{F}^\mathrm{T}\boldsymbol{R}^{-1}\boldsymbol{y} \qquad (3-24)$$

$$\hat{\sigma}^2 = (\boldsymbol{y} - \boldsymbol{F}\hat{\boldsymbol{\beta}})^\mathrm{T}\boldsymbol{R}^{-1}(\boldsymbol{y} - \boldsymbol{F}\hat{\boldsymbol{\beta}})/n \qquad (3-25)$$

将式(3-24)和式(3-25)代入式(3-23),得到:

$$(\hat{\boldsymbol{\Phi}}, \hat{\boldsymbol{\Theta}}) = \underset{(\boldsymbol{\Phi}, \boldsymbol{\Theta})}{\mathrm{argmin}}\{ n\lg(\hat{\sigma}^2) + \lg|\boldsymbol{R}| \} \qquad (3-26)$$

该优化问题只涉及 $\boldsymbol{\Theta}$ 盒约束 $\theta_{r,s} \in (0, \pi)$,可以通过使用 R 包或 MATLAB 中的标准非线性优化算法来解决。

拟合后的模型可用于预测设计空间中任意未试验点的响应值,在给定所有估计参数的情况下,任意未试验点 $\boldsymbol{x}_0$ 处的经验最佳线性无偏预测(empirical best linear unbiased predictor, EBLUP)响应值为

$$\hat{y}(\boldsymbol{x}_0) = \boldsymbol{f}^\mathrm{T}(\boldsymbol{x}_0)\hat{\boldsymbol{\beta}} + \hat{\boldsymbol{r}}_0^\mathrm{T}\hat{\boldsymbol{R}}^{-1}(\boldsymbol{y} - \boldsymbol{F}\hat{\boldsymbol{\beta}}) = \boldsymbol{f}^\mathrm{T}(\boldsymbol{x}_0)\hat{\boldsymbol{\beta}} + \hat{\boldsymbol{r}}_0^\mathrm{T}\hat{\boldsymbol{r}} \qquad (3-27)$$

其中,$\hat{\boldsymbol{r}}_0^\mathrm{T} = (corr(\varepsilon(\boldsymbol{x}_0), \varepsilon(\boldsymbol{x}_1)), \cdots, corr(\varepsilon(\boldsymbol{x}_0), \varepsilon(\boldsymbol{x}_n)))$ 和 $\hat{\boldsymbol{R}}$ 是估计相关矩阵,$\hat{\boldsymbol{r}}$ 是估计相关因子,与具有定量因子的标准高斯过程模型类似,式(3-27)中的 EBLUP 可以平滑内插所有试验点。

2. 探索和开发准则

为解决试验空间探索和开发平衡的问题,基于多类型因子 GP 模型,提出了

一种用于探索的预测误差准则和用于开发的梯度准则。

1）探索准则

均方差准则（mean squared error，MSE）是直接运用 GP 模型提供的均方差或均方根误差（root mean square error，RMSE）估计的一种改善元模型全局精度的加点准则，如图 3-19 所示。即采用遗传算法等全局优化算法，并结合局部优化算法，求解下面的子优化问题：

$$x_{n+1} = \text{argmax MSE}$$

$$\text{s.t. } x_{n+1} \in \mathbb{R}$$

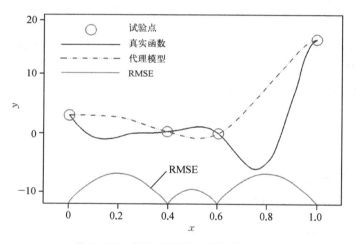

图 3-19　基于 RMSE 序贯设计示意图

由于 $\boldsymbol{R}$ 是正定的，并且从它的定义可以看出 $\boldsymbol{R}$ 是对称的。这两个属性意味着可以用 Cholesky 分解的形式来分解 $\boldsymbol{R}$：

$$\boldsymbol{R} = \boldsymbol{C}\boldsymbol{C}^{\mathrm{T}}$$

如果问题很复杂或条件不佳，则式（3-25）不适合直接用于实际计算，取而代之，可以通过正交变换求出 $\hat{\boldsymbol{\beta}}$ 作为超定系统的最小二乘解：

$$\tilde{\boldsymbol{F}}\boldsymbol{\beta} \simeq \tilde{\boldsymbol{y}} \tag{3-28}$$

通过求解矩阵方程，得到：

$$\boldsymbol{C}\tilde{\boldsymbol{F}} = \boldsymbol{F},\ \boldsymbol{C}\tilde{\boldsymbol{y}} = \boldsymbol{y}$$

根据以下步骤得到式（3-28）的最小二乘解。

步骤 1：对 $\tilde{F}$ 进行 QR 分解：

$$\tilde{F} = QG^{\mathrm{T}} \tag{3-29}$$

其中，$Q \in R^{n \times p}$ 为正交矩阵，$G^{\mathrm{T}} \in R^{p \times p}$ 为上三角阵矩阵。

步骤 2：检查 G 和 F 是不是满秩，如果不是，则表明所选的回归函数不足够线性独立，停止计算。否则，在系统中通过回代计算最小二乘解：

$$G^{\mathrm{T}}\hat{\beta} = Q^{\mathrm{T}}\tilde{y} \tag{3-30}$$

利用辅助矩阵计算过程方差：

$$\sigma^2 = \| \tilde{y} - \tilde{F}\hat{\beta} \|_2^2 \big/ n \tag{3-31}$$

均方误差 MSE：

$$\begin{aligned}
\varphi(x) &= \sigma^2(1 + u^{\mathrm{T}}(\tilde{F}^{\mathrm{T}}\tilde{F})^{-1}u - \tilde{r}^{\mathrm{T}}\tilde{r}) \\
&= \sigma^2(1 + u^{\mathrm{T}}(GG^{\mathrm{T}})^{-1}u - \tilde{r}^{\mathrm{T}}\tilde{r}) \\
&= \sigma^2(1 + \| G^{-1}u \|_2^2 - \| \tilde{r} \|_2^2)
\end{aligned} \tag{3-32}$$

其中，$\tilde{r} = C^{-1}r$，$u = F^{\mathrm{T}}R^{-1}r - f = \tilde{F}^{\mathrm{T}}\tilde{r} - f$。在第一次变换中使用了式（3-30）：$\tilde{F}^{\mathrm{T}}\tilde{F} = GQ^{\mathrm{T}}QG^{\mathrm{T}} = GG^{\mathrm{T}}$，因为 Q 具有正交列。

2）开发准则

混合序贯设计算法开发部分的目标是利用先前试验点的响应将序贯加点过程引导到设计空间中感兴趣的区域。感兴趣的区域主要取决于建模的目的，在优化问题中，感兴趣的区域是可能或确实包含局部最优的区域；在全局代理建模中，目标是找到一个在整个试验空间中准确地近似系统的模型，因此感兴趣的区域是响应难以准确近似的区域。试验空间中的某些区域可能比其他区域更难近似，这可能是由于不连续、突变等原因造成的。在模型预测梯度较大的区域，往往是响应值变化较大的区域，这一区域可能是突变的、不平稳的，所以倾向于在梯度大的区域增加试验点。为了能够根据代理模型的梯度进行采样，对梯度的估计值做出了如下推导。

在设计空间中某一点 x_0 处的梯度估计：

$$\hat{y}'(x_0) = \left[\frac{\partial \hat{y}}{\partial x_{01}}, \cdots, \frac{\partial \hat{y}}{\partial x_{0p_1+p_2}} \right]$$

可以表示为

$$\hat{y}'(\boldsymbol{x}_0) = \boldsymbol{J}_f(\boldsymbol{x}_0)^{\mathrm{T}} \hat{\boldsymbol{\beta}} + \boldsymbol{J}_r(\boldsymbol{x}_0)^{\mathrm{T}} \hat{\boldsymbol{r}}$$

其中，$\boldsymbol{J}_f$ 和 $\boldsymbol{J}_r$ 是 $\boldsymbol{f}$ 和 $\boldsymbol{r}$ 的雅可比矩阵：

$$\frac{\partial \boldsymbol{f}}{\partial \boldsymbol{x}} = \begin{bmatrix} \dfrac{\partial f_1}{\partial x_1} & \dfrac{\partial f_2}{\partial x_1} & \cdots & \dfrac{\partial f_q}{\partial x_1} \\[2mm] \dfrac{\partial f_1}{\partial x_2} & \dfrac{\partial f_2}{\partial x_2} & \cdots & \dfrac{\partial f_q}{\partial x_2} \\[2mm] \vdots & \vdots & \ddots & \vdots \\[2mm] \dfrac{\partial f_1}{\partial x_p} & \dfrac{\partial f_2}{\partial x_p} & \cdots & \dfrac{\partial f_q}{\partial x_p} \end{bmatrix}^{\mathrm{T}}$$

$$\frac{\partial \boldsymbol{r}}{\partial \boldsymbol{x}} = \begin{bmatrix} \dfrac{\partial r_1}{\partial x_1} & \dfrac{\partial r_2}{\partial x_1} & \cdots & \dfrac{\partial r_q}{\partial x_1} \\[2mm] \dfrac{\partial r_1}{\partial x_2} & \dfrac{\partial r_2}{\partial x_2} & \cdots & \dfrac{\partial r_q}{\partial x_2} \\[2mm] \vdots & \vdots & \ddots & \vdots \\[2mm] \dfrac{\partial r_1}{\partial x_p} & \dfrac{\partial r_2}{\partial x_p} & \cdots & \dfrac{\partial r_q}{\partial x_p} \end{bmatrix}^{\mathrm{T}}$$

其中：

$$(\boldsymbol{J}_f(\boldsymbol{x}_0))_{ij} = \frac{\partial f_i}{\partial x_{0j}}(\boldsymbol{x}_0)$$

$$(\boldsymbol{J}_r(\boldsymbol{x}_0))_{ij} = \frac{\partial corr(\varepsilon(\boldsymbol{x}_i), \varepsilon(\boldsymbol{x}_0))}{\partial x_{0j}}$$

$$= -2\phi_j \cdot (d_{0j} - d_{ij}) \cdot \left[\prod_{l=1}^{p_3} \tau_{l,\, z_{l0},\, z_{li}} \right] \cdot \exp\left[-\sum_{j=1}^{p_1+p_2} \phi_i (d_{0j} - d_{ij})^2 \right]$$

3. 动态自适应平衡搜索策略

在前文中，基于含定性定量因子的 GP 模型，给出了两种不同的序贯加点方法。其中，探索方法根据预测均方误差的大小指导新增试验点的选取，开发方法根据预测梯度的大小指导新增试验点的选取。通过将这两个度量结合起来，可以抵消这两种方法的缺点，并提供可靠、健壮和灵活的序贯设计策略。为了将这两种方法很好地结合起来,首先必须将它们规范化。经过试验可知,$\hat{\varphi}(\boldsymbol{x})$
和 $\hat{y}'(\boldsymbol{x})$ 的最小值都趋近于 0, 因此,使用式(3-33)计算未试验点 $\boldsymbol{x}$ 的混合
分数:

$$\left(\frac{\hat{\varphi}(\boldsymbol{x})}{\hat{\varphi}_{\max}}\right)^{\varepsilon} \cdot \left(\frac{\hat{y}'(\boldsymbol{x})}{\hat{y}'_{\max}}\right)^{1-\varepsilon} \qquad (3-33)$$

其中, ε 是调整参数,以平衡对具有高梯度区域的开发及高不确定性区域的
探索。

对于已经确定的探索和开发的策略,需要对它们之间的重要程度进行平
衡,本节提出了一种自适应平衡搜索策略。该策略在每次序贯设计与评估后,
拟合元模型。每次选择新增的试验点后,评估并更新模型,并量化所添加试验
点的贡献。这可以通过比较连续模型之间的偏差、全局模型响应中的波动以及
交叉验证误差的演变来实现。根据新添加试验点的贡献,ε 值以动态方式随时
间自适应地增加或减少,如图 3-20 所示。

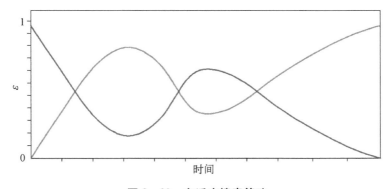

图 3-20　自适应搜索策略

每次序贯增加试验点后,整个模型的相对均方根误差可以反映模型的拟合
程度,也在一定程度上反映了探索和开发的效果,因此将第 t 次序贯试验的 ε 值
定义为

$$\varepsilon = \begin{cases} 1, & t = 1 \\ \min\left(0.5 \times \dfrac{\mathrm{RMSE}_t}{\mathrm{RMSE}_{t-1}}, 1\right), & t > 1 \end{cases}$$

RMSE 即相对均方误差:

$$\text{RMSE}(\boldsymbol{y}, \hat{\boldsymbol{y}}) = \sqrt{\frac{1}{n} \sum_{i=1}^{n} |\, y(\boldsymbol{q}_i) - \hat{y}(\boldsymbol{q}_i)\,|^2}$$

其中，$y(\boldsymbol{q}_i)$ 和 $\hat{y}(\boldsymbol{q}_i)$ 分别是输入 $\boldsymbol{q}_i$ 处的响应真实值和预测值。

初始试验有可能是根据专家经验或特殊需求指定的必做试验点,集中放置在重要区域,所以初始试验点可能分布不均匀,因此在初次序贯试验时将 ε 值设置为1,先充分探索试验空间。在后续序贯试验中,当 $\text{RMSE}_t < \text{RMSE}_{t-1}$,这意味着改进空间较大,应该重点关注响应突变的区域。因此,将开发的平衡系数增加为 $1 - 0.5 \times \dfrac{\text{RMSE}_t}{\text{RMSE}_{t-1}}$,更倾向于局部开发。当 $\text{RMSE}_t = \text{RMSE}_{t-1}$,探索和开发处于平衡状态。当 $\text{RMSE}_t > \text{RMSE}_{t-1}$,则表示没有改进,那么应该提高探索的平衡系数以探索新的响应突变区域。

最后,所提出的序贯试验设计方法通过最大化基于均方误差与梯度(mean squared error and gradient, MG)准则来选择第 t 次序贯的新试验点:

$$\boldsymbol{x}_{\text{new}} = \underset{\boldsymbol{x} \in \Omega}{\text{argmax}} \left[\left(\frac{\hat{\varphi}(\boldsymbol{x})}{\hat{\varphi}_{\max}} \right)^{\varepsilon} \cdot \left(\frac{\hat{y}'(\boldsymbol{x})}{\hat{y}'_{\max}} \right)^{1-\varepsilon} \right]$$

其中,$\hat{\varphi}(\boldsymbol{x})$ 是试验点 $\boldsymbol{x}$ 处的预测均方误差,$\hat{\varphi}_{\max}$ 是预测均方误差的最大值,$\hat{y}'(\boldsymbol{x})$ 是试验点 $\boldsymbol{x}$ 处的预测梯度,$\hat{y}'_{\max}$ 是预测梯度的最大值,ε 是调整参数。

4. 算法实现

基于输出的序贯试验设计方法,其实现过程如图3-21所示。

步骤1:用试验设计方法如随机或拉丁超方等方法,或由试验方指定,生成一组初始试验点 $\boldsymbol{D} = (\boldsymbol{x}_1, \cdots, \boldsymbol{x}_n)^{\mathrm{T}}$,并以装备实装或仿真试验评估相应的响应值 $y_1, \cdots, y_n$。

步骤2:对 $\boldsymbol{x}_1, \cdots, \boldsymbol{x}_n$ 及 $y_1, \cdots, y_n$,即试验的输入输出数据集 T,利用多类型因子GP模型,拟合元模型 $\hat{y}(\boldsymbol{x})$。

步骤3:估计均方误差的最大值和梯度的最大值。

步骤4:利用序贯设计准则,结合遗传算法,在试验空间求解新的试验点 $\boldsymbol{x}_{\text{new}}$。

步骤5:在新的试验点 $\boldsymbol{x}_{\text{new}}$ 处进行试验,并评估相应的响应值 $y(\boldsymbol{x}_{\text{new}})$,同时扩充训练集 T。

步骤6:用扩充的输入输出数据集 T 拟合元模型,并验证代理模型的预测精度。

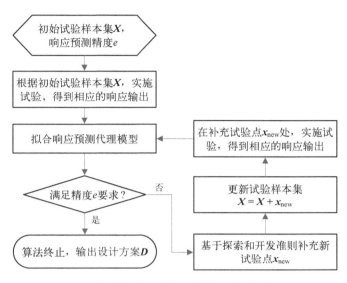

图 3 - 21　基于输出的序贯设计流程

步骤 7：更新平衡参数 ε。

步骤 8：检查是否满足停止条件，如迭代次数、均方根误差等。若满足条件，则停止该算法；否则，转到步骤 2。

3.4.3　试验终止准则

序贯试验设计的目标是构建有效的系统响应预测评估模型，能够对试验空间中任意位置输入条件下的响应值进行预测，且响应预测精度满足要求。终止准则就是判断响应预测精度的关键，它指示序贯试验是否可以停止。常用的终止准则及其适用特点如下所述。

1）相对均方根误差

此措施使用一组验证样本（不用于构建模型）来估计模型的准确性。则选择验证样本的方式是尽可能均匀地覆盖整个设计空间。

$$\mathrm{RMSE}(y, \hat{y}) = \sqrt{\frac{1}{n} \sum_{i=1}^{n} | y(\boldsymbol{q}_i) - \hat{y}(\boldsymbol{q}_i) |^2}$$

其中，$y(\boldsymbol{q}_i)$ 和 $\hat{y}(\boldsymbol{q}_i)$ 分别是输入 $\boldsymbol{q}_i$ 处的响应真实值和预测值。

2）最大样本量

根据试验资源约束给定的试验点数，当达到最大试验点数 $n \geqslant n_{max}$ 时停止加点。

3）K - Fold 交叉验证

将试验数据集随机分为 K 组（K - Fold），将每个子集数据分别做一次验证集，其余的 $K-1$ 组子集数据作为试验数据集，这样会得到 K 个模型。这 K 个模型分别在验证集中评估结果，最后的 MSE 平均就得到交叉验证误差。交叉验证有效利用了有限的数据，并且评估结果能够尽可能接近模型在试验数据集上的表现，则可以得出这个模型的拟合度。

4）leave-one-out 交叉验证

K - Fold 对于不同的数据集划分方法会影响对模型的评估，这可能造成潜在的 cherry-picking 现象。leave-one-out 交叉验证是 K - Fold 的一种特例，因为它可以看作是当 k 等于样本量 n 时的 n - Fold 交叉验证。这意味着每一个数据点都被用来测试，而所有剩下的 $(n - 1)$ 个数据点为相应的试验数据集。leave-one-out 的计算量很大，不适用于大样本量的数据。

3.4.4 示例分析

1. 基于输入的序贯试验

在本节中，将比较 FFF 方法、MaxProQQ 方法以及本书 MP - CE 方法。考虑一个涉及 2 个连续定量因子 x_1，x_2 及 1 个定性因子 x_3 的试验，且因子间存在约束：

$$(x_1 - 0.5)^2 + (x_2 - 0.5)^2 \leqslant 0.5^2$$

定性因子 x_3 有 3 个不同水平。包含初始必做试验点 6 个，需要补充 24 个试验点，形成一个包含 30 个试验点的试验设计方案。初始试验点如表 3 - 5 所示。绘制其 2 维映射散点图，圆、三角、加号分别代表 $X_3 = 1, 2, 3$，如图 3 - 22 所示。

表 3 - 5　必做试验点

序号	X_1	X_2	X_3
1	0.538	0.842	1
2	0.550	0.019	2
3	0.914	0.519	3

续　表

序号	X_1	X_2	X_3
4	0.838	0.358	1
5	0.745	0.543	2
6	0.404	0.319	3

　　MaxProQQ 方法通过序贯优化最大投影准则,从候选点集中选择最佳试验点集合来扩充给定的设计矩阵。每次生成 300 个候选点,并对该算法重启 10 次,选择最优设计结果输出。最终设计矩阵的 MaxPro = 18.0,所有定量因子的 ϕ_p = 65.0,其 2 维散点映射图和 X_3 = 1, 2, 3 的散点图分别如图 3 – 23(a)、(b)、(c)、(d)所示。从图 3 – 24 中可以看出, n = 30 的 MP–CE 设计方案不仅在整体上填充了空间,而且当连续因子按 X_3 = 1, 2, 3 水平进行切片时,其试验点也是空间填充的。在本研究的背

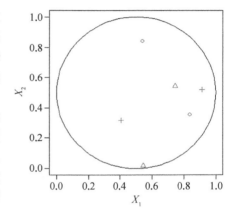

图 3 – 22　必做试验点 2 维映射散点图

景下,由于初始必做试验可能不具有规则性,所以 FFF、SLHD 等方法都不能实施。

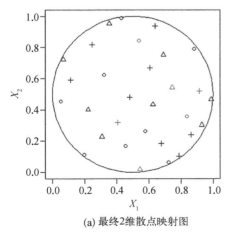

(a) 最终2维散点映射图

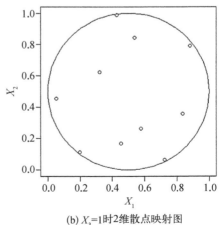

(b) X_3=1时2维散点映射图

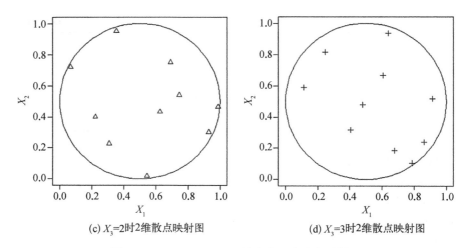

(c) X_3=2时2维散点映射图　　　　(d) X_3=3时2维散点映射图

图 3-23　MaxProQQ 设计方案 2 维散点映射图

相应的,MP - CE 方法采用局部坐标交换 300 次,迭代扰动 10 次,选择最优设计结果输出。最终设计矩阵的 MaxPro = 14.4,所有定量因子的 $\phi_p = 60.2$,其 2 维散点映射图和 $X_3 = 1, 2, 3$ 的散点图分别如图 3 -24(a)、(b)、(c)、(d)所示。

2. 基于输出的序贯试验

作为对比方法,选择与序贯设计准则相近的 3 种序贯设计准则,基于相同的模型不同的序贯准则开展试验。

1) 最大均方误差(maximum mean square error, MMSE)准则

模型的预测方差(又称均方误差) 被认为是对实际预测误差的估计,Jin 等[22]提出通过最大化预测方差来序贯选择新试验点:

$$\boldsymbol{x}_{\text{new}} = \underset{\boldsymbol{x} \in \Omega}{\text{argmax}}\ \varphi(\boldsymbol{x})$$

2) 全局拟合期望提高(expected improvement for global fit, EIGF)准则

Lam[23]提出了一种预期的全局拟合改进标准,该准则考虑了最近试验点的响应变化,并对差异较大的信息区进行抽样,定义为

$$\boldsymbol{x}_{\text{new}} = \underset{\boldsymbol{x} \in \Omega}{\text{argmax}}\{(\hat{y}(\boldsymbol{x}) - y(\boldsymbol{x}_i^*))^2 + \varphi(\boldsymbol{x})\}$$

其中,$\boldsymbol{x}_i^*$, $i \in \{1, \cdots, n\}$ 是距离候选点 $\boldsymbol{x}$ 最近的试验点。

3) 梯度增强的序贯(gradient enhanced sequential sampling, GESS)准则

梯度信息能够逼近响应变化大的函数,Chen 等[24]提出利用候选试验点的

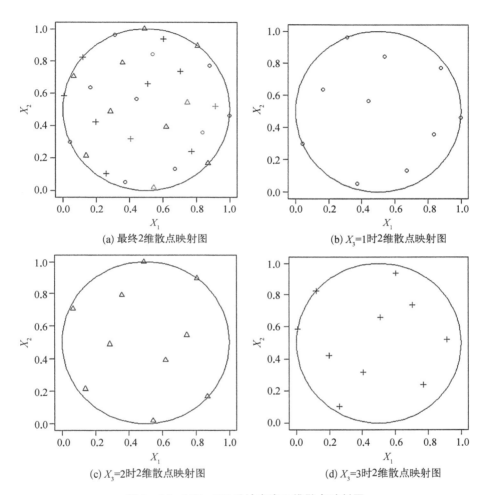

(a) 最终2维散点映射图

(b) X_3=1时2维散点映射图

(c) X_3=2时2维散点映射图

(d) X_3=3时2维散点映射图

图 3-24 MP-CE 设计方案 2 维散点映射图

近似梯度来序贯选择新试验点:

$$\boldsymbol{x}_{\mathrm{new}} = \underset{\boldsymbol{x} \in \varOmega}{\mathrm{argmax}} \{ [y(\boldsymbol{x}_i^*) - \hat{y}(\boldsymbol{x}) - \hat{y}'(\boldsymbol{x})(\boldsymbol{x}_i^* - \boldsymbol{x})]^2 + \varphi(\boldsymbol{x}) \}$$

其中,$\hat{y}'(\boldsymbol{x})$ 是候选点 $\boldsymbol{x}$ 处的近似梯度。

此示例考虑一个数值试验,其中一个定量因子 x_1 在 $[0,1]$ 上取值,另一个定性因子 z_1 有 3 个不同水平。该试验的函数形式如下:

$$y = \begin{cases} \cos(6.8\pi x_1/2), & z_1 = 1 \\ -\cos(7\pi x_1/2), & z_1 = 2 \\ \cos(7.2\pi x_1/2), & z_1 = 3 \end{cases}$$

图 3-25 比较了 z_1 在不同水平下函数的 3 条曲线。$z_1 = 2$ 的曲线与 $z_1 = 1$ 和 $z_1 = 3$ 的曲线呈负相关,而 $z_1 = 1$ 的曲线与 $z_1 = 3$ 的曲线呈正相关。

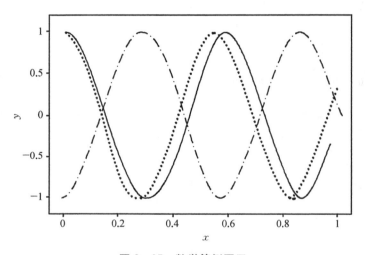

图 3-25 数学算例图示

初始试验设计采用 9 个试验点的 SLHD,定性因子的每个水平都分布 3 个试验点。在给定初始试验设计的情况下,利用本章提出的 MG 方法和基于其他 3 种序贯准则的对比方法,序贯增加 24 个试验点,每次序贯采样后评估设计的 RMSE,结果如图 3-26 所示。可以看出,GESS 方法在早期有较好的表现,但是后期预测精度提高缓慢。EIGF 方法由于受局部开发偏向机制的影响,预测精度波动较大。通过使用有效的探索和开发以及自适应平衡策略,本书所提出的 MG 方法在整个过程中表现得更好,能够更快提高代理模型的精度。

平衡因子 ε 的取值直接决定了 MG 方法的结果。图 3-27 显示了 MG 方法在序贯设计过程中 ε 值的自适应调整过程。在初始阶段分配一个较大的 ε 值进行全空间探索,当发现响应突变空间后,ε 值逐渐减小以重点开发此空间,一旦 RMSE 得不到改善,ε 值动态调整增加,继续挖掘新的难以精确预测的区域。

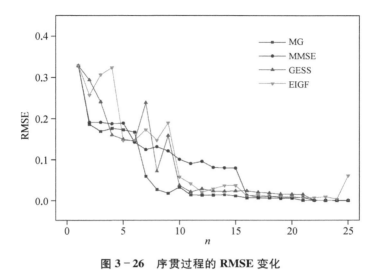

图 3-26 序贯过程的 RMSE 变化

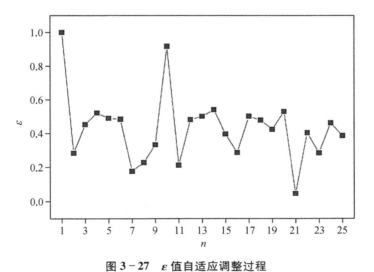

图 3-27 ε 值自适应调整过程

若 ε 值固定为 0.5,虽然也能在较少试验样本量的情况下达到较高的预测精度,但是序贯策略不能灵活适用于目标函数的特性,序贯设计过程中可能预测精度提高较慢。

3.5　综合试验设计

综合试验在不同场景下具有不同的内涵,比如装备不同研制阶段试验的综合[25]、不同试验方法的综合[26]、不同类型试验项目的综合[27]等。这些综合试验的设计具有各自的特殊问题。本节针对不同试验方法的综合问题,介绍一种基于贝叶斯原理的综合试验设计方法,在试验资源及其他各种影响因素下,解决基于贝叶斯理论的信息融合、内外场等效模型构建、一体化试验规划等问题,实现装备内外场联合试验样本的优化配置。基本思路如图 3 – 28 所示。

3.5.1　基于贝叶斯理论的信息融合方法

综合试验设计的目的是在统筹考虑内外场试验方式的可信度与精度、虚实样本等效性、资源约束以及评估精度要求的前提下,规划不同试验项目、不同试验方式的占比及样本量大小,使设计的样本量分配方案既满足评估精度要求,同时又消耗最少的试验资源。样本量确定方法总体上可分为经典方法和贝叶斯方法两大类。经典样本量确定方法一般是通过参数估计的精度要求或假设检验的功效分析来确定某个具体试验样式中的样本量,在内外场联合试验时,无法解决不同试验项目、试验方式组合下的样本量比例分配问题。因此,贝叶斯样本量确定方法就成为试验样本量分配的必然选择。

贝叶斯样本量确定方法与经典样本量确定方法的根本区别在于对兴趣参数验前信息的应用。假设已有部分试验样本 $x_0 = (x_{01}, x_{02}, \cdots, x_{0n_0})$,包括历史信息、仿真信息、相似型号信息等,可根据这些试验样本 x_0 得到的兴趣参数 θ 的先验分布为 $\pi(\theta \mid x_0)$,其确定方法有如下几种:当不存在验前样本时,可以构造无信息验前分布;当存在单一试验来源(历史试验或仿真试验)验前样本时,可以通过经典的拟合优度检验方法确定合理的验前分布并估计分布参数,或通过共轭验前方法确定共轭验前分布,或通过幂验前方法构造验前分布;当存在多种试验来源(历史试验和仿真试验,或多种类型仿真试验)验前样本时,可以通过幂验前方法构造混合验前分布;当存在多种不同类型验前信息时(如仿真试验、专家信息、相似产品试验等),还需要通过并行融合方法构造综合验前分布,具体包括加权融合法、相对熵法、贝叶斯融合法等。

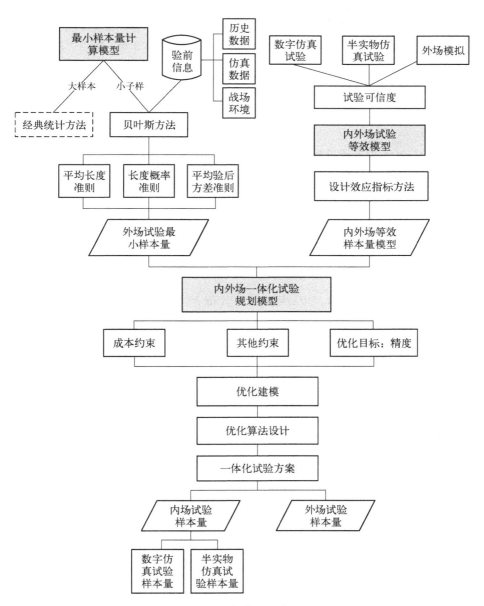

图 3-28 综合试验设计流程图

为保证装备性能评估精度,需要一定样本量的外场试验,假设外场试验样本 $X_n = (X_1, \cdots, X_n)$ 的容量为 n,其联合概率密度 $f_n(\cdot | \theta)$ 取决于待估兴趣参数 θ。给定样本数据 $x_n = (x_1, \cdots, x_n)$,似然函数 $L(\theta; x_n) \propto f_n(x_n | \theta)$,兴趣参数 θ 的验后分布可表示为

$$\pi(\theta | x_n) = \frac{f_n(x_n | \theta) \pi(\theta | x_0)}{\int f_n(x_n | \theta) \pi(\theta | x_0) \mathrm{d}\theta}$$

定义 $T(x_n)$ 为关于 θ 验后分布的一般函数,其性质可由外场试验的样本量 n 控制。例如 $T(x_n)$ 可以为验后方差、最大验后密度(highest posterior density,HPD)区间长度或某个假设的验后概率。在观测到外场试验样本数据 x_n 之前,$T(x_n)$ 可视为随机变量。贝叶斯样本量计算的基本思想是通过选择 n 使观测值 $T(x_n)$ 提供兴趣参数 θ 的准确信息,样本量确定边缘密度函数实现:

$$m_n(x_n; \pi) = \int f_n(x_n | \theta) \pi(\theta | x_0) \mathrm{d}\theta$$

上式为采样分布 $f_n(x_n | \theta)$ 与 θ 验前分布 $\pi(\theta | x_0)$ 的混合,大多数的贝叶斯样本量确定准则都是通过选择最小的 n,对给定的 $\varepsilon > 0$ 或 $\varepsilon' \in (0, 1)$,使以下两式之一成立:

$$E[T(X_n)] \leqslant \varepsilon \ \text{或} \ P\{T(X_n) \in A\} \leqslant \varepsilon'$$

其中,$E[\cdot]$ 为由边缘密度函数 m_n 计算的期望值。$P\{\cdot\}$ 表示与边缘密度函数 m_n 相关的概率度量。A 为事先给定的 $T(X_n)$ 取值空间的一个子集。边缘密度函数 $m_n(x_n; \pi)$ 与样本量 n 密切相关,总体来说,随着样本量的增大,密度函数 $m_n(x_n; \pi)$ 的形状会变得越来越尖锐,由其计算得到的 $E[\cdot]$ 和 m_n 也越来越小。

常用的贝叶斯样本量确定准则包括平均长度准则(average length criterion,ALC)、平均验后方差准则(average posterior variance criterion,APVC)以及长度概率准则(length probability criterion,LPC)[28]。

1)平均长度准则

对于给定 $l > 0$,选取最小的样本量,使之满足:

$$E[L_\alpha(X_n)] \leqslant l$$

在这里,对固定 $\alpha \in (0, 1)$,$L_\alpha(X_n)$ 为 θ 的 $(1 - \alpha)$ 最大验后密度区间长度,此时的 $T(X_n) = L_\alpha(X_n)$。该准则用于控制最大验后密度区间的平均长度。

2）平均验后方差准则

对于给定 $\varepsilon > 0$，选取最小的样本量，使得

$$E\big[\,\mathrm{Var}(\theta \mid \boldsymbol{X}_n)\,\big] \le \varepsilon$$

这里 $\mathrm{Var}(\theta \mid \boldsymbol{X}_n)$ 是 θ 的验后方差，此时的 $T(\boldsymbol{X}_n) = \mathrm{Var}(\theta \mid \boldsymbol{X}_n)$。该准则通过控制验后分布的散布大小来实现对估计精度的控制。

3）长度概率准则

对于给定 $l > 0$ 与 $\varepsilon' \in (0, 1)$，选取最小的样本量，使以下不等式成立：

$$P\{L_\alpha(\boldsymbol{X}_n) \ge l\} \le \varepsilon'$$

与平均长度准则一样有 $T(\boldsymbol{X}_n) = L_\alpha(\boldsymbol{X}_n)$。长度概率准则为最差输出准则（worst outcome criterion，WOC）的一种特殊情况。

下面以导弹抗箔条干扰试验项目为例对贝叶斯样本量确定理论、设计效应指标进行说明。该试验属于成败型试验，以 p 表示导弹抗干扰成功率，n 表示试验样本量，r 表示导弹抗干扰成功次数，服从二项分布。

假设已有 n_0 个历史试验样本，根据历史试验样本 $\boldsymbol{x}_0$ 得到的导弹抗干扰成功率 p 的验前分布为 $\pi(p \mid \boldsymbol{x}_0)$，考虑构建共轭验前贝塔分布 $Beta(\alpha_0, \beta_0)$。为保证导弹抗干扰成功率的评估精度，需要开展一定样本量的外场实弹打靶试验，假设外场实弹打靶试验的样本量为 n，其中导弹抗干扰成功次数为 r，概率密度 $f_n(r \mid p) = C_n^r p^r (1 - p)^{n-r}$。

则导弹抗干扰成功率 p 的验后分布可表示为

$$\pi(p \mid n, r) = \frac{f_n(r \mid p)\pi(p \mid \boldsymbol{x}_0)}{\int_0^1 f_n(r \mid p)\pi(p \mid \boldsymbol{x}_0)\mathrm{d}p} = \frac{C_n^r p^r (1 - p)^{n-r}\pi(p \mid \boldsymbol{x}_0)}{\int_0^1 C_n^r p^r (1 - p)^{n-r}\pi(p \mid \boldsymbol{x}_0)\mathrm{d}p}$$

计算得到：

$$\pi(p \mid n, r) \sim Beta(r + \alpha_0,\ n - r + \beta_0)$$

在已知导弹抗干扰成功率 p 的验前分布 $\pi(p \mid \boldsymbol{x}_0)$ 时，边缘密度函数 $m_n(r;\ \pi)$ 计算式如下：

$$m_n(r;\ \pi) = \int_0^1 f_n(r \mid p)\pi(p \mid \boldsymbol{x}_0)\mathrm{d}p = \int_0^1 C_n^r p^r (1 - p)^{n-r} \frac{p^{\alpha_0-1}(1 - p)^{\beta_0-1}}{\int_0^1 p^{\alpha_0-1}(1 - p)^{\beta_0-1}\mathrm{d}p}\mathrm{d}p$$

计算得到：

$$m_n(r; \boldsymbol{\pi}) = C_n^r \frac{Beta(r + \alpha_0, n - r + \beta_0)}{Beta(\alpha_0, \beta_0)}$$

若在该试验项目中采用贝叶斯样本量确定的平均长度准则来确定样本量，在这里平均长度准则如下。

对于给定 $l > 0$，确定最小的样本量 n，使之满足：

$$E[L_\alpha(r \mid n)] = \sum_{r=0}^{n} L_\alpha(r \mid n) \times m_n(r; \boldsymbol{\pi}) \leqslant l$$

其中，$L_\alpha(r \mid n)$ 为导弹抗干扰成功率的 $(1 - \alpha)$ 最大验后密度区间长度，没有解析表达式，需要通过数值算法逐步逼近，其算法流程如下。

第一步：给定初始 e，解方程 $\pi(p \mid n, r) = e$ 得到解 $p_1(e)$ 与 $p_2(e)$，构建区间：

$$I(e) = [p_1(e), p_2(e)]$$

第二步：计算概率 $P(p \in I(e))$。

第三步：给定精度 ε_1，若 $P(p \in I(e)) \in (1 - \alpha - \varepsilon_1, 1 - \alpha + \varepsilon_1)$，则 $I(e)$ 即为导弹抗干扰成功率 p 的 $(1 - \alpha)$ 最大验后密度区间，区间长度 $L_\alpha(r \mid n) = |p_1(e) - p_2(e)|$；若 $P(p \in I(e)) > 1 - \alpha + \varepsilon_1$，则增大 e，转至第一步；若 $P(p \in I(e)) < 1 - \alpha - \varepsilon_1$，则减小 e，转至第一步。

3.5.2 内外场等效模型构建方法

本节旨在找到一种合理的虚实样本折合模型，将数字仿真、半实物仿真、外场试验等样本转换为真实实物试验样本，将内外场一体化试验等效为外场实物试验。

若采用线性折合模型，将内场虚拟试验样本 n_s 折合成外场实物试验样本 n_e，即 $n_e = kn_s$，$k < 1$。显然，只要 $k \neq 0$，不管 k 取值多大，当 $n_s \to \infty$ 时，$n_e \to \infty$。根据样本量 n 与边缘密度函数 $m_n(\boldsymbol{x}_n; \boldsymbol{\pi})$ 的关系（随着样本量 n 的增大，密度函数 $m_n(\boldsymbol{x}_n; \boldsymbol{\pi})$ 的形状会变得越来越尖锐，由其计算得到的 $E[\cdot]$ 和 $P\{\cdot\}$ 也越来越小，平均验后方差准则、平均长度准则以及长度概率准则对应的判别量也都将越来越小）可知，线性折合模型下，只要内场虚拟试验样本量足够大，试验后的指标评估就能达到任意期望的精度要求。在虚拟试验数据可信度较低时，这样的评估结果显然是不可靠的，甚至是错误的。这就是典型的虚拟试

数据淹没真实数据的实例。考虑到在实际生产生活中,边际效用递减规律广泛发挥着作用,虚拟试验数据的使用也应受到此规律的支配。折合时,随着虚拟试验样本量增大,单个虚拟试验样本的贡献减小,而折合成的总实物试验样本量趋于定值。为此,引入试验的设计效应指标,并基于设计效应等效性来构建内外场样本等效折合模型。

1. 设 计 效 应 指 标

试验的设计效应是综合考虑试验的可信度与样本量的一种指标[29]。设计效应具有以下特点:

(1)该指标与内场仿真样本量和可信度均成正比,并且在一定的可信度下随仿真样本量的增大趋于一个受可信度约束的有限值;

(2)在内场仿真样本量一定的条件下,可信度越高的内场仿真试验具有的试验效应指标也越大。

应用不同的贝叶斯样本量确定准则,应选取相适应的设计效应指标用于不同试验样本之间的等效折算。

对于平均验后方差准则,假设某种试验方法具有可信度 $c \in [0, 1]$,应用该试验方法获得样本量为 n 的数据 $\boldsymbol{x}$,取待估兴趣参数 θ 的平均验后方差作为验后估计性能,则根据 $\boldsymbol{x}$ 对兴趣参数 θ 进行验后估计时,试验效应指标定义为

$$D_E(n \mid c) = c\exp(-E[\mathrm{Var}(\theta \mid \boldsymbol{X}_n)]), \quad c \in [0, 1]$$

其中,$E[\mathrm{Var}(\theta \mid \boldsymbol{X}_n)]$ 表示由试验数据 $\boldsymbol{x}$ 得到的兴趣参数 θ 的平均验后方差。若 $c = 1$ 对应于外场实弹打靶的样本数据,若 $n \to \infty$,有 $E[\mathrm{Var}(\theta \mid \boldsymbol{x})] \to 0$,$D_E \to 1$。数字仿真、半实物仿真、静态模拟、平台挂飞等试验样本数据对应的 $c < 1$,即使 $n \to \infty$,$E[\mathrm{Var}(\theta \mid \boldsymbol{x})] \to 0$,试验效应指标也只能趋近 c,即 $D_E \to c$。所以,对于外场实弹打靶试验,一定存在一个有限大的样本量 n 与虚拟试验的样本量 $n \to \infty$ 时具有相同的设计效应。

对于平均长度准则,假设某种试验方法具有可信度 $c \in [0, 1]$,应用该试验方法获得样本量为 n 的数据 $\boldsymbol{x}$,取待估兴趣参数 θ 的 $(1 - \alpha)$ 最大验后密度可信集区间平均长度 $E[L_\alpha(\boldsymbol{X}_n)]$ 作为验后估计性能,则根据 $\boldsymbol{x}$ 对兴趣参数 θ 进行验后估计时,试验效应指标定义为

$$D_E(n \mid c) = c\exp(-E[L_\alpha(\boldsymbol{x})]), \quad c \in [0, 1]$$

若 $n \to \infty$,也有 $E[L_\alpha(\boldsymbol{x})] \to 0$,$D_E \to c$。

2. 虚实样本折合模型

这里所谓的虚实样本折合中的"虚"实际上是广义的"虚",虚实样本折合模型是指数字仿真、半实物仿真、外场模拟等样本转换为真实实物样本的模型。折合后的等效真实实物样本应该与折合前的虚拟试验样本具有相同的设计效应,基于设计效应等效的虚实样本折合模型如下。

如果虚拟试验样本量 n_s 与实物样本量 n_e 满足等式:

$$D_E(n_s \mid c = c_0) = D_E(n_e \mid c = 1)$$

其中, c_0 为虚拟试验样本的可信度,定义 n_s 为虚拟试验样本量 n_e 的等效实物样本量。

求解虚拟试验样本量 n_e 的等效实物样本量没有解析解,对于导弹抗箔条干扰试验项目中导弹命中样本的例子,下面给出其查表解算步骤[30]。

第一步:计算 $E[L_\alpha(r_s \mid n_s)]$ 随样本量 n_s 变化关系曲线。

第二步:计算 $c = 1$ 和 $c = c_0$ 对应的设计效应曲线,前者为实物试验设计效应曲线,后者为虚拟试验设计效应曲线。

第三步:在 $c = c_0$ 为虚拟试验设计效应曲线上查找虚拟试验样本量 n_s 对应的设计效应 $D_E(n_s \mid c = c_0)$,然后在实物试验设计效应曲线上反向查找设计效应值 $D_E(n_s \mid c = c_0)$ 对应的实物试验样本量 n_e , n_e 即虚拟试验样本量 n_s 折合后的等效实物样本量。

当实物样本量为 1 时,在实物试验设计效应曲线上存在一个最低的设计效应 D_{Emin} 。以此设计效应值为参考,作水平线,称为等效截止线,等效截止线与虚拟试验设计效应曲线的交点对应的虚拟试验样本量 n_z ,称为等效截止样本量。

当虚拟试验样本量 $n_s < n_z$,我们认为,在当前虚拟试验数据可信度下,样本量太小以至于等效实物样本量小于 1,虚拟试验样本提供的关于兴趣参数的信息量太小,可忽略不计,此时,取等效样本量 $n_e = 0$ 。

当虚拟试验数据可信度 $c < D_{Emin}$ 时,虚拟试验设计效应曲线在等效截止线之下。认为在当前虚拟试验数据可信度下,虚拟试验数据基本不可信,甚至可能提供关于兴趣参数的错误信息,因此,不管虚拟试验样本量多大,取等效样本量 $n_e = 0$ 。

当虚拟试验数据可信度 $c \geqslant D_{Emin}$,且虚拟试验样本设计效应在等效截止线之上时,按照上文计算方法进行等效折合。

3.5.3 一体化试验规划模型

对于不同的贝叶斯样本量确定准则,需构建不同的非线性整数规划方程。

1. 平均长度准则

对于平均长度准则,构建非线性整数规划方程如下:

$$\min J(n) = E\left[L_\alpha(\boldsymbol{x}_s)\right]$$

$$\begin{cases} \sum_{i=1}^{K} n_s^i C_s^i + n_r C_r \leqslant T \\ D_E(n_s^i \mid c = c_0^i) = D_E(n_e^i \mid c = 1), \quad i = 1, \cdots, K \\ n_t \leqslant \sum_{i=1}^{K} n_e^i + n_r = n \\ 1 \leqslant n_r \leqslant N_r \\ 0 \leqslant n_s^i \leqslant N_s^i, \quad i = 1, \cdots, K \end{cases}$$

其中,$J(n)$ 是优化目标函数,表示一体化试验中兴趣参数 θ 的 $(1-\alpha)$ HPD 区间的平均长度,平均长度越小,兴趣参数 θ 的估计精度越高;T 表示总试验经费,C_s^i 表示第 i 种试验方式单位样本平均试验成本,C_r 表示单位实物样本平均试验成本,n_s^i 表示第 i 种试验方式的试验次数,n_r 表示实物试验次数,n_e^i 表示样本量为 n_s^i 的第 i 种试验方式等效实物试验样本量,n 表示实物试验样本量和等效实物试验样本量之和,即经过等效折合后,一体化试验所能等效的最大实物样本量;n_t 表示满足评估精度的最小样本量;满足 c_0^i 表示第 i 种试验方式试验数据可信度。

2. 平均方差准则

对于平均方差准则,构建非线性整数规划方程如下:

$$\min J(n) = E\left[\mathrm{Var}(\theta \mid \boldsymbol{x}_s)\right]$$

$$\begin{cases} \sum_{i=1}^{K} n_s^i C_s^i + n_r C_r \leqslant T \\ D_E(n_s^i \mid c = c_0^i) = D_E(n_e^i \mid c = 1), \quad i = 1, \cdots, K \\ n_t \leqslant \sum_{i=1}^{K} n_e^i + n_r = n \\ 1 \leqslant n_r \leqslant N_r \\ 0 \leqslant n_s^i \leqslant N_s^i, \quad i = 1, \cdots, K \end{cases}$$

这里是优化目标函数 $J(n)$ 为一体化试验中兴趣参数 θ 的平均验后方差，平均验后方差越小，兴趣参数 θ 的估计精度也将越高。

3. 长度概率准则

对于长度概率准则，则构建非线性整数规划方程如下：

$$\min J(n) = P\{L_\alpha(\boldsymbol{x}_n) \geqslant l\}$$

$$\begin{cases} \sum_{i=1}^{K} n_s^i C_s^i + n_r C_r \leqslant T \\ D_E(n_s^i \mid c = c_0^i) = D_E(n_e^i \mid c = 1), \ i = 1, \cdots, K \\ n_t \leqslant \sum_{i=1}^{K} n_e^i + n_r = n \\ 1 \leqslant n_r \leqslant N_r \\ 0 \leqslant n_s^i \leqslant N_s^i, \ i = 1, \cdots, K \end{cases}$$

其中，$L_\alpha(\boldsymbol{x}_n)$ 表示一体化试验中兴趣参数 θ 的 $(1 - \alpha)$HPD 区间长度。

求解上述一体化试验规划模型属于非线性整数规划问题，可采用分枝定界法、边际分析法、随机定向搜索法、函数填充法，以及蚁群、遗传等智能算法进行求解，获取内外场试验样本配比方案。

分枝定界法先求解原问题的连续松弛问题，得到全局最优解。如果这个全局最优解是整数解，那么这个全局最优解就是问题的最优解。否则，从全局最优解出发，进行分枝。对于每一枝，就对应一个子问题，通过解决一系列子问题的连续松弛问题，直到找到一个可行整数解为止。这个可行整数解的函数值为原问题提供了一个上界。而每个子问题的连续最优解的目标函数值为相应子问题提供了一个下界。如果某一枝无可行解，或连续最优解是整解，或者其下界超过了上界，就可以剪掉这一枝。对于没有剪掉的枝重复进行分枝、剪枝过程，直到所有的枝都被剪掉为止。如果某一枝有可行整数解，必要的话需要更新上界，以确保上界使找到的可行整数解中目标函数值最小。程序结束时，当前最好的可行整数解就是原问题的最优解。

文献[30]给出了边际分析法求解过程。边际分析法核心是边际效益递减规律，对于导弹抗箔条干扰试验项目构建的经费约束下的一体化试验规划模型，边际效益可定义为单位费用所增加的实物样本量，虚拟试验和实物试验的边际效益计算式分别为

$$M_s(n_e^i) = 1/[\Delta n_s(n_e^i) C_s^i]$$

$$M_r = 1/C_r$$

其中，$M_s(n_e^i)$ 表示第 i 种试验等效实物样本量从 $(n_e^i - 1)$ 增加到 n_e^i 时的边际效益。$\Delta n_s(n_e^i)$ 表示等效实物样本量从 $(n_e^i - 1)$ 增加到 n_e^i 时，对应的虚拟试验样本增加量。利用边际分析法求解的步骤如下：

（1）设置 n_e^i 初始值为 1，n_r 初始值为 0，计算实物试验边际效益 M_r；

（2）计算等效样本量 n_e^i 对应的虚拟试验样本量 n_s^i、边际效益 $M_s(n_s^i)$ 和虚拟试验费用 $T_s^i = n_s^i C_s^i$；

（3）若 $\sum_{i=1}^{K} T_s^i < T$ 且存在 $M_s(n_s^i) \geqslant M_r$，记 $M_{smax} = \max\{M_s(n_s^i)\}$，选择 M_{smax} 对应的第 i 种试验方式，令 $n_e^i = n_e^i + 1$，转至步骤（2）；

（4）若 $\sum_{i=1}^{K} T_s^i < T$ 且 $M_s(n_s^i) \leqslant M_r$，则对应的第 i 种试验方式，令 $n_e^i = n_e^i - 1$，转至步骤（3）；若对所有的 i，$M_s(n_s^i) \leqslant M_r$，求取满足 $\sum_{i=1}^{K} n_s^i C_s^i + n_r C_r \leqslant T$ 约束下的最大整数 n_r，以上解算得到的 $(n_s^1, \cdots, n_s^K, n_r)$ 作为模型的解。

若 $\sum_{i=1}^{K} T_s^i \geqslant T$，选择最后增加的第 i 种试验方式，即 $n_e^i = n_e^i - 1$，以上解算得到的 $(n_s^1, \cdots, n_s^K, n_r)$ 作为模型的解。

应用边际分析法求解经费约束下的一体化试验规划模型的核心都是虚拟边际效益的计算，而求解虚拟边际效益的关键又是求解 $\Delta n_s(n_e^i)$，其表示等效实物样本量从 $n_e^i - 1$ 增加到 n_e^i 时，对应的虚拟试验样本增加量，因此，分别解算出等效样本量为 $n_e^i - 1$ 和 n_e^i 对应的虚拟样本量 $n_s(n_e^i - 1)$ 和 $n_s(n_e^i)$，然后两者相减即为 $\Delta n_s(n_e^i)$。具体计算过程如下：

第一步：计算 $D_E(n_e^i \mid c = 1)$；

第二步：设置初始值 $n_s(n_e^i) = n_s(n_e^i - 1) + 1$；

第三步：计算 $D_E(n_s(n_e^i) \mid c = c_0)$，若 $D_E(n_s(n_e^i) \mid c = c_0) < D_E(n_e^i \mid c = 1)$，则 $n_s(n_e^i) = n_s(n_e^i) + 1$，重复第三步；反之，转至第四步；

第四步：计算 $\Delta n_s(n_e^i) = n_s(n_e^i) - n_s(n_e^i - 1)$。

参考文献

[1]　Iman R L, Conover W J. Small sample sensitivity analysis techniques for computer models

with an application to risk assessment[J]. Communications in Statistics-Theory and Methods, 1980, 9(17): 1749 − 1842.

[2] Conover W J. Practical nonparametric statistics[M]. New York: John wiley & sons, 1999.

[3] Joseph V R, Hung Y. Orthogonal-maximin Latin hypercube designs[J]. Statistica Sinica, 2008,18(1): 171 − 186.

[4] Owen A B. Controlling correlations in Latin hypercube samples[J]. Journal of the American Statistical Association, 1994, 89(428): 1517 − 1522.

[5] 李为民, 陈刚, 黄仁全. 一种近正交试验设计方法[J]. 空军工程大学学报(自然科学版), 2010, 11(3): 84 − 88.

[6] 杨峰,王维平. 武器装备作战效能仿真与评估[M]. 北京: 电子工业出版社,2010.

[7] Lorenzo M. Analyst's handbook for testing in a joint environment[R]. Department Of Defense, 2009.

[8] 王正明,卢芳云,段晓君. 导弹试验的设计与评估[M]. 北京: 科学出版社,2022.

[9] Lekivetz R, Jones B. Fast flexible space-filling designs for nonrectangular regions[J]. Quality and Reliability Engineering International, 2015, 31(5): 829 − 837.

[10] Kang L. Stochastic coordinate-exchange optimal designs with complex constraints[J]. Quality Engineering, 2019, 31(3): 401 − 416.

[11] Lourenço H R, Martin O C, Stützle T. Iterated local search: Framework and applications [M]. Cham: Springer, 2019: 129 − 168.

[12] Rafael M, Resende M G C, Ribeiro C C. Multi-start methods for combinatorial optimization [J]. European Journal of Operational Research, 2013, 226(1): 1 − 8.

[13] Cuervo D P, Goos P, Sorensen K. Optimal design of large-scale screening experiments: A critical look at the coordinate-exchange algorithm[J]. Stats and Computing, 2016, 26(1 − 2): 15 − 28.

[14] Cordeau J F, Gendreau M, Laporte G, et al. A guide to vehicle routing heuristics[J]. Journal of the Operational Research Society, 2002, 53(5): 512 − 522.

[15] Rafael M, Panos P, Resende M G C. Handbook of heuristics[M]. Cham: Springer, 2018.

[16] Utzle T S, Hoos H H. Analyzing the run-time behaviour of iterated local search for the TSP [EB/OL]. https://doi-org.proxy2.cl.msu.edu/10.1007/978-1-4615-1507-4_26[2002 − 12 − 12].

[17] Pratola M T, Harari O, Bingham D, et al. Design and analysis of experiments on nonconvex regions[J]. Technometrics, 2017, 59(1): 36 − 47.

[18] Haario H, Saksman E, Tamminen J. Componentwise adaptation for high dimensional MCMC [J]. Computational Statistics, 2005, 20(2): 265 − 273.

[19] Joseph V R, Gul E, Ba S. Designing computer experiments with multiple types of factors: The MaxPro approach[J]. Journal of Quality Technology, 2019, 52(4): 1 − 12.

[20]　尤杨.复杂试验空间下试验设计方法及应用研究[D].长沙：国防科技大学,2022.

[21]　Zhou Q, Qian P Z G, Zhou S. A simple approach to emulation for computer models with qualitative and quantitative factors[J]. Technometrics, 2011, 53(3): 266-273.

[22]　Jin R, Chen W, Sudjianto A. On sequential sampling for global metamodeling in engineering design[C]. Montreal: International Design Engineering Technical Conferences and Computers and Information in Engineering Conference, 2002.

[23]　Lam C Q. Sequential adaptive designs in computer experiments for response surface model fit[D]. Columbus: The Ohio State University, 2008.

[24]　Chen X, Zhang Y, Zhou W, et al. An effective gradient and geometry enhanced sequential sampling approach for Kriging modeling[J]. Structural and Multidisciplinary Optimization, 2021, 64(6): 3423-3438.

[25]　唐雪梅,周伯昭,李荣. 武器装备小子样综合试验设计与鉴定技术[J]. 战术导弹技术, 2007 (2): 51-56.

[26]　刘新爱,王如根. 导弹武器系统制导精度综合鉴定方法研究[J]. 战术导弹技术,2005 (5): 13-16.

[27]　房灿新,郑锦,赵立志. 舰艇性能试验与作战试验一体化设计[J]. 指挥控制与仿真, 2016,38(5): 135-138.

[28]　De Sabtis F. Using historical data for Bayesian sample size determination[J]. Journal of the Royal Statistical Society: Series A (Statistics in Society), 2007, 170(1): 95-113.

[29]　董光玲,姚郁,贺风华,等. 制导精度一体化试验的 Bayesian 样本量计算方法[J]. 航空学报, 2015, 36(2): 575-584.

[30]　刘瑛. 测试性虚实一体化试验技术研究及其应用[D]. 长沙:国防科学技术大学, 2014.

第4章　试验数据分析

在装备试验鉴定过程中,除了指标的估计和验证,对试验数据的结构和模式等的分析也非常重要。通过试验数据分析,解释试验考核指标的影响因素和影响关系,为掌握装备考核指标变化规律,外推或者预测未试验点的装备指标等提供依据。对于不同类型的试验数据,如实物试验和仿真试验、确定性试验和随机性试验、大样本试验和小样本试验、成败型试验和趋势型试验等,需要针对试验数据特点开展数据分析。本章针对实物试验和仿真试验,介绍数据分析的主要概念和典型方法。

4.1　因子效应分析

因子效应分析主要针对实物试验。实物试验以真实物理系统为测试对象,一般具有非确定、小样本、高费用等特点。这里,非确定是指试验具有随机性特征,针对相同的输入(因子)多次执行,试验结果(响应)往往存在一定差异;小样本是相对大样本而言的,受限于试验资源(费用、时间等)、试验条件、安全性、不可复现等因素,实物试验往往不能像仿真试验那样大规模执行,导致用于分析的试验样本数据有限。当然,这里的样本大小只是一个相对概念,工程中也存在实物试验大样本、仿真试验小样本的场景。对于实物试验,常选择的试验数据分析方法有方差分析、回归分析、探索性分析等。

因子效应可用来衡量因子变化对响应的影响程度。该概念最早出现在方差分析中(一种基于线性可加模型的因子显著性检验方法),根据因子影响方式不同常分为简单效应、主效应、交互效应,根据因子间关系又可分为低阶效应、高阶效应等。后来,一些学者将效应的概念扩展到回归模型、广义回归模型、任意响应函数甚至黑箱模型,提出一系列"效应"定义。这些定义有些针对不同响应模型提出,名称虽相同但量化结果存在差别,有些名称不同但彼此间又存在关联。本章试图从定义出发厘清概念内涵,梳理区别与联系。

4.1.1 因子效应的直观解释

下面以一个两因子两水平试验数据为例,对最常见的简单效应、主效应和交互效应分别予以解释。表 4-1 为检验某装备两因子对响应是否显著的试验数据,其中有 4 个处理,每个处理下进行 1 次试验。需要指出的是,下面关于因子效应的定义以及效应图,也适用于两个以上因子、每个因子两个以上水平的情况。

表 4-1 两因子两水平试验数据

		B 因子	
		B 存在 (b_1)	B 不存在 (b_2)
A 因子	A 存在 (a_1)	2.1 (a_1b_1)	1.2 (a_1b_2)
	A 不存在 (a_2)	1.0 (a_2b_1)	0.8 (a_2b_2)

将试验结果绘制在一张图上,其中纵轴对应于每个因子在每个水平之下响应的原始数值,横轴为每个因子的每个水平,由此得到的图形称为 DOE 散点图(scatter plot)。表 4-1 中试验数据的 DOE 散点图如图 4-1 所示,其中某因子存在时对应因子取高水平("+"),否则取低水平("-")。

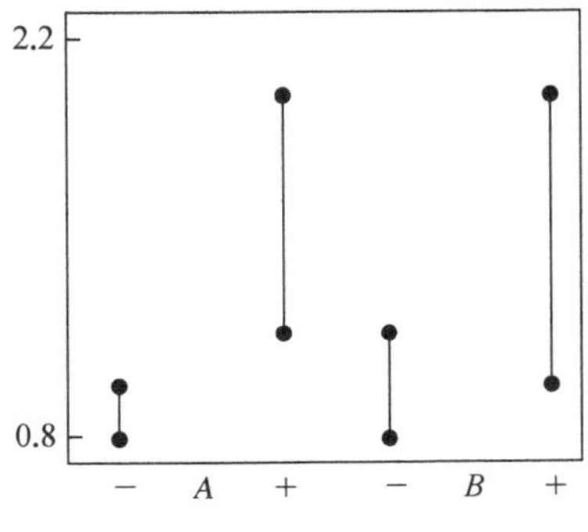

利用表 4-1 中试验数据,可以定义并计算 A 因子的简单效应、主效应和交互效应。

图 4-1 效应散点图

1. 简单效应

简单效应(simple effect)有时也称简单主效应(simple main effect)或单独效应,是指其他因子水平固定,某一因子取不同水平时导致的响应值变化。例如,因子 A 的简单效应是其他因子取不同水平组合时,仅由 A 的水平变化所导致的响应变化。在本例中,由于因子 A 只有两种水平,其简单效应可表示为

$$a_1b_1 - a_2b_1 = 1.1 \text{(因子 } B = b_1, B \text{ 存在)}$$

$$a_1b_2 - a_2b_2 = 0.4 \,(\text{因子 } B = b_2, B \text{ 不存在})$$

2. 主效应

主效应（main effect）的概念源自方差分析，是指在不考虑其他因子的影响下某因子取不同水平导致的响应平均变化[1]。对于前述两水平试验，因子 A 的主效应可表示为其取高水平与低水平时所有观测值的平均值的差异，如下：

$$(a_1b_1 + a_1b_2)/2 - (a_2b_1 + a_2b_2)/2 = 0.75$$

将试验因子在每个水平上的观测值的平均在图上标记出来，并用直线连接，得到的图形称为主效应图（main effect plot），又称 DOE 平均图[2]，从中可以看出仅由各因子的水平变动所导致的响应变化，如图 4-2 所示。对于两水平试验，线段的垂直高度就是主效应。

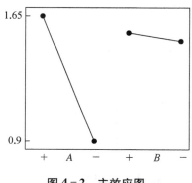

图 4-2 主效应图

3. 交互效应

交互效应是指考虑两因子间的交互作用引起的其简单效应的平均变化。以两因子为例，A 和 B 的交互效应（记作 $A \times B$ 交互效应）或交互作用（interaction effect 或 interaction），是因子 A 在不同水平下的条件主效应（conditional main effect）的差值，即

$$AB = BA = (a_1b_1 - a_2b_1)/2 - (a_1b_2 - a_2b_2)/2 = 1.1/2 - 0.4/2 = 0.35$$

式中，第一项和第二项分别称为因子 A 在因子 B 的水平 b_1 和 b_2 上的条件主效应，可以看出来，条件主效应是简单效应的一半。由计算结果可知，A 因子存在明显的简单效应和主效应，并且也存在 $A \times B$ 交互效应，于是可以得到结论：A 或 B 是否会存在对响应产生影响。

类似主效应图，以响应均值作为纵轴，选定的因子（如因子 A）作为横轴，将其相对其他某个因子的条件主效应在图上标记出来并连线，由此得到交互效应图（interaction effect plot）。

k 个因子（如 $k \geqslant 2$）之间的交互效应也称 k 阶交互效应。相比主效应和低阶交互效应（如上文中的两因子交互效应），高阶交互效应的估计和解释是比较困难的，直接通过数据观察得到的因子效应可能存在混淆。

通常，因子间交互效应存在以下几种不同情况。

主效应显著,交互效应不显著。如图 4-3 所示,其中绘制了两个因子的简单效应(实线)和因子 A 的主效应(虚线)。可以看出,A 和 B 的主效应显著,但交互效应不显著。

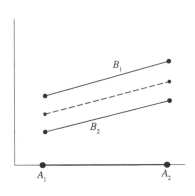 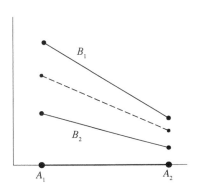

图 4-3　主效应显著交互效应
　　　　不显著

图 4-4　交互效应与主效应都显著
　　　　且具有相同的趋势

交互效应和主效应都显著,且具有相同的趋势。如图 4-4 所示,A、B 交互效应显著,A 的主效应也显著,且主效应方向与简单效应方向一致。在 B 的每个水平上,A 从 A_1 变化到 A_2 引起的响应变化趋势一致,仅变化幅度不同。这里,交互效应掩盖了 A 在 B 不同水平上简单效应的差异。显然,A 在 B_1 水平上的效应大于其在 B_2 水平上的效应。

交互效应和主效应都显著,但可能存在扭曲。如图 4-5 所示,A、B 交互效应显著,A 的主效应也显著,但是 A 的效应方向可能会被交互效应歪曲。在图 4-5(a)中,A 的变化在 B_1 水平上引起响应的显著变化,但在 B_2 水平上却对响应没有影响,这说明,A 不是在任何情况下都能引起响应变化,它依赖于 B 的水平。在图 4-5(b)中,虽然 A 的变化在 B 的两个水平上都引起了响应的明显变化,但是变化的方向正好相反,从其主效应看,A 的水平提高可以促进响应值的提高,但实际情况是,在 B_1 水平上时,增大 A 反而导致响应值的下降。所以在这种情况下,显著的交互效应掩盖或歪曲了 A 的作用机制:它在 B 的不同水平上的效应量是不同的。

交互效应显著,主效应却不显著。如图 4-6 所示,A、B 交互效应显著,A 的主效应却不显著,实际上是交互效应掩盖了 A 的主效应。从这些图中可以明显看到 A 的效应,但方差分析结果却会显示 A 的主效应不显著,这是因为 A 在 B

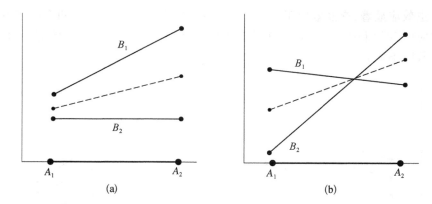

图 4 - 5   交互效应与主效应都显著但可能发生扭曲

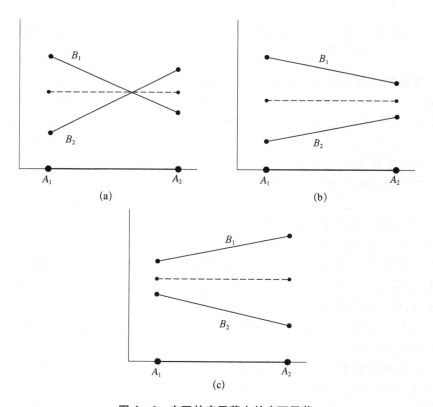

图 4 - 6   交互效应显著主效应不显著

的两个水平上的效应方向相反,计算 A 的主效应时 A_1 和 A_2 的差异量被掩盖在了平均过程中。

4. 关于因子效应几个常见假设

在缺乏充分验前知识的前提下,因子效应分析通常存在一些经验性原则,如效应排序原则、效应稀疏原则、效应遗传原则等,可用于指导试验数据分析的策略。

效应排序原则:一般认为,低阶效应比高阶效应更重要、同阶效应同等重要,试验数据分析时应该首先估计低阶效应。

效应稀疏原则:对于多数系统,影响其输出的关键因子数量是比较少的,因此重点对某些关键因子开展试验设计和效应分析。

效应遗传原则:如果一个交互作用是显著的,则存在交互作用的因子中至少有一个是显著的。

4.1.2　典型响应模型下的因子效应

4.1.1 节结合一个两因子两水平试验案例对几类因子效应的概念和直观解释进行了介绍。事实上,因子效应的更严格定义需要结合相应模型的形式。本节结合实物试验中两类常见模型——线性可加模型和回归模型,对各种类型的因子效应进行数学上的定义和量化。

1. 线性可加模型

线性可加模型也称固定效应模型或方差模型,多用于方差分析。根据因子数量,可分为单因子线性可加模型和多因子线性可加模型[3]。

1) 单因子线性可加模型

记因子 A 有 r 个水平取值,分别为 A_1, A_2, $\cdots$, A_r, 在水平 A_i 下进行了 n_i 次试验。则响应值 y_{ij} 由均值 μ_i 和随机误差 ε_{ij} 两部分组成,随机误差服从正态分布 $N(0, \sigma^2)$, 这里 σ^2 未知,得到如下模型:

$$\begin{cases} y_{ij} = \mu_i + \varepsilon_{ij} \\ \varepsilon_{ij} \sim N(0, \sigma^2),\ \varepsilon_{ij} \text{ 相互独立} \\ i = 1, 2, \cdots, r;\ j = 1, 2, \cdots, n_i \end{cases} \quad (4-1)$$

定义:

$$\mu = \frac{1}{n} \sum_{i=1}^{r} n_i \mu_i,\ n = \sum_{i=1}^{r} n_i$$

称 μ 为一般平均值或总平均值,表示除因子 A 以外其他因子的总效应。记 $\delta_i = \mu_i - \mu$ 并称为水平 A_i 的效应, δ_i 代表了第 i 个水平下的总体均值与总平均值的差异。

由于各水平下的效应 δ_1, δ_2, $\cdots$, δ_r 之和为 0,故模型可进一步改写为

$$\begin{cases} y_{ij} = \mu + \delta_i + \varepsilon_{ij}, \ i = 1, 2, \cdots, r; j = 1, 2, \cdots, n_i \\ \varepsilon_{ij} \sim N(0, \sigma^2), \ \varepsilon_{ij} \ \text{相互独立}, \ \sum_{i=1}^{r} n_i \delta_i = 0 \end{cases} \tag{4-2}$$

上述模型称为单因子试验固定效应模型,其中各效应 δ_i 为常量。由于响应值由总平均值 μ、因子水平效应 δ_i、随机误差 ε_{ij} 三部分叠加而成,故该模型称为线性可加模型。

2)双因子线性可加模型

在双因子试验中,设试验因子 A 有 r 个水平 A_1, A_2, $\cdots$, A_r,因子 B 有 s 个水平 B_1, B_2, $\cdots$, B_s。考虑等试验次数情形,即在每一种水平组合 (A_i, B_j) 下做 t 次试验,结果为 y_{ijk}, $i = 1, 2, \cdots, r, j = 1, 2, \cdots, s, k = 1, 2, \cdots, t$。试验总次数 $n = rst$。试验数据如表 $4-2$ 所示。

表 4-2 双因子试验数据表

因子 A \ 因子 B	B_1	B_2	...	B_s
A_1	$y_{111}, y_{112}, \cdots, y_{11t}$	$y_{121}, y_{122}, \cdots, y_{12t}$	...	$y_{1s1}, y_{1s2}, \cdots, y_{1st}$
A_2	$y_{211}, y_{212}, \cdots, y_{21t}$	$y_{221}, y_{222}, \cdots, y_{22t}$	...	$y_{2s1}, y_{2s2}, \cdots, y_{2st}$
$\vdots$	$\vdots$	$\vdots$	$\ddots$	
A_r	$y_{r11}, y_{r12}, \cdots, y_{r1t}$	$y_{r21}, y_{r22}, \cdots, y_{r2t}$	...	$y_{rs1}, y_{rs2}, \cdots, y_{rst}$

设处理 (A_i, B_j) 的第 k 次试验的响应值 $y_{ijk} \sim N(\mu_{ij}, \sigma^2)$,且各 y_{ijk} 相互独立。以 ε_{ijk} 表示试验的随机误差,记

$$\mu = \frac{1}{rs} \sum_{i=1}^{r} \sum_{j=1}^{s} \mu_{ij}, \ \mu_{i.} = \frac{1}{s} \sum_{j=1}^{s} \mu_{ij}, \ \mu_{.j} = \frac{1}{r} \sum_{i=1}^{r} \mu_{ij}$$

$$\alpha_i = \mu_{i.} - \mu, \ \beta_j = \mu_{.j} - \mu, \ \gamma_{ij} = (\mu_{ij} - \mu) - \alpha_i - \beta_j$$

则双因子试验的线性可加模型为

$$\begin{cases} y_{ijk} = \mu + \alpha_i + \beta_j + \gamma_{ij} + \varepsilon_{ijk}, \ \varepsilon_{ijk} \sim N(0, \sigma^2) \ \text{且相互独立} \\ i = 1, 2, \cdots, r, j = 1, 2, \cdots, s, k = 1, 2, \cdots, t \end{cases} \tag{4-3}$$

一般称 α_i 为因子 A 的水平 A_i 的主效应,所有 α_i 共同表示因子 A 的主效应;β_j 为因子 B 取水平 B_j 的主效应,所有 β_j 共同表示因子 B 的主效应;γ_{ij} 表示处理 (A_i, B_j) 的交互效应或交互作用,所有 γ_{ij} 共同表示因子 A 和因子 B 的交互效应。显然有

$$\sum_{i=1}^{r}\alpha_i = 0, \quad \sum_{j=1}^{s}\beta_j = 0, \quad \sum_{i=1}^{r}\gamma_{ij} = 0, \quad \sum_{j=1}^{s}\gamma_{ij} = 0$$

于是可以得到如下统计模型:

$$\begin{cases} y_{ijk} = \mu + \alpha_i + \beta_j + \gamma_{ij} + \varepsilon_{ijk}, \ \varepsilon_{ijk} \sim N(0, \sigma^2) \text{ 且相互独立} \\ i = 1, 2, \cdots, r, \ j = 1, 2, \cdots, s, \ k = 1, 2, \cdots, t \\ \sum_{i=1}^{r}\alpha_i = 0, \ \sum_{j=1}^{s}\beta_j = 0, \ \sum_{i=1}^{r}\gamma_{ij} = 0, \ \sum_{j=1}^{s}\gamma_{ij} = 0 \end{cases} \quad (4-4)$$

显然,上式中存在 $(r-1)$ 个独立的 α_i,$(s-1)$ 个独立的 β_i,以及 $(r-1)(s-1)$ 个独立的 γ_{ij}。

对于两水平试验,由于 $\alpha_1 = -\alpha_2$,根据主效应定义,很多人用 $(\alpha_1 - \alpha_2)/2 = \alpha_1$ 衡量该因子主效应。对于多水平试验,给定因子存在 $(r-1)$ 个独立的主效应(r 为水平数),如果因子各水平之间没有数值大小关系(如分类因子),一般很难像上述两水平试验一样通过一个具体的值度量该因子主效应。

根据上述方法,考虑更多因子情况,可以建出多因子固定效应模型,但模型参数会更多,形式也更加复杂。

2. 回归模型

线性可加模型对因子类型及其水平定义没有特别要求,适用于定性(分类)、定量因子。当因子不同水平之间存在数值大小关系时,还可以使用回归模型(当然,也存在分类因子回归模型,但本书不做讨论)。回归模型广泛应用于因子显著性分析、响应预测建模等。

考虑响应 y 与因子 x_1, x_2, $\cdots$, x_n 之间存在如下关系:

$$y = f(x_1, x_2, \cdots, x_n) + \varepsilon, \ \varepsilon \sim N(0, \sigma^2) \quad (4-5)$$

其中,$f(\cdot)$ 为关于 x_1, x_2, $\cdots$, x_n 的函数,其形式可以已知,也可以未知(如非参数回归模型)。

一般情况下,考虑 x_1, x_2, $\cdots$, x_n 为连续变量。若 $f(\cdot)$ 为关于 x_1, x_2, $\cdots$, x_n 的线性形式,则称为线性回归模型,否则称为非线性回归模型。

以两因子为例,线性回归模型形式为

$$y = \beta_0 + \beta_1 x_1 + \beta_2 x_2 + \varepsilon \tag{4-6}$$

非线性回归模型形式有但不仅限于：

$$y = \beta_0 + \beta_1 x_1 + \beta_2 x_2 + \beta_{11} x_1^2 + \beta_{12} x_1 x_2 + \varepsilon \tag{4-7}$$

一般称 $\beta_1 x_1$ 和 $\beta_2 x_2$ 为线性项，$\beta_{11} x_1^2$ 为 x_1 的平方项（二次项），$\beta_{12} x_1 x_2$ 为 x_1 和 x_2 的交互项。

有学者针对回归模型，给出如下效应定义。

1）简单效应

回归模型中的简单效应（simple effect）与 4.1.1 节中的简单效应类似，也是指某自变量在其他自变量取特定值时的效应。

考虑回归模型：

$$y = \beta_0 + \beta_1 x_1 + \beta_2 x_2 + \beta_{12} x_1 x_2 + \varepsilon \tag{4-8}$$

稍作变形，可表示为

$$y = \beta_0 + (\beta_1 + \beta_{12} x_2) x_1 + \beta_2 x_2 + \varepsilon$$

令 x_2 取特定值，如 $x_2 = x_2'$，此时 x_1 的简单效应为 $(\beta_1 + \beta_{12} x_2')$。

2）固定效应

固定效应（fixed effect）通常指回归模型中某自变量的回归系数，即其他自变量取 0 时该自变量对应的单独（简单）效应。

例如，对于式（4-8），令 $x_2 = 0$，得到 x_1 的固定效应为 β_1。

3）主效应

根据 4.1.1 节定义，主效应是指不考虑其他因子的影响下某因子取不同水平导致的响应平均变化。由于线性可加模型中并未明确因子水平是数值型还是分类型，故每个因子水平均对应一个主效应，且独立的主效应数量为因子水平数减 1，这些主效应共同决定因子的主效应。与之不同的是，回归模型中因子水平是数值型（这里不考虑分类因子回归模型），故一般将**回归模型的主效应**定义为其他因子取平均水平时某因子变化单位值导致的响应变化。

显然，如果各因子均经过中心化处理（即均值为 0），则某因子主效应即为其他因子取零时该因子的简单效应[1]。对于式（4-8），此时因子 x_1、x_2 的主效应即为回归系数 β_1、β_2。有些文献在因子未经中心化处理的情况下简单地将回归系数作为因子主效应是不严谨的。

需要说明的是，对于形式更复杂的回归模型（如含平方项或高阶交互项），其主效应并不好定义。此外,虽然回归模型中的交互项可用来衡量两因子间的交互作用,但交互项系数是否就是交互效应的量化结果,也并无权威定论。因此,对于形式更复杂的回归模型,一般可借助 4.2 节敏感性分析中 Sobol 指数法的主效应指数和交互效应指数,定义和量化因子的主效应和交互效应。

4.1.3　因子效应检验

1. 方差分析

试验中,干扰因素和试验因子的改变都可能引起响应的波动。推断试验因子的改变是否是造成响应改变的原因,即试验因子与响应之间是否存在因果效应,是试验数据分析的重要内容。方差分析(analysis of variance, ANOVA)假定不同处理的响应来自方差相同的正态总体,通过检验不同处理下正态总体的均值是否相同,来分析响应值的波动是由干扰因子引起还是包含了试验因子的效应引起。

1) 单因素方差分析

单因子试验是只考虑一个试验因子的试验,目的是研究试验因子 A 的变动是否会带来响应的波动。设因子 A 有 r 个不同水平 A_1, A_2, $\cdots$, A_r,在水平 A_i 下做 n_i 次独立试验,得到试验数据如表 4-3 所示。

表 4-3　单因子试验数据表

水　平	样　　本			
A_1	y_{11}	y_{12}	$\cdots$	y_{1n_1}
A_2	y_{21}	y_{22}	$\cdots$	y_{2n_2}
$\vdots$	$\vdots$	$\vdots$	$\ddots$	$\vdots$
A_r	y_{r1}	y_{r2}	$\cdots$	y_{rn_r}

单因素方差分析的任务是检验单因子(素)线性可加模型(4-1)中的 r 个水平下各正态总体均值 μ_i 的相等性,即原假设:

$$H_0: \mu_1 = \mu_2 = \cdots = \mu_r \tag{4-9}$$

和备选假设:

$$H_1: 至少存在一对 i, j, 使得 \mu_i = \mu_j \tag{4-10}$$

上述假设可以转化为关于各水平效应的假设,即

$$H_0: \delta_1 = \delta_2 = \cdots = \delta_r = 0 \tag{4-11}$$

$$H_1: \text{至少存在一个 } i, \text{使得 } \delta_i \neq 0 \tag{4-12}$$

记试验数据的总平均值(样本总平均)为

$$\bar{y} = \frac{1}{n} \sum_{i=1}^{r} \sum_{j=1}^{n_i} y_{ij} = \frac{1}{n} \sum_{i=1}^{r} n_i \bar{y}_i$$

因子 A 的每个水平 A_i 下的试验数据为一个组,定义组内平均为

$$\bar{y}_i = \frac{1}{n_i} \sum_{j=1}^{n_i} y_{ij}$$

用式(4-13)定义的总离差平方和度量响应值的总波动:

$$SS_T = \sum_{i=1}^{r} \sum_{j=1}^{n_i} (y_{ij} - \bar{y})^2 \tag{4-13}$$

响应值的总波动是由因子水平的变动和试验误差两个原因共同引起。容易证明如下总离差平方和分解公式:

$$SS_T = SS_E + SS_A \tag{4-14}$$

其中,

$$SS_E = \sum_{i=1}^{r} \sum_{j=1}^{n_i} (y_{ij} - \bar{y}_i)^2, \quad SS_A = \sum_{i=1}^{r} n_i (\bar{y}_i - \bar{y})^2 \tag{4-15}$$

SS_E 称为误差平方和,是只与随机误差有关的项;SS_A 称为因子 A 的离差平方和,是由于因子水平变动导致的响应值变化。

记

$$MS_A = SS_A / (r - 1), \quad MS_E = SS_E / (n - r) \tag{4-16}$$

称 MS_A 为因子 A 的均方和,MS_E 为误差均方和。可以证明,MS_E 是 σ^2 的无偏估计,并且当式(4-11)原假设 H_0 成立时,MS_A 也是 σ^2 的无偏估计。也就是说,当 H_0 成立时,MS_A 与 MS_E 应该差不多,否则,当 H_0 不成立两者应该有显著差异。于是,构造如下 F-统计量来检验原假设:

$$F = \frac{MS_A}{MS_E} = \frac{SS_A / (r - 1)}{SS_E / (n - r)}$$

由于

$$\frac{SS_E}{\sigma^2} \sim \chi^2(n-r)$$

当 H_0 成立时,

$$\frac{SS_A}{\sigma^2} \sim \chi^2(r-1)$$

于是 H_0 成立时统计量 F 服从自由度为 $r-1$ 和 $n-r$ 的 F 分布,即

$$F = \frac{MS_A}{MS_E} = \frac{SS_A/(r-1)}{SS_E/(n-r)} \sim F(r-1, n-r)$$

由于 $E(SS_A) = (r-1)\sigma^2 + \sum_{i=1}^{r} n_i \delta_i^2$, $E(SS_E) = (n-r)\sigma^2$, 因此在 H_0 不成立的情况下, MS_A 偏大,导致 F 值偏大。由此,得到单因素方差分析过程如下:

首先,给定显著性水平 α 根据 F 临界值表查出 $F_\alpha(r-1, n-r)$;

其次,由试验数据计算 MS_A 和 MS_E, 从而得到检验统计量 $F = \dfrac{MS_A}{MS_E}$ 的值;

最后,根据如下检验规则进行假设检验:

若 $F \geq F_\alpha(r-1, n-r)$, 则拒绝 H_0, 即认为因子水平对试验结果有显著影响;

若 $F < F_\alpha(r-1, n-r)$, 则接受 H_0, 认为因子水平对试验结果无显著影响。

将上面的分析过程和结果,列入如表 4-4 所示单因素方差分析表中,方便求解。

表 4-4　单因素方差分析表

方差来源	离差平方和	自由度	均方和	F 比
因子 A	$SS_A = \sum_{i=1}^{r} n_i(\bar{y}_i - \bar{y})^2$	$r-1$	$MS_A = \dfrac{SS_A}{r-1}$	$F = \dfrac{MS_A}{MS_E}$
误差 E	$SS_E = \sum_{i=1}^{r} \sum_{j=1}^{n_i} (y_{ij} - \bar{y}_i)^2$	$n-r$	$MS_E = \dfrac{SS_E}{n-r}$	
总和 T	$SS_T = \sum_{i=1}^{r} \sum_{j=1}^{n_i} (y_{ij} - \bar{y})^2$	$n-1$		

实际求解过程可采用下面的简便计算方式，记

$$Q = \sum_{i=1}^{r} \frac{1}{n_i} \left(\sum_{j=1}^{n_i} y_{ij} \right)^2, \quad P = \frac{1}{n} \left(\sum_{i=1}^{r} \sum_{j=1}^{n_i} y_{ij} \right)^2, \quad R = \sum_{i=1}^{r} \sum_{j=1}^{n_i} y_{ij}^2$$

可以证明：

$$SS_A = Q - P, \quad SS_E = R - Q, \quad SS_T = R - P$$

2）双因素方差分析

双因素方差分析可用于检验两个因子的主效应和它们之间的交互效应是否对响应有显著影响。对双因子（素）线性可加模型（4-4）检验如下假设：

$$\begin{cases} H_{A0}: \alpha_1 = \alpha_2 = \cdots = \alpha_r = 0 \\ H_{A1}: \text{至少存在一个 } i, \text{ s.t. } \alpha_i \neq 0 \end{cases} \quad (4-17)$$

$$\begin{cases} H_{B0}: \beta_1 = \beta_2 = \cdots = \beta_s = 0 \\ H_{B1}: \text{至少存在一个 } j, \text{ s.t. } \beta_j \neq 0 \end{cases} \quad (4-18)$$

$$\begin{cases} H_{AB0}: \gamma_{ij} = 0, \ i = 1, 2, \cdots, r, \ j = 1, 2, \cdots, s \\ H_{AB1}: \text{至少存在一对 } i, j, \text{ s.t. } \gamma_{ij} \neq 0 \end{cases} \quad (4-19)$$

与单因素方差分析类似，这里需要对导致试验数据总体波动的因素进行分解，通过对比不同部分影响的大小来检验上述假设。

记如下四种均值：

$$\bar{y} = \frac{1}{rst} \sum_{i=1}^{r} \sum_{j=1}^{s} \sum_{k=1}^{t} y_{ijk}$$

$$\bar{y}_{ij\cdot} = \frac{1}{t} \sum_{k=1}^{t} y_{ijk}, \ i = 1, 2, \cdots, r, \ j = 1, 2, \cdots, s$$

$$\bar{y}_{\cdot j\cdot} = \frac{1}{rt} \sum_{i=1}^{r} \sum_{k=1}^{t} y_{ijk}, \ j = 1, 2, \cdots, s$$

$$\bar{y}_{i\cdot\cdot} = \frac{1}{st} \sum_{j=1}^{s} \sum_{k=1}^{t} y_{ijk}, \ i = 1, 2, \cdots, r$$

定义总离差平方和为

$$SS_T = \sum_{i=1}^{r} \sum_{j=1}^{s} \sum_{k=1}^{t} (y_{ijk} - \bar{y})^2$$

可以得到总离差平方和分解公式如下：

$$SS_T = SS_E + SS_{A \times B} + SS_A + SS_B \tag{4-20}$$

其中，

$$SS_E = \sum_{i=1}^{r} \sum_{j=1}^{s} \sum_{k=1}^{t} (y_{ijk} - \bar{y}_{ij\cdot})^2 \tag{4-21}$$

$$SS_{A \times B} = t \sum_{i=1}^{r} \sum_{j=1}^{s} (\bar{y}_{ij\cdot} - \bar{y}_{i\cdot\cdot} - \bar{y}_{\cdot j\cdot} + \bar{y})^2 \tag{4-22}$$

$$SS_A = st \sum_{i=1}^{r} (\bar{y}_{i\cdot\cdot} - \bar{y})^2 \tag{4-23}$$

$$SS_B = rt \sum_{j=1}^{s} (\bar{y}_{\cdot j\cdot} - \bar{y})^2 \tag{4-24}$$

其中，SS_E 为误差平方和，$SS_{A \times B}$ 为因子 A 和因子 B 交互效应的离差平方和，SS_A 和 SS_B 则分别为因子 A 和因子 B 的离差平方和。

当原假设 H_{A0} 成立时，MS_A 为 σ^2 的无偏估计，且 $\dfrac{SS_A}{\sigma^2} \sim \chi^2(r-1)$。定义检验统计量 F_A 如下：

$$F_A = MS_A / MS_E = \frac{\dfrac{SS_A}{\sigma^2}}{r-1} \left/ \frac{\dfrac{SS_E}{\sigma^2}}{rs(t-1)} \right. \sim F(r-1, rs(t-1))$$

当原假设 H_{B0} 成立时，MS_B 为 σ^2 的无偏估计，且 $\dfrac{SS_B}{\sigma^2} \sim \chi^2(s-1)$。定义检验统计量 F_B 如下：

$$F_B = MS_B / MS_E = \frac{\dfrac{SS_B}{\sigma^2}}{s-1} \left/ \frac{\dfrac{SS_E}{\sigma^2}}{rs(t-1)} \right. \sim F(s-1, rs(t-1))$$

当原假设 H_{AB0} 成立时，$MS_{A \times B}$ 为 σ^2 的无偏估计，且 $\dfrac{SS_{A \times B}}{\sigma^2} \sim \chi^2((r-1)(s-1))$。定义检验统计量 $F_{A \times B}$ 如下：

$$F_{A \times B} = MS_{A \times B} / MS_E$$

$$= \frac{\dfrac{SS_{A \times B}}{\sigma^2}}{(r-1)(s-1)} \left/ \frac{\dfrac{SS_E}{\sigma^2}}{rs(t-1)} \right. \sim F((r-1)(s-1), rs(t-1))$$

于是,根据显著性水平 α 查对应的 F 分布表得出临界值 $F_\alpha(r-1, rs(t-1))$, $F_\alpha(s-1, rs(t-1))$ 及 $F_\alpha((r-1)(s-1), rs(t-1))$,并利用试验数据分别计算出 F_A、F_B 和 $F_{A\times B}$ 的值,就可以进行如下判断:

若 $F_A > F_\alpha(r-1, rs(t-1))$,则拒绝 H_{A0},认为因子 A 有显著影响;

若 $F_B > F_\alpha(s-1, rs(t-1))$,则拒绝 H_{B0},认为因子 B 有显著影响;

若 $F_{A\times B} > F_\alpha((r-1)(s-1), rs(t-1))$,则拒绝 H_{AB0},认为交互效应 $A \times B$ 有显著影响。

将上面的分析过程和结果,列入表 4 - 5 所示双因素方差分析表中,方便求解。

表 4 - 5 双因素方差分析表

方差来源	离差平方和	自由度	均方和	F 比
因子 A	SS_A	$r-1$	$MS_A = \dfrac{SS_A}{r-1}$	$F_A = MS_A/MS_E$
因子 B	SS_B	$s-1$	$MS_B = \dfrac{SS_B}{s-1}$	$F_B = MS_B/MS_E$
交互效应 $A \times B$	$SS_{A\times B}$	$(r-1)(s-1)$	$MS_{A\times B} = \dfrac{SS_{A\times B}}{(r-1)(s-1)}$	$F_{A\times B} = MS_{A\times B}/MS_E$
误差 E	SS_E	$rs(t-1)$	$MS_E = \dfrac{SS_E}{rs(t-1)}$	
总和 T	SS_T	$rst-1$		

研究因子 A 和 B 对响应的影响。A_1,A_2,A_3 表示因子 A 的三水平,B_1,B_2,B_3,B_4 表示因子 B 的四水平。对每一种水平组合进行 5 次测量,结果如表 4 - 6 所示。目的是检验因子 A、B 取不同水平时响应值是否有明显差异,以及两因子之间是否存在交互效应,取显著水平 $\alpha = 0.05$。

表 4 - 6 两因子试验结果

因子 A ＼ 因子 B	B_1	B_2	B_3	B_4
A_1	23 15 26 13 21	25 20 21 16 21	21 17 16 24 27	14 11 19 20 24
A_2	28 22 25 16 26	30 26 26 20 28	23 15 26 13 21	17 21 18 26 23
A_3	23 15 26 13 21	15 21 22 14 12	23 15 19 13 22	18 12 26 22 19

这是一个考虑交互效应的双因素方差分析问题。设固定效应模型为

$$y_{ijk} = \mu + \alpha_i + \beta_j + \gamma_{ij} + \varepsilon_{ijk}, \quad \varepsilon_{ijk} \sim N(0, \sigma^2) \text{ 且相互独立}$$

其中，$i = 1, 2, 3$，$j = 1, 2, 3, 4$，$k = 1, 2, 3, 4, 5$。

对上述模型，检验假设 H_{A0}、H_{B0} 和 H_{AB0}，计算出方差分析表中的数据，得到：

$$SS_E = 926.00, \quad SS_A = 352.53, \quad SS_B = 58.05, \quad SS_{A \times B} = 119.60$$

进而计算出 F 比值：

$$F_A = 9.136\ 9, \quad F_B = 1.003\ 0, \quad F_{A \times B} = 1.033\ 3$$

给定显著性水平 $\alpha = 0.05$，查表得临界值：

$$F_{0.05}(2, 48) \approx 3.23, \quad F_{0.05}(3, 48) \approx 2.84, \quad F_{0.05}(6, 48) \approx 2.34$$

因为

$$F_A > F_{0.05}(2, 48), \quad F_B < F_{0.05}(3, 48), \quad F_{A \times B} < F_{0.05}(6, 48)$$

所以拒绝 H_{A0}，接受 H_{B0} 与 H_{AB0}，说明在显著性水平 $\alpha = 0.05$ 下，因子 A 取不同水平对响应有显著影响，而因子 B 以及因子 A 与 B 之间的交互效应对响应值无显著影响。

2. 回归系数检验

回归模型用来描述因子与变量之间的关联关系，且回归系数可在一定程度上反映因子主效应和交互效应。因此，在回归模型假设下，可以通过检验回归系数是否显著来分析各因子的效应。

1）模型假设

假设试验响应和因子之间存在回归模型，记为

$$y = f(x)\beta + \varepsilon, \quad \varepsilon \sim N(0, \sigma^2) \qquad (4-25)$$

其中，$x = (x_1, x_2, \cdots)$ 为试验因子水平取值组成的向量，$f(x) = [f_1(x), f_2(x), \cdots]$，其每个元素均为关于 x 的连续函数，回归系数向量 β 与 $f(x)$ 维数相同，ε 为试验误差，一般假设服从零均值正态分布。

以某 3 因子试验为例，若只关注因子主效应，上述模型可以简化为

$$y = \beta_0 + x_1\beta_1 + x_2\beta_2 + x_3\beta_3 + \varepsilon \qquad (4-26)$$

此时，有

$$f(x) = \begin{bmatrix} 1 & x_1 & x_2 & x_3 \end{bmatrix}, \quad \beta = \begin{bmatrix} \beta_0 & \beta_1 & \beta_2 & \beta_3 \end{bmatrix}^{\mathrm{T}}$$

若除主效应外还关注因子 x_1、x_2 之间、因子 x_1、x_3 之间的交互效应,则回归模型改写为

$$y = \beta_0 + x_1\beta_1 + x_2\beta_2 + x_3\beta_3 + x_1x_2\beta_{12} + \varepsilon \qquad (4-27)$$

此时,有

$$f(\boldsymbol{x}) = \begin{bmatrix} 1 & x_1 & x_2 & x_3 & x_1 & x_2 & x_1 & x_3 \end{bmatrix}$$

$$\boldsymbol{\beta} = \begin{bmatrix} \beta_0 & \beta_1 & \beta_2 & \beta_3 & \beta_{13} & \beta_{23} \end{bmatrix}^{\mathrm{T}}$$

可见,多元线性回归模型和非线性回归模型都可以看作广义回归模型的特例。

记 n 样本试验对应的设计矩阵为

$$\begin{pmatrix} \boldsymbol{x}_1 \\ \boldsymbol{x}_2 \\ \vdots \\ \boldsymbol{x}_n \end{pmatrix} = \begin{pmatrix} x_{11}x_{12}\cdots \\ x_{21}x_{22}\cdots \\ \vdots \\ x_{n1}x_{n2}\cdots \end{pmatrix}$$

试验结果为 $\boldsymbol{Y} = (y_1, y_2, \cdots, y_n)^{\mathrm{T}}$。

定义广义设计矩阵 $\boldsymbol{X}$:

$$\boldsymbol{X} = \begin{bmatrix} f(\boldsymbol{x}_1) \\ f(\boldsymbol{x}_2) \\ \vdots \\ f(\boldsymbol{x}_n) \end{bmatrix}$$

于是,有

$$\boldsymbol{Y} = \boldsymbol{X}\boldsymbol{\beta} + \boldsymbol{\varepsilon} \qquad (4-28)$$

其中,$\boldsymbol{\varepsilon} = (\varepsilon_1, \varepsilon_2, \cdots, \varepsilon_n)^{\mathrm{T}}$,且 ε_i 独立同分布于 $N(0, \sigma^2)$,$i = 1, 2, \cdots, n$。

根据回归分析知识,回归系数向量的最小二乘估计为

$$\hat{\boldsymbol{\beta}} = (\boldsymbol{X}^{\mathrm{T}}\boldsymbol{X})^{-1}\boldsymbol{X}^{\mathrm{T}}\boldsymbol{Y} \qquad (4-29)$$

进一步可证明 $\hat{\boldsymbol{\beta}}$ 为随机变量,且服从多元正态分布,即 $\hat{\boldsymbol{\beta}} \sim \mathrm{MVN}(\boldsymbol{\beta}, \sigma^2(\boldsymbol{X}^{\mathrm{T}}\boldsymbol{X})^{-1})$。

2) F 检验

回归模型的显著性检验分为 F 检验和 t 检验两种。F 检验用于检验回归模

型整体是否显著,t 检验用于检验各项回归系数是否显著。

仍以式(4-28)多元线性回归模型为例,F 检验原假设为

$$H_0: \beta_1 = \beta_2 = \cdots = \beta_k = 0 \qquad (4-30)$$

备选假设为

$$H_1: \beta_1, \beta_2, \cdots, \beta_k \text{ 中至少一个不为 } 0 \qquad (4-31)$$

为了检验上面的假设,在观测误差等精度、独立且服从正态分布的情况下,表 4-7 所示结果成立。

表4-7　方差分析表

来　源	方　差　分　析		
	自由度	平方和	归一化
回归平方和	k	RSS	$SS_R/(k)$
残差平方和	$n-k$	ESS	$SS_E/(n-k-1)$
总平方和	$n-1$	TSS	

由于 RSS 与 ESS 不相关,因此可构造如下检验统计量 F:

$$F = \frac{RSS/k}{ESS/(n-k-1)} \sim F(k, n-k-1) \qquad (4-32)$$

在显著性水平为 α 时,如果 $F > F_\alpha(k, n-k-1)$,则拒绝原假设,即认为在显著性水平 α 下,回归方程(4-28)有意义(或者说回归模型是显著的);否则,接受原假设,回归方程(4-28)无意义。

3) t 检验

即使回归方程是显著的,也可能有部分自变量对因变量的变化没有影响。由于数据的随机性,所得到的回归方程也具有随机性。通过最小二乘法,总可以得到回归系数的估计值,但是需要回答的是,各项系数是否必须,或者它对因变量 y 的取值或变化是否确实存在贡献。这取决于回归系数与 0 之间是否存在显著差异,或者说所得到某个非零的回归系数是否是由随机因素引起的。若是由随机因素引起的,则在回归方程中不应该引入对应的回归系数。通过检验回归系数的显著性,可以将效应不显著的因子识别出来。

对自变量 x_i,考虑假设检验问题:

$$H_{0i}: \beta_i = 0 \tag{4-33}$$

在原假设成立的条件下,统计量:

$$t_i = \frac{\hat{\beta}_i}{\hat{\sigma}\sqrt{c_{ii}}} \sim t(n-k-1) \tag{4-34}$$

其中,c_{ii} 是式(4-29)中 $(X^TX)^{-1}$ 矩阵对角线第 i 个元素。

取显著性水平为 α,若 $|t_i| > t_{\alpha/2}(n-k-1)$,则拒绝原假设,即承认 x_i 对 y 有显著影响;否则,接受原假设,即认为 x_i 对 y 的影响不显著,可以考虑将其从回归方程中剔除。

4.2 敏感性分析

无论是方差分析还是回归分析,其对响应模型的假设性均较强,是针对实物试验数据分析的有效方法。相比实物试验,仿真试验有其特殊性。仿真试验通常是指通过计算机编程模拟真实过程,所搭建的模型称为仿真模型,本质上是一系列数学模型的实现。与实物试验相比,仿真试验单次实现耗费成本较低,可考虑的试验变量更多(实物试验中很多变量不可控,无法作为因子开展设计),且试验具有良好的序贯特性(相对静态设计而言),即不受被试装备和试验条件限制,可根据前序试验结果较为方便地补充新试验点。根据所采用的仿真模型不同,仿真试验可以是确定性的(有人将确定性仿真试验称为计算机试验),也可以是随机性的。但即便是后者,其随机特征往往也是事先定义(如噪声分布类型及参数)并由随机种子(伪随机数)决定的,与实物试验中完全不可控的随机性存在本质区别。一般认为,仿真试验相较实物试验结果复现性更好。此外,仿真试验中的大量因子导致输入输出之间多呈现高度非线性特性,低成本特征决定其样本量相较同类型实物试验可以更多。鉴于仿真试验多因子、大样本、非线性等特点,传统面向实物试验的方差分析、回归分析等方法有时会存在一定局限性,敏感性分析成为仿真试验数据分析的常见选择。

4.2.1 敏感性分析的概念

敏感性分析(sensitivity analysis, SA)又称灵敏度分析,是一种定量描述模型输入变量对输出变量重要性程度的方法。假设模型表示为 $y = f(x_1, x_2, \cdots, x_k)$，每个变量在可能取值范围内变动,敏感性分析的目的是研究和预测这些变量的变动对模型输出值的影响程度。统计学中将影响程度大小称为该变量的敏感性系数或敏感性指数,其值越大说明该变量对输出影响越大。敏感性分析方法可分为局部敏感性分析(local sensitivity analysis)和全局敏感性分析(global sensitivity analysis)两种类型[4]。

　　早期敏感性分析较为简单,只检验单个变量变化对响应结果的影响程度,也称局部敏感性分析方法。其主要基于数学中的求偏导思想,分析某个因子变化(或不确定性)对响应的影响,同时保持其他参数不变,故其每次只能分析单个因子影响程度。局部敏感性分析一般应用于响应模型函数形式已知且处处光滑可微的情形。

　　全局敏感性分析则用于检验多个变量的变化(或不确定性)对某响应输出总的影响,并可用于分析变量与变量之间相互作用对响应的影响,因此其相比局部敏感性分析应用更加广泛。目前,工程中常用的 Morris 筛选、Sobol 指数法等均为全局敏感性分析方法。

4.2.2　常见敏感性指标

　　重点介绍仿真或计算机试验中常见的两类敏感性指标——基效应和 Sobol 指数。

1. 基效应

　　基效应也称基本效应(elementary effect),是一类不依赖于元模型假设的因子重要性衡量指标,最初由 Morris 提出,应用于确定性仿真试验[5],并利用其开展因子筛选。假设可以将因子分为三组:可忽略影响的因子、没有交互效应且具有较大线性影响的因子,以及具有较大非线性和/或交互效应的因子[6]。

　　对于一个给定的因子组合 $\boldsymbol{x} = (x_1, x_2, \cdots, x_k)$,第 j 个因子的基效应定义为

$$d_j(\boldsymbol{x}) = \frac{y(\boldsymbol{x} + \boldsymbol{e}_j \Delta) - y(\boldsymbol{x})}{\Delta}, \quad j = 1, 2, \cdots, k \qquad (4-35)$$

其中, $d_j(\boldsymbol{x})$ 可以看作响应 y 对于 x_j 在设计点 $\boldsymbol{x}$ 的偏导数, $\boldsymbol{x} = (x_1, x_2, \cdots, x_k)$ 为从试验空间随机抽样产生的因子组合,并要求 $\boldsymbol{x} + \boldsymbol{e}_j \Delta$ 在试验空间内。 Δ 为事先设定的参数, $\boldsymbol{e}_j$ 为第 j 个元素为 1、其他元素为 0 的向量。

　　显然, $\boldsymbol{x}$ 取不同因子组合,可以得到不同 $d_j(\boldsymbol{x})$ 值,假设其服从离散分布 F_j。

为刻画因子重要性,令 μ_j^* 为基本效应绝对值的期望,σ_j 为基本效应的标准差。Morris 给出如下判据:

(1)若该分布高度集中,表明第 j 个因子主效应显著;

(2)若该分布高度分散,则第 j 个因子与其他因子存在交互效应。

具体来说:μ_j^* 表示第 j 个因子对输出的影响,μ_j^* 越大,第 j 个因子对输出散布的贡献越大;σ_j 反映第 j 个因子的非线性或交互效应,若 σ_j 较小,表明第 j 个因子与响应之间存在线性相关关系,若 σ_j 较大,表明第 j 个因子具有显著的非线性效应,或与至少一个其他因子存在较强交互效应。

2. Sobol 指数

相比简单回归模型,在实际应用中 $f(\cdot)$ 中还可能出现 $r_1\lg(x_1)$、$r_2x_1/(1+x_2)$ 等更复杂项,此时如何定义各因子的主效应和交互效应成为困扰大家的难题。为此,俄罗斯学者 I. M. Sobol 在 20 世纪 90 年代提出 Sobol 指数法,其核心思想是通过方差分解把任意形式模型输出的总方差分解为单个因子或因子集合的方差之和,并据此给出主效应、交互效应的定义和计算方法[7]。

假设模型为 $Y=f(\boldsymbol{X})$,其中 $\boldsymbol{X}=(x_1,x_2,\cdots,x_n)$,$x_i$,$i=1,2,\cdots,n$ 服从 $[0,1]$ 上的均匀分布,$f(\boldsymbol{X})$ 平方可积。把模型 $f(\boldsymbol{X})$ 分解为以下形式:

$$f(\boldsymbol{X})=f_0+\sum_i f_i(x_i)+\sum_{i<j}f_{i,j}(x_i,x_j)+\cdots+f_{1,2,\cdots,n}(x_1,x_2,\cdots,x_n)$$

$$(4-36)$$

如果要求上式满足:

$$\int f_{i_1,i_2,\cdots,i_s}\mathrm{d}x_{i_p}=0,\ 1\leqslant i_1\leqslant i_2\leqslant\cdots\leqslant i_s\leqslant n,\ 1\leqslant s\leqslant n,\ 1\leqslant p\leqslant s$$

则可以证明,模型 $f(\boldsymbol{X})$ 分解形式是唯一的,称为方差分解。具体地,其分解形式如下所示:

$$f_0=E(Y),\ f_i=E(Y\mid x_i)-f_0,\ f_{i,j}=E(Y\mid x_i,x_j)-f_i-f_j-f_0,\cdots$$

Sobol 指数法用如下的总方差表示所有因子 $\boldsymbol{X}$ 对模型输出的影响:

$$V=\int f^2(\boldsymbol{X})\mathrm{d}\boldsymbol{X}-f_0^2 \qquad (4-37)$$

用偏方差表示单个因子 x_i 对模型输出的影响:

$$V_i=\int f_i^2(x_i)\mathrm{d}x_i \qquad (4-38)$$

　　用偏方差表示多个因子 x_{i_1}，x_{i_2}，$\cdots$，x_{i_s} 之间的交互效应对模型输出的影响程度：

$$V_{i_1,\,i_2,\,\cdots,\,i_s} = \int f_{i_1,\,i_2,\,\cdots,\,i_s}^2(x_{i_1},\,x_{i_2},\,\cdots,\,x_{i_s})\,\mathrm{d}x_{i_1}\mathrm{d}x_{i_2}\cdots\mathrm{d}x_{i_s} \qquad (4-39)$$

　　定义方差的比率作为衡量因子作用的全局敏感性指数，如下所示：

$$S_{i_1,\,i_2,\,\cdots,\,i_s} = V_{i_1,\,i_2,\,\cdots,\,i_s}/V \qquad (4-40)$$

易证：

$$\sum_{s=1}^{n}\sum_{i_1\leqslant i_2\leqslant\cdots\leqslant i_s} S_{i_1,\,i_2,\,\cdots,\,i_s} = 1$$

　　下面用概率论的语言描述 Sobol 指数对于分析全局敏感性的合理性。设模型 $Y = f(\boldsymbol{X})$，输入为随机向量 $\boldsymbol{X} = (X_1,\,X_2,\,\cdots,\,X_n)$，其中 X_i，$i = 1,\,2,\,\cdots,\,n$ 相互独立。当 $X_i = x_i$ 时，Y 的条件方差记为 $V(Y\,|\,x_i)$，则 Y 的无条件方差 $V(Y)$ 与 $V(Y\,|\,x_i)$ 的差异反映了 X_i 对 Y 的影响。在模型为非线性的条件下，X_i 取特定值 x_i 时，条件方差 $V(Y\,|\,x_i)$ 可能比无条件方差 $V(Y)$ 大。为处理这种情况，在 X_i 的变化范围内对条件方差取均值，得到 $E_{X_i}[V(Y\,|\,X_i)]$。若 $E_{X_i}[V(Y\,|\,X_i)]$ 很小，表明当 X_i 取特定值后，Y 的（条件）不确定性倾向于很小，意味着 Y 的不确定性主要由 X_i 的不确定性决定，因此 X_i 对 Y 的影响会很大。

　　将因子 X_1，X_2，$\cdots$，X_n 分为 X_i 和 X_{-i}（不包括 X_i 的其余因子）两组。根据无条件方差的分解公式，有

$$V(Y) = E_{X_i}[V_{X_{-i}}(Y\,|\,X_i)] + V_{X_i}[E_{X_{-i}}(Y\,|\,X_i)] \qquad (4-41)$$

　　可知，$V_{X_i}[E_{X_{-i}}(Y\,|\,X_i)]$ 越大，则 X_i 对 Y 的影响越大。据此定义 X_i 的一种指数如下：

$$S_{X_i} = \frac{V_{X_i}[E_{X_{-i}}(Y\,|\,X_i)]}{V(Y)} \qquad (4-42)$$

　　S_{X_i} 称为 X_i 的"主效应"（main effect）指数或一阶敏感性指数，它描述了 X_i "独自"对 Y 的方差的贡献。主效应指数越大，表明该因子对输出变化的影响越大。可以根据主效应指数大小对因子进行排序。

　　类似地，还可以得到下面的分解公式：

$$V(Y) = E_{X_{-i}}[V_{X_i}(Y\,|\,X_i)] + V_{X_{-i}}[E_{X_i}(Y\,|\,X_i)] \qquad (4-43)$$

同样道理，$V_{X_{-i}}[E_{X_i}(Y\mid X_i)]$ 描述除 X_i 外所有因子"独自"对 Y 的方差的影响，$V(Y)-V_{X_{-i}}[E_{X_i}(Y\mid X_i)]$ 描述所有与 X_i 有关的效应或称为 X_i 的"全效应"，这包括 X_i 的主效应以及 X_i 与其他因子的交互效应。据此，可以定义因子 X_i 的第二种指数如下：

$$S_{X_i}^{\mathrm{T}} = \frac{V(Y)-V_{X_{-i}}[E_{X_i}(Y\mid X_i)]}{V(Y)} \qquad (4-44)$$

$S_{X_i}^{\mathrm{T}}$ 称为 X_i 的"全效应"(total effect)指数，它描述了 X_i 的主效应及 X_i 与其他因子的交互效应对 Y 的方差的贡献。全效应指数中包含了因子之间的交互效应，若一个因子的全效应指数很小，表明该因子不仅自身的变动对输出影响小，该因子与其他因子之间的交互效应也很小。因此，在后续试验或建模过程中，可以考虑对全效应指数小的因子取固定值，以减少模型运行次数和因子数量，使模型得到简化。

由 $S_{X_i}^{\mathrm{T}}$ 和 S_{X_i} 的定义进一步可知，二者的差值能够描述 X_i 与其他因子的交互效应对模型输出的方差的贡献。为进一步说明 X_i 与哪些因子有强交互效应，可以通过交互效应指数来判断。

当分析两个因子的交互效应时，$V_{X_i X_j}[E_{X_{-\{i,j\}}}(Y\mid X_i X_j)]$ 描述了 X_i 和 X_j 作为一个整体的主效应对模型输出方差的影响。这个主效应包括了 X_i 和 X_j 各自的主效应及二者的交互效应。因此，$V_{X_i X_j}[E_{X_{-\{i,j\}}}(Y\mid X_i X_j)]-V_{X_i}[E_{X_{-i}}(Y\mid X_i)]-V_{X_j}[E_{X_{-j}}(Y\mid X_j)]$ 描述了二者的交互效应对模型输出的影响。由此可定义如下交互效应指标：

$$\begin{aligned}
S_{X_i X_j} &= \frac{V_{X_i X_j}[E_{X_{-\{i,j\}}}(Y\mid X_i X_j)]-V_{X_i}[E_{X_{-i}}(Y\mid X_i)]-V_{X_j}[E_{X_{-j}}(Y\mid X_j)]}{V(Y)} \\
&= \frac{V_{X_i X_j}[E_{X_{-\{i,j\}}}(Y\mid X_i X_j)]}{V(Y)} - S_{X_i} - S_{X_j} \qquad (4-45)
\end{aligned}$$

$S_{X_i X_j}$ 称为 X_i 和 X_j 的二阶交互效应指数。同理定义三阶交互效应指数 $S_{X_i X_j X_k}$ 如下：

$$S_{X_i X_j X_k} = \frac{V_{X_i X_j X_k}[E_{X_{-\{i,j,k\}}}(Y\mid X_i X_j X_k)]}{V(Y)} - S_{X_i} - S_{X_j} - S_{X_k} - S_{X_i X_j} - S_{X_i X_k} - S_{X_j X_k}$$

$$(4-46)$$

关于实际应用如何应用 S_{X_i}、$S_{X_i}^{\mathrm{T}}$ 和 $S_{X_iX_j}$，有如下一些定性的指导。首先，由于 $S_{X_i}^{\mathrm{T}}$ 描述了所有与 X_i 有关的效应对模型输出方差的贡献，因此在确定所有因子中的重要因子时，应以 $S_{X_i}^{\mathrm{T}}$ 为准。其次，$S_{X_i}^{\mathrm{T}}$ 与 S_{X_i} 的差异描述了 X_i 与其他因子的交互效应对模型输出方差的贡献，因此在分析因子间交互效应时，应根据 $S_{X_i}^{\mathrm{T}} - S_{X_i}$ 的大小进行分析。$S_{X_iX_j}$ 描述了 X_i 和 X_j 的交互效应的贡献，$S_{X_iX_j}$ 大说明 X_i 和 X_j 间有较强的交互效应，两者的组合会对模型输出方差有较大影响；另外，若 $S_{X_iX_j}$、$S_{X_iX_k}$、$S_{X_iX_l}$ 都较大，则说明因子 X_i 是关键的，它对其他多个因子的作用发挥都有影响。总地来说，使用 S_{X_i}、$S_{X_i}^{\mathrm{T}}$ 和 $S_{X_iX_j}$ 不仅可以确定模型输入中的重要因子，而且可以定量描述各因子间交互效应的强弱。

4.2.3　敏感性分析方法

1. 基效应计算

为了计算基效应，一般首先对试验空间做离散化处理。通常将各因子归一化到 $[0,1]$ 之间，并令每个因子在 $[0,1]$ 之内均匀地取 p 个离散水平，即 x_j 仅在 $\{0, 1/(p-1), 2/(p-1), \cdots, 1\}$ 中取值。此时，试验空间被离散化为一个 p^k 的网格空间。

为计算式 $(4-35)$，一般 Δ 取为 $1/(p-1)$ 的整数倍。此时，对第 j 个因子 x_j 可以计算得到 $p^{k-1}[p-(p-1)\Delta]$ 个基效应，其中 p^{k-1} 为其他 $(k-1)$ 个因子的全部水平组合数，$[p-\Delta/(p-1)]$ 为第 j 个因子可能取的最大水平数。以 $\Delta = 1/(p-1)$ 为例，此时 x_j 仅能取 $0, 1/(p-1), 2/(p-1), \cdots, (p-2)/(p-1)$ 共计 $(p-1)$ 个水平，否则 $\boldsymbol{x} + \boldsymbol{e}_j\Delta$ 将超出 $[0,1]^k$ 空间。另外一种常见的方法是令 $\Delta = p/[2(p-1)]$。

从 $p^{k-1}[p-(p-1)\Delta]$ 个基效应中做 r 次抽样，即可得到第 j 个因子的 r 个基效应样本，进而得到其基效应绝对值期望 μ_j^* 和基效应标准差 σ_j 的估计值：

$$\hat{\mu}_j^* = \frac{1}{r} \sum_{i=1}^{r} |d_j^{(i)}(\boldsymbol{x})| \tag{4-47}$$

$$\hat{\sigma}_j = \sqrt{\frac{1}{r} \sum_{i=1}^{r} \left(E_j^{(i)} - \frac{1}{r} \sum_{i=1}^{r} E_j^{(i)}\right)^2} \tag{4-48}$$

研究发现，μ_j^* 和 σ_j 可用来刻画因子对响应的影响程度。μ_j^* 越大，表明因子对输出散布的贡献越大。σ_j 较小，表明因子与响应之间存在线性相关关系，σ_j

较大,表明因子具有显著的非线性效应,或与至少一个其他因子存在较强交互效应。

可以通过基效应对重要的因子进行筛选,称为 Morris 筛选,又称单次单因子法(one-factor-at-a-time, OAT)。之所以称作 OAT 方法,是因为在筛选过程中,每次只改变一个因子的水平,同时保持其他因子不变,轮流计算每个因子的基效应。

下面通过两个简单的案例来说明基效应的意义和 Morris 筛选。假设响应模型如下:

$$S = Z_v + H - H_d - C_b, \quad H = \left(\frac{Q}{B \cdot K_s \sqrt{(Z_m - Z_v)/L}} \right)^{0.6} \tag{4-49}$$

$$C_p = 1 \mid_{S>0} + 0.8 [(1 - e^{-\frac{1\,000}{S^4}})] \, 1 \mid_{S \leqslant 0} + \frac{1}{20} (H_d \, 1 \mid_{H_d > 8} + 81 \mid_{H_d \leqslant 8}) \tag{4-50}$$

其中,各因子相互独立且其统计特性见表 4-8,$1 \mid_A(x)$ 是指示函数,表示当 $x \in A$ 时等于 1,否则等于 0。

表 4-8　案例中的概率分布

输　入	统　计　特　性
Q	$[500, 3\,000]$ 区间上截断 gumbel 分布 $\mathcal{G}(1\,013, 558)$
K_s	$[15, +\infty]$ 区间上截断正态分布 $\mathcal{N}(30, 8)$
Z_v	三角分布 $\mathcal{T}(49, 50, 51)$
Z_m	三角分布 $\mathcal{T}(54, 55, 56)$
H_d	均匀分布 $\mathcal{U}[7, 9]$
C_b	三角分布 $\mathcal{T}(55, 55.5, 56)$
L	三角分布 $\mathcal{T}(4\,990, 5\,000, 5\,010)$
B	三角分布 $\mathcal{T}(295, 300, 305)$

将 Morris 方法应用于该案例,设计 45 次仿真。图 4-7 将结果绘制在 (μ^*, σ) 图上。通过可视化结果可以得到以下结论。

(1)对响应 S:因子 K_s、Z_v、Q、C_b 以及 H_d 有影响,其他因子没有影响。进一步,模型输出线性依赖于各因子,且因子之间没有交互效应(因为对每个 j,都有 $\sigma_j \ll \mu_j^*$)。

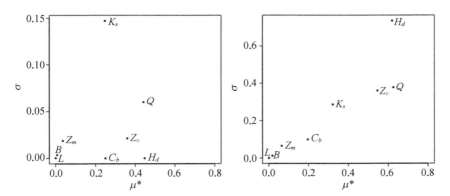

图 4-7　Morris 方法的结果(4 水平)：S(左图)及 C_p(右图)

（2）对响应 C_p：因子 H_d、Q、Z_v 以及 K_s 有强烈影响,具有非线性或交互效应(因为 σ_j 和 μ_j^* 具有相同数量级)。C_b 的影响处于平均水平,其他因子则没有影响。

经过筛选,发现三个因子(L、B 和 Z_m)对两个模型的输出没有影响。因此,在后续仿真试验中,可以将这三个因子的取值固定在它们的标称值即可。

2. Sobol 指数计算

1）解析计算法

若已知模型 $Y = f(X)$ 的具体形式以及各个因子的分布,可以通过解析计算获得各因子的 Sobol 指数。例如,某函数形式为

$$Y = f(x_1, x_2) = 4x_1^2 + 3x_2, \quad x_1, x_2 \sim \mathcal{U}[-1/2, 1/2]$$

按照定义计算 Sobol 指数,如下：

$$f_0 = E(Y) = \int_{-1/2}^{1/2} \int_{-1/2}^{1/2} (4x_1^2 + 3x_2) \, \mathrm{d}x_1 \mathrm{d}x_2 = \frac{1}{3}$$

$$f_1(x_1) = E(Y \mid x_1) - f_0 = \int_{-1/2}^{1/2} (4x_1^2 + 3x_2) \, \mathrm{d}x_2 - f_0 = 4x_1^2 - \frac{1}{3}$$

$$f_2(x_2) = E(Y \mid x_2) - f_0 = 3x_2$$

$$f_{i,j} = E(Y \mid x_i, x_j) - f_i - f_j - f_0 = 0$$

进而通过计算得到两个因子的主效应系数分别为：$S_{X_1} \approx 0.106$，$S_{X_2} \approx 0.894$。

考虑形式更复杂的回归模型：

$$f(x_1, x_2) = a_0 + a_1 x_1 + b_1 x_1^2 + a_2 x_2 + b_2 x_2^2 + b_{11} x_1 x_2 + b_{12} x_1 x_2^2$$
$$+ b_{21} x_1^2 x_2 + b_{22} x_1^2 x_2^2, \quad x_1, x_2 \sim \mathcal{U}[-1, 1]$$

经分解得到：

$$f_0 = a_0$$

$$f_1 = a_1(x_1 - 1/2) + b_1(x_1^2 - 1/3)$$

$$f_2 = a_2(x_2 - 1/2) + b_2(x_2^2 - 1/3)$$

$$f_{12} = b_{11}(x_1 - 1/2)(x_2 - 1/2) + b_{12}(x_1 - 1/2)(x_2^2 - 1/3)$$
$$+ b_{21}(x_2 - 1/2)(x_1^2 - 1/3) + b_{22}(x_1^2 - 1/3)(x_2^2 - 1/3)$$

V_1、V_2、V_{12} 可通过对上式积分得到，此处不再赘述。但由上述结果可知，该模型中因子 x_i，$i = 1, 2$ 的主效应指数由一次项和平方项系数共同决定，x_1 和 x_2 交互效应指数则由各交互项系数共同决定。这与回归模型中对因子主效应和交互效应的直观认识保持一致，且有效解决了回归模型中对复杂模型形式主效应和交互效应难定义的问题。

进一步，文献[8]给出广义线性模型（general linear model，GLM）下的 Sobol 指数的通用计算方式。

记广义线性模型为

$$g(\mu) = g(E(Y \mid \boldsymbol{X})) = \boldsymbol{X}^{\mathrm{T}} \boldsymbol{\beta} \tag{4-51}$$

其中，$\boldsymbol{X} = (X_1, X_2, \cdots, X_n)^{\mathrm{T}}$，$\boldsymbol{\beta} = (\beta_1, \beta_2, \cdots, \beta_n)^{\mathrm{T}}$。转换函数 $g(\cdot)$ 用于建立响应值与预测值之间的映射关系。

例如：当 $g(\cdot)$ 取对数函数时，模型变为

$$\ln(E(Y \mid \boldsymbol{X})) - \beta_0 = \boldsymbol{X}^{\mathrm{T}} \boldsymbol{\beta} \tag{4-52}$$

当 $g(\cdot)$ 取 Logit 函数时，模型可变为

$$\ln\left(\frac{E(Y \mid \boldsymbol{X})}{1 - E(Y \mid \boldsymbol{X})}\right) - \beta_0 = \boldsymbol{X}^{\mathrm{T}} \boldsymbol{\beta} \tag{4-53}$$

显然，多元线性回归模型可以看作广义线性模型的一种特殊形式。

假设 X 服从多元正态分布，即 $X \sim \mathrm{MVN}(\boldsymbol{\mu}, \boldsymbol{\Sigma})$，其中 $\boldsymbol{\mu} = (\mu_1, \mu_2, \cdots, \mu_n)^{\mathrm{T}}$，$\boldsymbol{\Sigma}_{ii} = \sigma_i^2$，$\boldsymbol{\Sigma}_{ij} = \rho \sigma_i \sigma_j$。此时，因子 X_i 的主效应指数为

$$S_{X_i} = \frac{V_{X_i}[E_{X_{-i}}(Y \mid X_i)]}{V(Y)} = \left(\beta_i + \frac{1}{\sigma_i} \sum_{i \neq j}^{n} \beta_i \rho_{ij} \sigma_i \sigma_j\right) \frac{V(X_i)}{V(Y)} \quad (4-54)$$

其中，$V(\cdot)$ 代表对随机变量求方差操作。

此外，文献[9]给出一些典型响应函数下的 Sobol 指数计算结果，读者感兴趣可以查阅。

2）直接抽样法

假定型 $Y = f(X)$ 的具体形式未知，只能设定模型输入，通过模型运行来获取输出。主效应公式中，$V(Y)$ 的估计通过样本容易获取，关键在于如何获得条件期望的方差。最直接的方法，是令 X_i 取多个不同值，在每个不同取值处对其他因子进行多次抽样，以便计算条件期望 $E_{X_{-i}}(Y \mid X_i)$，进而通过条件期望的样本数据估计方差 $V_{X_i}[E_{X_{-i}}(Y \mid X_i)]$。

以 $Y = 4x_1^2 + 3x_2$ 为例，计算 S_{X_1}，对 X_1 在其取值范围内均匀取 r 个点，在每个点再对 X_2 随机抽取 N 个样本计算输出 Y。当 $r = 10$，$N = 50$ 时的数据点如图 4-8 所示。

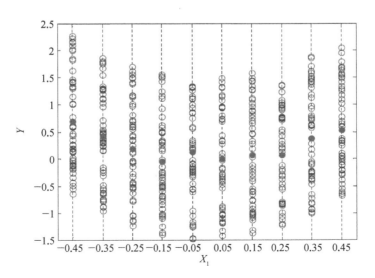

图 4-8　计算 S_{X_1} 的输入样本点

总的抽样次数为 $r \times N = 500$ 次,计算得到 $\hat{S}_{X_1} \approx 0.079$。同理可以计算 $S_{X_2} \approx 0.993$,如图 4 - 9 所示。对比解析解可以发现,这种直接计算方法,即使采用很大的抽样计算次数,仍有较大的误差。因此,应该考虑寻求更好的计算方法。

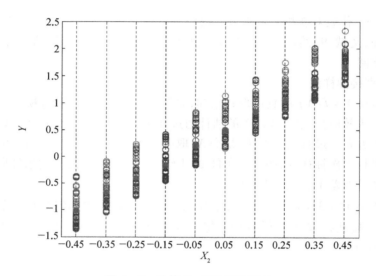

图 4 - 9 计算 S_{X_2} 的抽样计算点

3) 蒙特卡罗仿真法

有学者给出一种基于蒙特卡罗的敏感性指数计算方法,描述如下。首先,采用随机抽样的方法生成两个输入矩阵 $\boldsymbol{A}$、$\boldsymbol{B}$,两矩阵中的每一行都是模型的一组具体输入组合[10]。

$$
\boldsymbol{A} = \begin{bmatrix} x_{11} & x_{12} & \cdots & x_{1n} \\ x_{21} & x_{22} & \cdots & x_{2n} \\ \vdots & \vdots & \ddots & \vdots \\ x_{N1} & x_{N2} & \cdots & x_{Nn} \end{bmatrix}, \; \boldsymbol{B} = \begin{bmatrix} x'_{11} & x'_{12} & \cdots & x'_{1n} \\ x'_{21} & x'_{22} & \cdots & x'_{2n} \\ \vdots & \vdots & \ddots & \vdots \\ x'_{N1} & x'_{N2} & \cdots & x'_{Nn} \end{bmatrix}
$$

记 $\boldsymbol{C}_i$ 为将矩阵 $\boldsymbol{B}$ 的第 i 列换成矩阵 $\boldsymbol{A}$ 的第 i 列所得的矩阵,$\boldsymbol{C}_{-i}$ 为将矩阵 $\boldsymbol{A}$ 的第 i 列换成矩阵 $\boldsymbol{B}$ 的第 i 列所得的矩阵,如下所示:

$$\boldsymbol{C}_i = \begin{bmatrix} x'_{11} & x'_{12} & \cdots & x_{1i} & \cdots & x'_{1n} \\ x'_{21} & x'_{22} & \cdots & x_{2i} & \cdots & x'_{2n} \\ \cdots & \cdots & \cdots & \cdots & \cdots & \cdots \\ x'_{N1} & x'_{N2} & \cdots & x_{Ni} & \cdots & x'_{Nn} \end{bmatrix}, \; \boldsymbol{C}_{-i} = \begin{bmatrix} x_{11} & x_{12} & \cdots & x'_{1i} & \cdots & x_{1n} \\ x_{21} & x_{22} & \cdots & x'_{2i} & \cdots & x_{2n} \\ \cdots & \cdots & \cdots & \cdots & \cdots & \cdots \\ x_{N1} & x_{N2} & \cdots & x'_{Ni} & \cdots & x_{Nn} \end{bmatrix}$$

同理可定义 $\boldsymbol{C}_{i,j}$、$\boldsymbol{C}_{-i,-j}$。 将这些输入矩阵代入模型,获得模型的输出,记为 $\boldsymbol{y}_A$、$\boldsymbol{y}_B$、$\boldsymbol{y}_C$。

由蒙特卡罗算法可得以下估计量:

$$\hat{V}(Y) = \frac{1}{N}\boldsymbol{y}_A^{\mathrm{T}}(\boldsymbol{y}_A - \boldsymbol{y}_B) \tag{4-55}$$

$$\hat{V}(E(Y \mid X_i)) = \frac{1}{N}\boldsymbol{y}_A^{\mathrm{T}}(\boldsymbol{y}_{C_i} - \boldsymbol{y}_B) \tag{4-56}$$

记

$$\hat{f}_0^2 = \frac{1}{N}\boldsymbol{y}_A^{\mathrm{T}}\boldsymbol{y}_B, \; \hat{U}_i = \frac{1}{N}\boldsymbol{y}_A^{\mathrm{T}}\boldsymbol{y}_{C_i}, \; \hat{U}_{-i} = \frac{1}{N}\boldsymbol{y}_A^{\mathrm{T}}\boldsymbol{y}_{C_{-i}}$$

各 Sobol 指数的估算可按以下公式进行:

$$\hat{S}_{X_i} = \frac{\hat{U}_i - \hat{f}_0^2}{\hat{V}(Y)}$$

$$\hat{S}_{X_i}^{\mathrm{T}} = \frac{\hat{V}(Y) - (\hat{U}_{-i} - \hat{f}_0^2)}{\hat{V}(Y)}$$

$$\hat{S}_{X_i X_j} = \frac{\hat{U}_{ij} - \hat{f}_0^2}{\hat{V}(Y)} - \hat{S}_{X_i} - \hat{S}_{X_j}$$

……

采用这种方法,仅计算主效应和全效应时,所需输入为 $\boldsymbol{A}$、$\boldsymbol{B}$、$\boldsymbol{C}_i$、$\boldsymbol{C}_{-i}$,抽样次数为 $N \times (n + 2)$ 次。采用蒙特卡罗仿真法对前面的示例进行计算。取 $N = 500$,总抽样次数为 $500 \times 4 = 2\,000$ 次。计算结果 $\hat{S}_{X_1} = 0.105$,$\hat{S}_{X_2} = 0.897$,与真实值已经非常接近,有较好的精度。

与直接计算相比,采用蒙特卡罗仿真法的精度得到了提高,计算量也得到了一定减少。不过在实际应用中,复杂仿真系统的运行对运算资源要求很高,不能为计算 Sobol 指数而反复运行。此时一般根据一定次数的仿真数据进行估计,不能多次随机抽样和调用模型。为了解决这个问题,一种方法是利用已有的样本数据拟合代理模型,并基于代理模型对未试验的输入估计其输出,然后再采用蒙特卡罗仿真法计算 Sobol 指数。实际中,经常采用 Kriging 模型,因其具有较好的适应性。

4.3　关联关系分析

模型描述的是变量之间的关联关系,因此分析识别变量或变量集合之间是否存在关联关系,以及存在什么类型的关联关系,是选择适当模型的基础。当然,关联分析目的不仅服务模型选择,也是获得诊断性结论、得出指导性结论的重要途径。

变量之间的关联关系有两种类型,即相关关联和因果关联,因此关联特征可以分为相关型关联和因果型关联。统计学中的相关系数,是刻画线性相关关系的一种常用统计量。除了线性相关,还有非线性相关,目前多种非线性相关分析方法已被提出。随着对数据分析要求的提高,人们不满足于分析变量之间的相关关系,对因果关系的分析识别也得到越来越广泛的关注[11-14]。对于装备作战试验数据分析[15]、在役考核数据分析[16]来说,应该进一步开展有关研究和应用,以获得更深刻的结论和更稳健的模型。

4.3.1　线性相关分析

线性相关是对二维或多维数据中线性关系特性的量化。典型的线性相关分析包括单相关分析、复相关分析和典型相关分析,分别度量二维数据中的线性相关和三维以上数据中的线性相关。

1. 单相关分析

两个变量之间的相关称为单相关。考虑变量 x 和 y 的散点图,图中所有点看上去都在一条直线附近波动,如图 4-10 所示。其中,若 y 随 x 的增加而增加,如图 4-10(a)、(b)所示,则称数据是正相关的;若 y 随 x 的增加而减少,如图 4-10(d)、(e)所示,则称数据是负相关的。若所有点看上去都在某条曲线的周围波动,如图 4-10(f)所示,则称此相关为非线性相关,这时不能用线性相关特征对此特性进行度量。若数据点之间没有显示出任何关系,如图 4-10(c)所示,则称数据不相关。

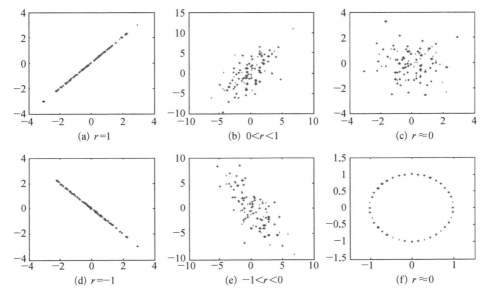

图 4-10　不同相关性下的散点图

线性相关关系可以用相关系数进行量化,相关系数的取值在-1 至 1 之间,越接近 1(-1),正(负)相关性越强。1 表示完全正相关,-1 表示完全负相关;越接近 0,相关性越弱,等于 0 表示线性不相关。对于数值型变量可以用积-距相关系数和秩相关,对于分类变量,可以用列联表分析中的属性相关,这时的相关系数取值在 0 到 1 之间。

2. 复相关分析

在衡量某一维数据与其他多维数据之间的相关性时,可以用复相关(又称多重相关)。

设变量 y 的 n 个数据为 y_1, y_2, $\cdots$, y_n, 对应其余的 p 个变量 x_1, x_2, $\cdots$, x_p 的数据分别为 x_{11}, x_{21}, $\cdots$, x_{p1}, x_{21}, x_{22}, $\cdots$, x_{p2}, $\cdots$, x_{1n}, x_{2n}, $\cdots$, x_{pn}, 采用线性最小二乘法建立 y 对此 p 个变量的回归方程如下:

$$y = a_0 + a_1 x_1 + \cdots + a_p x_p \tag{4-57}$$

定义:

$$\hat{y}_i = a_0 + a_1 x_{1i} + \cdots + a_p x_{pi} \tag{4-58}$$

$$\bar{y} = \frac{1}{n} \sum_{i=1}^{n} y_i \tag{4-59}$$

则复相关系数定义为

$$r = \sqrt{\frac{\sum_{i=1}^{n} (\hat{y}_i - \bar{y})^2}{\sum_{i=1}^{n} (y_i - \bar{y})^2}} \tag{4-60}$$

它表示变量 y 对其余 p 个变量 x_1, x_2, $\cdots$, x_p 的整体线性相关程度。r 有时简称为相关系数。在 $p = 1$ 的情况下,该表达式与单相关是相同的。

3. 典型相关

典型相关描述两组变量 $x = (x_1, x_2, \cdots, x_p)$ 和 $y = (y_1, y_2, \cdots, y_q)$ 的相关关系,是单相关和复相关的推广,或者说单相关系数、复相关系数是典型相关系数的特例。

考虑两组变量合成的向量:

$$z = (x_1, x_2, \cdots, x_p, y_1, y_2, \cdots, y_q) \tag{4-61}$$

设 z 的协方差阵为

$$\Sigma = \begin{bmatrix} \Sigma_{11} & \Sigma_{12} \\ \Sigma_{21} & \Sigma_{22} \end{bmatrix} \begin{matrix} p \\ q \end{matrix} \\ \quad\quad p \quad\quad q \tag{4-62}$$

其中,Σ_{11} 是第一组变量的协方差矩阵,Σ_{22} 是第二组变量的协方差矩阵,$\Sigma_{21} = \Sigma_{12}^{T}$ 是 x 和 y 的协方差矩阵。记两组变量的第一对线性组合为

$$\begin{cases} u = a_1 x_1 + a_2 x_2 + \cdots + a_p x_p = a^{T} x \\ v = b_1 y_1 + b_2 y_2 + \cdots + b_q y_q = b^{T} y \end{cases} \tag{4-63}$$

则 u 与 v 的方差及协方差分别为

$$D(u) = a^{T} \Sigma_{11} a, \; D(v) = b^{T} \Sigma_{22} b \tag{4-64}$$

$$\text{cov}(u, v) = a^{T} \Sigma_{12} b = b^{T} \Sigma_{21} a \tag{4-65}$$

u 与 v 的相关系数为

$$\rho = \frac{a^{T} \Sigma_{12} b}{\sqrt{(a^{T} \Sigma_{11} a)(b^{T} \Sigma_{22} b)}} \tag{4-66}$$

典型相关系数是使 ρ 达到最大的向量 $\boldsymbol{a}$ 和 $\boldsymbol{b}$ 确定的线性组合 u 与 v 的相关系数。引入 Lagrange 乘子法求如下条件极值问题：

$$\max_{\boldsymbol{a},\boldsymbol{b}}\{\rho = \boldsymbol{a}^{\mathrm{T}}\boldsymbol{\Sigma}_{12}\boldsymbol{b}\} \tag{4-67}$$

$$\text{s.t. } \boldsymbol{a}^{\mathrm{T}}\boldsymbol{\Sigma}_{11}\boldsymbol{a} = 1,\ \boldsymbol{b}^{\mathrm{T}}\boldsymbol{\Sigma}_{22}\boldsymbol{b} = 1 \tag{4-68}$$

可以证明，$\boldsymbol{a}$ 和 $\boldsymbol{b}$ 是如下定义的矩阵 $\boldsymbol{M}_1$ 和 $\boldsymbol{M}_2$ 的最大特征值对应的特征向量：

$$\begin{cases}\boldsymbol{M}_1 = \boldsymbol{\Sigma}_{11}^{-1}\boldsymbol{\Sigma}_{12}\boldsymbol{\Sigma}_{22}^{-1}\boldsymbol{\Sigma}_{21} \\ \boldsymbol{M}_2 = \boldsymbol{\Sigma}_{22}^{-1}\boldsymbol{\Sigma}_{21}\boldsymbol{\Sigma}_{11}^{-1}\boldsymbol{\Sigma}_{12}\end{cases} \tag{4-69}$$

4.3.2　非线性相关分析

非线性相关描述数据中的非线性关系的类型和强度。这里介绍基于最大互信息系数的非线性相关分析方法。

对于二维数据的有限集合 $D = \{(x_i, y_i),\ i = 1, \cdots, n\}$，最大互信息系数（maximal information coefficient，MIC）描述了二维数据分量之间更广泛的关系。

首先给出互信息的概念。给定正整数 p、q，将横轴的 $[\min_i\{x_i\}, \max_i\{x_i\}]$ 划分为 p 个分段，纵轴的 $[\min_i\{y_i\}, \max_i\{y_i\}]$ 划分为 q 个分段，则整个二维区域可分为 $p\times q$ 个格子，记此网格划分为 G。将数据集 D 落入 G 的各个格子的数据点数占总数之比 $\rho(x, y)$ 记作概率分布 $D\mid_G$。互信息系数（information coefficient，IC）定义为

$$I(D, p, q) = \sum_{x, y}\rho(x, y)\lg\left(\frac{\rho(x, y)}{\rho(x)\rho(y)}\right) \tag{4-70}$$

其中，$\rho(x)$ 和 $\rho(y)$ 是 $\rho(x, y)$ 的边际分布。

显然，网格划分情况不同，概率分布 $D\mid_G$ 不同，得到的 IC 也不同。不同网格划分情况包括不同的网格划分数量 p、q，以及相同划分数量 p、q 下对坐标轴的不同划分位置。将相同划分数量 p、q 但划分位置不同所得到的最大 IC 值记为 $I^*(D, p, q)$，对其进行归一化处理，得到：

$$M(D)_{p,q} = \frac{I^*(D, p, q)}{\lg\min\{p, q\}} \tag{4-71}$$

最大互信息系数(MIC)定义为

$$\text{MIC} = \max_{p,q} \{ M(D)_{p,q} \}, \ pq < B(n) \tag{4-72}$$

一般,推荐 $B(n) = n^{0.6}$。

MIC 具有对称性,即对变量 X 和 Y,$\text{MIC}(X, Y) = \text{MIC}(Y, X)$。 此外,当有足够多的数据时,MIC 可以对线性以及周期函数、抛物线、超越函数、多种函数关系合成的嵌套函数和非函数关系等多种非线性关系进行描述。相比 MIC 的广泛性,其余相关性统计量大多对线性比较敏感,或者对非线性较为敏感,不具有 MIC 特有的广泛性。表 4-9 是各种相关系数的比较。

表 4-9 各种相关系数的比较

相 关 系 数	适 用 性	标准化	复杂度	鲁棒性
Pearson 相关	线性	是	低	低
Spearman 相关	线性、简单单调非线性	是	低	中
Kendall 系数	线性、简单单调非线性	是	低	中
阈值相关	线性、非线性	是	高	高
最大相关系数	线性、非线性	是	高	中
相位同步相关	时变序列	是	中	中
距离相关	线性、非线性	是	中	高
核密度估计	线性、非线性	否	高	高
K-最邻近距离	线性、非线性	否	高	高
最大互信息系数(MIC)	线性、非线性	是	低	高

MIC 还是均匀的,对于不同相关关系类型,加入相同程度的噪声得到的 MIC 值相近。反之,若变量间 MIC 值相等,则数据所含噪声程度相似。如图 4-11 所示为不同函数关系下噪声水平对 MIC 的影响。

4.3.3 因果分析

因果关系是目前数据分析与建模领域研究的一个热点。早在 1956 年,Wiener 就提出了一种描述因果关系的方法,即"对于两个变量,如果使用第二个变量的信息比不使用第二个变量的信息能够更好地预测第一个变量,我们则称第二个变量是第一个变量的因。"Granger 将该描述形式化,提出了格兰杰因果关系模型,来判断时间序列的因果方向[17]。Schreiber 基于信息论提出传递熵

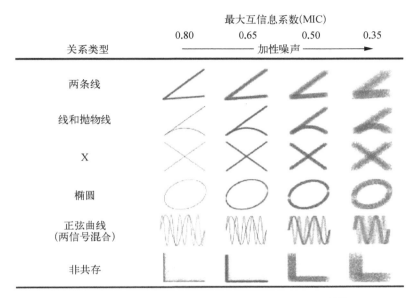

图 4-11　噪声水平对 MIC 描述函数关系的影响[18]

方法,识别变量之间的因果关系[19]。与格兰杰因果关系模型相比,传递熵对于线性或者非线性的关系都适用,且无需预先假设因果关系的模型。

目前,关于两变量因果分析的成果,主要集中在时间序列数据。对于静态数据,需要多个变量的"相互验证"以确定其因果关系,比如基于约束的方法。对于两个一维随机变量的情况,加性噪声模型(additive noise model, ANM)可用于提取其因果关系的强度。设 X 和 Y 是两个变量,满足:

$$Y = bX + \varepsilon^Y \tag{4-73}$$

其中,ε^Y 与 X 独立,且 $b \neq 0$。文献[20]指出,当且仅当 ε^Y 与 X 服从联合高斯分布时,存在 $a \in \mathbb{R}$ 以及噪声 ε^X,使得如下的反向过程成立:

$$X = aY + \varepsilon^X \tag{4-74}$$

图 4-12 对此进行了说明。其中,短线对应于前向模型 $Y = 0.5X + \varepsilon^Y$,ε^Y 与 X 服从均匀分布。灰色区域表示 (X, Y) 的联合密度的支撑集。上述结果说明,由于 (X, ε^Y) 的联合分布不是高斯分布,因此不会有任何有效的反向模型。图中长线是表示最小二乘拟合 $E[X - aY - c]^2$ 获得的直线 $X = aY + c + \varepsilon^X$,这不是一个有效的反向模型,因为噪声 ε^X 与 Y 不是独立的(对不同的 Y,ε^X 的支撑集不同)。

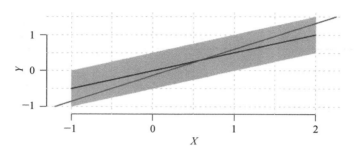

图 4-12　*X* 和 *Y* 的联合密度可识别的例子

基于上述结果,为推断 *X* 和 *Y* 之间的因果关系方向,分别建立 *X* 对 *Y* 的线性回归模型(也可以拓展为非线性模型)$X = aY + \varepsilon^X$ 以及 *Y* 对 *X* 的线性回归模型 $Y = bX + \varepsilon^Y$,其中 ε^X 和 ε^Y 代表噪声项,这里假设噪声项以可加项的形式作用于模型输出。

假设噪声服从非高斯分布。如果 $e^X = X - \hat{X}$ 与 *Y* 非相互独立,而 $e^Y = Y - \hat{Y}$ 与 *X* 相互独立,就可以认为 *X* 是 *Y* 的原因,即存在 $X \rightarrow Y$ 的因果关系,反之亦然。如果两者都是独立的,则认为存在双向的因果关系(可能有外生变量的干扰、混淆偏差等);如果两者都是不独立的,则不存在因果关系。如图 4-13 所示。

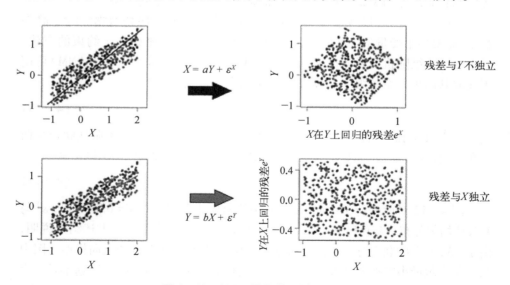

图 4-13　ANM 因果关系判别示例

基于数据的因果关系推断已经取得大量应用,要注意虽然名称叫作"因果",但各种基于数据推断所识别的因果关系,本质上仍然是统计相关性。因为这些方法所得到的因果关系,只包含预测,没有包含介入或干预。例如,这些方法识别因果关系依据的准则是,如果事件 A 的发生有助于预测事件 B,则说 A 是 B 的原因。但不意味着直接操纵 A 一定能影响 B,这与真实的因果是不同的。不过,这里的"因果"关系,确实比传统的统计相关更深刻,对于建立高精度预测模型是有益的,某些情况下也有助于挖掘真正的因果关系。另外,由于因果比相关的数量少,发现因果关系有助于获得"更简单"的模型。

下面以航天器在轨遥测数据分析为例,说明因果分析的作用。取某星 17 个典型遥测参数并获取其一定时间内的遥测数据,识别其因果关系。有关数据描述如表 4 - 10 所示,图 4 - 14 是部分遥测数据,其中 IN7、VN2、TN10 分别为电流、电压、温度的遥测数据。可以看出,遥测数据的变化很复杂,难以看出相互之间的关系。

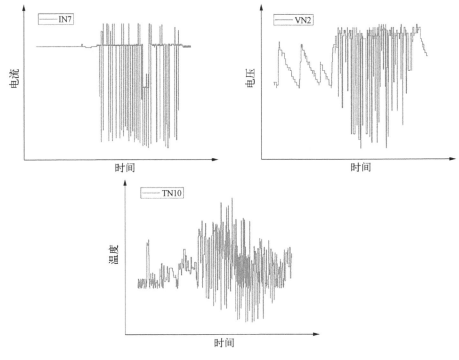

图 4 - 14　遥测数据示意图

表 4 - 10　某星遥测数据信息

属　　性	值
参数个数	17 个
数据时长	168 天
采样频率	1 分钟

利用改进的多元传递熵方法[16]识别 17 个遥测参数的因果关系,结果如图 4 - 15 所示。这里对原始多元传递熵检验规则进行了改进,即仅当一个变量对另一个变量的传递熵,比另一个变量对这个变量的传递熵大得多时,认为这两个变量存在因果关系,并根据传递熵的大小确定因果关系的方向。

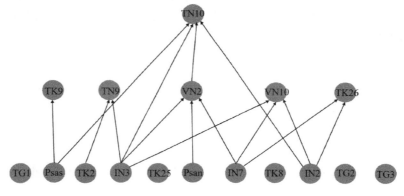

图 4 - 15　遥测参数因果关系图

基于上述因果关系建立因果 LSTM 模型,其预测性能比单通道 LSTM 和多通道 LSTM 都有显著提高,并且对正常状态更稳健、对异常状态更敏感。对装备运行状态异常检测来说,需要根据模型预测误差分布的尾部确定检测阈值。因此,预测模型更关注预测误差较大的部分,即最大绝对误差附近。最大绝对误差越小,误报率就会越低,异常检测的效果也会更好[16]。

4.4　探索性分析与可视化

实践经验和理论研究使人们认识到,在数据集有限的情况下,采用一些不太严格的统计分析方法并以恰当的图形展示出来,有助于人们提高对数据的理解,获得一些更直观的分析结果。有很多图形可以用来很好地展示数据[21],无论对原始数据还是评估结果,采用适当的形式进行展示都是很有必要的。对于原始数据来说,通过一些稳健耐抗和方便灵活的探索性分析方法,有助于选择适当模型和检验模型拟合效果;对于评估结果,可视化可以直观地传递信息,并有助于更进一步地对评估结果进行分析挖掘。下面介绍几种典型的分析任务及其辅助的可视化方法,其中盒状图和散点图适合于对原始数据的分析,概率图针对的是对试验因子的建模结果,连接表、雷达图则针对试验评估结果中的考核指标进一步分析。

4.4.1　五数汇总与盒状图

将一组待分析数据按照从小到大顺序排列:

$$x_{(1)} \leqslant x_{(2)} \leqslant x_{(3)} \leqslant x_{(4)} \leqslant \cdots \leqslant x_{(n-1)} \leqslant x_{(n)}$$

则有:

（1）最小值:$x_{(1)}$。

（2）下四分位数(lower quartile):也称第 25 百分位数,记为 Q_1。

（3）中位数:上述排序正中间的数值,记为 M_e,

$$M_e = \begin{cases} x_{(n/2+1/2)}, & n \text{ 为奇数} \\ [x_{(n/2)} + x_{(1+n/2)}]/2, & n \text{ 为偶数} \end{cases}$$

（4）上四分位数(upper quartile):也称第 75 百分位数,记为 Q_3。

（5）最大值:$x_{(n)}$。

将最小值、下四分位数、中位数、上四分位数和最大值放在一起,即可刻画一组数据的大致分布状态,又称五数概括法。

在上述基础上,还可以定义一些其他统计量。

四分位数深度,记为

$$d(Q_1) = d(Q_3) = (n + 1)/4$$

四分位数间距(inter quartile range,IQR),也称四分位数偏差,记为 Q_1 和 Q_3 的距离,即

$$IQR = Q_3 - Q_1$$

四分位数间距代表了一组数据中 50% 数据的区间宽度,该值可以较好地描

述数据分布的离散情况。若其值较小,代表数据较好地集中在中位数附近,否则说明数据比较分散。

可以用盒状图直观地展示五数汇总信息,如图 4-16 所示。盒状图又称箱线图、盒须图(box-and-wisker diagram),可同时展现数据的位置、分布、偏态、拖尾、离群值等信息,容易理解和解释,是显示一维数值分布的有效方法。多个箱线图并排放置,能够比较各数据集的分布情况。在盒状图中,盒子的下端和上端分别指示第一四分位数和第三四分位数,而盒中的线段指示中位数的值,盒子的底部和顶部的尾线分别指示一组数据的上限和下限,分别为对应的上/下四分位数与 1.5 倍四分位数间距 IRQ 之和/差,即

上限值 = 上四分位数 + 1.5IRQ,下限值 = 下四分位数 - 1.5IRQ

图中的"·"表示离群值。

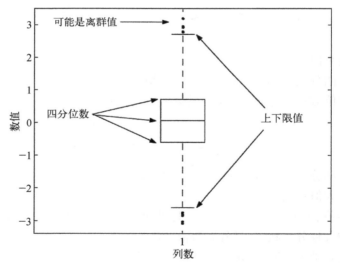

图 4-16　盒状图示意

可以看出,利用盒状图既可以描述数据的位置,也可显示数据的分布情况;落在上限和下限之外的离群值还能明确标识出来并引起注意。

对标准盒状图进行改造得到的非标准盒状图,有时可以提供更多的直观信息。例如,如图 4-17 所示带有凹口的盒状图,通过观察凹口的形状,容易判断数据的分布差异。

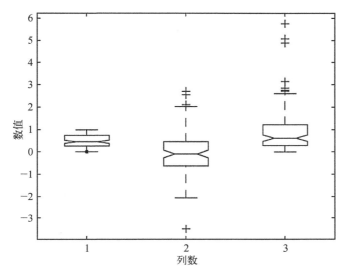

图 4 - 17　三批数据的盒状图

4.4.2　相关分析与散点图

相关性可以较直接反映因子与响应间的关联关系。一般情况下,两变量或多变量之间的相关程度可通过相关系数进行定量化描述。但是,在探索性分析中,我们也可以利用散点图近似判断样本间的相关程度。散点图又称散点分布图,在回归分析中,是数据点在直角坐标系平面上的分布图。二维散点图以一个变量为横坐标,另一变量为纵坐标,利用散点(坐标点)的分布形态反映变量依赖关系。例如,图 4 - 10 给出 Pearson 线性相关系数不同取值时两变量的散点图分布结果。通过该图,我们可以近似判断变量线性或非线性相关程度。

需要注意的是,Pearson 相关系数只反映两变量之间的线性相关程度,其值接近零表明两变量之间近似线性无关,而不是不相关,如图 4 - 10(f) 所示。

相关性色图是一种分析多个变量两两之间线性相关程度的探索性分析方法,如图 4 - 18 所示。其以颜色矩阵的形式展示一组变量两两之间的相关程度,一般以 Pearson 相关系数绝对值作为度量,其值越接近 1,颜色越接近蓝色,其值越接近零,颜色越接近红色。由于对角线反映的是相同变量之间的线性相关系数,其值为 1,故对角线为红色。

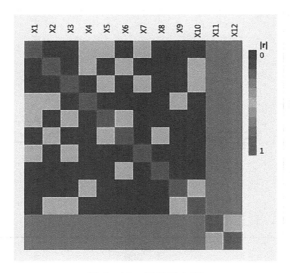

图 4-18　相关性色图

　　把散点图应用于多维数据,就得到散点图矩阵,如图 4-19 所示为四组数据的散点图矩阵。散点矩阵绘制多个变量两两之间的散点图以考察多个变量之间的关系。每两个变量的散点图被称作散点图矩阵的一个面板元素。设有 p 个变量,则可以创建包含 p 行 p 列的散点矩阵,其中的每行每列唯一定义一个散点图,对角线上给出的是对应变量的直方图。

4.4.3　因子效应与概率图

　　可以通过散点图直观地查看因子效应是否显著。但是,效应散点图是根据单次试验的数据计算得到的,并没有考虑试验结果的随机性(如干扰因子或随机因素的影响)。物理试验的随机性意味着,如果再进行一次试验,则很可能得不到同样的数据,因此也就可能得不到相同的结论。也就是说,如果考虑试验数据的随机性,按照统计学的话来说,做出的结论是有风险的。

　　检验因子效应可以采用图形法和正规检验方法。用图形法检验因子效应显著性,主要采用正态概率图和半正态概率图。正态概率图是将样本的顺序统计量和标准正态分布的分位数画在一个坐标轴上,然后对接近 0 的中间点群拟合一条直线,任何远离该直线的点所对应的效应应该判定为显著的。半正态概率图(half-normal probability plot)则由半正态分布的分位数与样本绝对值的顺

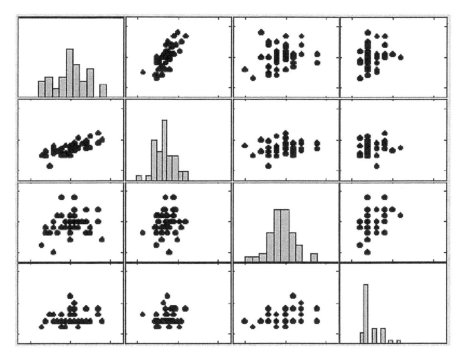

图 4 - 19　散点图矩阵

序统计量绘图。这里,一个正态随机变量的绝对值服从半正态分布。半正态概率图能够较好克服正态概率图的视觉误导,使人们更好关注效应值大小而非偏离直线的情况。如图 4 - 20 所示为某试验的因子效应数据的正态概率图和半正态概率图,可以看出只有 C 是重要的效应,而 K、I 虽然偏离了直线,但是数值很小,并不是显著的效应。

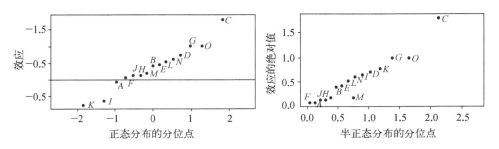

图 4 - 20　交互效应显著主效应不显著[22]

4.4.4　根因分析与因果图

在作战试验评估中,可能发生这样的情况:装备在试验过程中表现良好,但是任务完成得并不好或者没有达到期望效果,反之亦然。对这种不符合预期的现象及其原因进行分析识别,就是根因分析(root cause analysis)[23]。当不同层级指标体系之间存在混杂效应时,虽然没有足够的数据支持无偏差的因果效应评估,但是通过评估结果的对比分析,可以对部分不符合预期的现象进行原因追溯。

由于作战试验评估过程中使命、任务、系统属性是独立评估的,系统如何影响任务性能和使命效能并不是显而易见的。为了确定任务性能和使命效能不足的原因,需要将系统、任务、使命的评估连接起来,然后通过对不同层级指标评估结果的对比进行根因分析,比如基于任务性能缺陷分析使命缺陷,基于系统/体系缺陷评估任务缺陷。这里,连接一般发生在属性而非基础指标之间,可以以连接表(linkage table)或因果图(causality diagram)的形式描述连接关系。

根因分析属于定性评估,其依据是单调性原理和指标之间的连接关系,需要结合实际问题定义评估准则。例如,指标 Y 与指标集合 X 存在关联,认为集合 X 中指标值决定指标 Y 的值,且 X 中指标值大则 Y 的值不应该小(单调性假设)。若不符合该规律,则可能存在异常。应对指标 Y 与指标集合 X 的关联进行对比分析,对异常原因进行识别。基于连接表的分析通过表格表示(不同层级)指标之间的连接关系,其中指标 Y 和指标集合 $X = \{X_1, \cdots, X_n\}$ 单独成列,并通过颜色对表格的网格进行填充,如表 4-11 所示。

表 4-11　连接表示例

指标 Y	评 分 值	指标 X	评 分 值
Y	评分值及其颜色编码	X_1	评分值及其颜色编码
		$\vdots$	评分值及其颜色编码
		X_n	评分值及其颜色编码

在基于因果图的分析中,以指标 Y 作为 2 级指标,指标集合 X 作为 3 级指标,1 级指标可以为空或 2 级指标的聚合指标。绘制因果图并根据指标评分标

记颜色,在此基础上通过颜色之间的差异性进行对比,如图 4 - 21 所示。

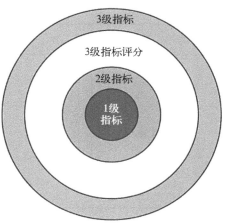

以体系完备性评估为例说明根因分析方法。体系完备性描述装备体系或作战体系是否存在能力短板或缺失。例如,装备体系是否缺失某关键系统或装备,或者作战体系的某项能力是否过于薄弱,都意味着体系存在不完备之处。为此,按如下过程开展体系完备性评估:

图 4 - 21　因果图示意图

(1)对任务级和装备级分别建立各自的指标体系,并独立评估任务效能和装备效能。也就是说,两个指标体系的基础指标都直接通过试验数据计算,任务级指标不是通过装备级指标聚合得到的。

(2)通过专家经验,或在任务场景数很多的情形通过基于数据的关联分析(建议采用 PC 算法等方法进行因果关系分析),建立任务效能和装备效能之间的连接关系。

(3)将任务效能和装备效能的连接关系和指标评分(及其颜色编码)联合,形成体系完备性对比分析的连接表,如表 4 - 12 所示。观察表 4 - 12 发现,任务效能评分与装备效能评分差异较大的为任务效能 1(评分颜色整体存在较大差异)。直观对比表明,该装备在作战试验过程中,在任务效能 1 相应的能力生成方面可能存在空白(不完备)。这里采用的编码方案为:将分值区间[0,1]等分,由大到小依次以绿、浅绿、黄、橙、红表示指标值所在区间。

表 4 - 12　体系完备性评估指标连接表

任 务 效 能	评 分 值	装 备 效 能	评 分 值
		装备效能 1	0.83
		装备效能 2	0.87
任务效能 1	0.37	装备效能 3	0.69
		装备效能 4	0.80

任　务　效　能	评 分 值	装　备　效　能	评 分 值
任务效能 2	0.59	装备效能 5	0.75
		装备效能 6	0.57
任务效能 3	0.83	装备效能 7	0.9
		装备效能 8	0.85
任务效能 4	0.73	装备效能 9	0.80
		装备效能 10	0.75

可以将表 4 – 12 的连接表转化为图 4 – 22 所示因果图进行直观对比,得到类似结果。

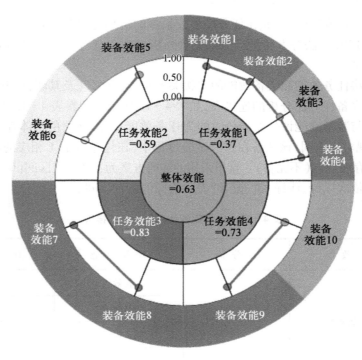

图 4 – 22　体系完备性评估指标因果图

4.4.5　综合评价与雷达图

　　五数汇总与盒状图通常只适合用来描述同一类指标的数值分布情况,当需要对多类不同指标进行系统性分析时,可借助雷达图。

　　雷达图是一种目前广泛使用的多元资料可视化方法,利用其可以方便地开展多方案对比或样本点归类。雷达图以从同一点开始的轴上表示的 3 个或更多定量指标的二维图来展示多变量数据,又称蜘蛛图、星图、蜘蛛网图、极坐标图等。

　　雷达图既可以对比不同的装备,也可以比较同一型装备完成不同任务的效果。例如,某两型装备五个指标的雷达图如图 4-23 所示。从图中可以明显看出,装备 1 性能整体上优于装备 2。

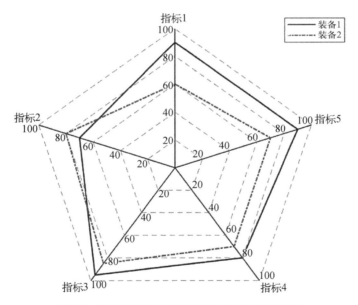

图 4-23　某型装备性能指标对比分析雷达图

　　体系适用性描述体系适合于完成给定任务的能力。这隐含了两个方面:一方面,该体系执行该任务达到了规定的期望效果;另一方面,该体系执行该任务没有过多"浪费"体系的能力。也就是说,如果体系能够以最经济有效的方式满足任务要求的期望效果,则体系是适用的。按照这个理解,体系适用性描述的是体系对任务场景的适用程度。为了评价体系是否适用于某任务,可通过规定任务期望效果进行评价;为评价体系是否更适用于某任务,需要比较体系在不同任务场景之下的综合表现,并在此基础上确定体系的适用性。

利用雷达图可以评价体系在不同任务场景下的表现。例如,某预警侦察装备体系通过五个指标进行评估,对每个指标通过效能评估得到其评分,描述该体系完成该任务的情况(评分大于 0 表示能够满足最低要求)。从原点往外辐射出目标掌握率、识别用时、型号识别率、态势更新率、定位精度五个指标的评分,如图 4 - 24 所示。

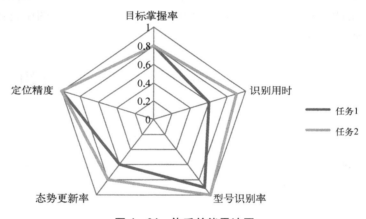

图 4 - 24　体系效能雷达图

如果体系评分都大于 0,则表明其适用于该任务。对不同的任务场景,将其在每条轴上对应的评分连接起来,通过相应雷达图的面积可以评价体系在不同任务场景下的综合表现[也可以通过综合评分(即体系效能评估结果)来评价体系的适用性]。雷达图方法的优点在于直观性,并且通过雷达图可以看出体系效能的薄弱环节。另外,将多级指标和指标权重绘制在同一张雷达图上,可以清楚地看出体系效能"无法满足要求"的原因。

雷达图也可用于定量分析,其做法是提取各对象(如系统、方案等)在雷达图中的面积和周长构造特征向量。通常,图形面积越大,总体优势越大;当面积相同时,周长越小,各指标越协调,反之亦然。此外,雷达图还有助于直观发现某对象的短板和薄弱环节。

参考文献

[1] Cohen J, Cohen P, West S G. Applied multiple regression/correlation analysis for the behavioral sciences[M]. 3rd ed. London：Routledge，2002.

[2] NIST/SEMATECH e-Handbook of statistical methods[EB/OL]. http://www.itl.nist.gov/div898/handbook/[2022 - 01 - 01].

[3] 方开泰,马长兴. 正交与均匀试验设计[M]. 北京：科学出版社，2001.

[4] Saltelli A, Tarantola S, Campolongo F, et al. Sensitivity analysis in practice：A guide to assessing scientific models[M]. New York：John Wiley & Sons，2004.

[5] 施文,冷凯君,卿前恺. 大数据下仿真筛选实验及误差控制模型和应用[J]. 系统工程理论与实践，2018, 38(9)：15.

[6] Morris M D. Factorial sampling plans for preliminary computational experiments [J]. Technometrics，1991, 33(2)：161 - 174.

[7] Sobol I M. On sensitivity estimation for nonlinear mathematical models[J]. Matematicheskoe Modelirovanie，1990,2(1)：112 - 118.

[8] Lu R, Wang D, Wang M, et al. Estimation of Sobol's sensitivity indices under generalized linear models[J]. Communication in Statistics- Theory and Methods，2017, 47(19 - 21)：5163 - 5195.

[9] Azzini I, Rosati R. A function dataset for benchmarking in sensitivity analysis[J]. Data in Brief，2022,42：108071.

[10] 宋述芳,何入洋. 基于随机森林的重要性测度指标体系[J]. 国防科技大学学报，2021, 43(2)：8.

[11] 丁鹏. 因果推断——现代统计的思想飞跃：过去、现在到未来[J]. 数学文化，2021，12(2)：51 - 67.

[12] 蔡瑞初,陈薇,张坤,等. 基于非时序观察数据的因果关系发现综述[J]. 计算机学报，2017,40(6)：1470 - 1490.

[13] 曾泽凡,陈思雅,龙洗,等. 基于观测数据的时间序列因果推断综述[EB/OL]. https://kns.cnki.net/kcms/detail/10.1321.G2.20220511.1602.002.html[2022 - 12 - 30].

[14] Liu T, Unger L, Kording K. Quantifying causality in data science with quasi-experiments [J]. Nature Computational Science，2021,1：24 - 32.

[15] Caldwell J G. Artificial intelligence in test and evaluation：Test design and analysis using AI-Based causal inference[EB/OL]. http://www.foundationwebsite.org/index13-causal-inference-and-matching.htm[2022 - 12 - 30].

[16] 陈思雅. 基于因果推理的航天器在轨异常检测方法研究[D]. 长沙：国防科技大学，2021.

[17] Granger C W J. Investigating causal relations by econometric models and Cross-Spectral methods [J]. Econometrica, 1969, 37(3)：424 – 438.

[18] Reshef D N, Reshef Y A, Finucane H K, et al. Detecting novel associations in large data sets[J]. Science, 2011, 334(6062)：1518 – 1524.

[19] Schreiber T. Measuring information transfer[J]. Physical Review Letters, 2000, 85(2)：461 – 464.

[20] Shimizu S, Hoyer P, Hyvärinen A, et al. A linear non-Gaussian acyclic model for causal discovery[J]. Journal of Machine Learning Research, 2006, 7：2003 – 2030.

[21] Few S. Abela's folly — A thought confuser[EB/OL]. http://www.perceptualedge.com/blog/?p = 2080[2022 – 01 – 01].

[22] Wu C F J, Hamada M. 试验设计与分析及参数优化[M]. 张润楚，郑海涛，兰燕，等译.北京：中国统计出版社，2003.

[23] Smith J. Mission-Based test and evaluation assessment process guidebook[R], 2011.

第5章 试验数据建模

在试验数据建模方面,回归分析是一种经典的得到广泛应用的方法[1,2]。现代装备试验数据来源多、数据量大、维数高、变化复杂,采用经典的统计方法和模型对这些复杂的试验数据快速建立有效的模型,面临很多挑战。本章针对装备试验数据建模中的一些新问题,如效能建模与评估、因果推断、仿真数据建模、自动建模等,介绍结构方程模型、结构因果模型、模型自动发现、多保真度建模等建模方法。这些模型和方法可作为传统的回归分析建模等方法的有益补充,为整体性能建模、试验数据的因果分析、试验数据的高效率建模、多类型试验数据的联合建模等提供一些新思路。此外,目前各种机器学习模型和建模方法,如神经网络模型、分类回归树模型等,也得到大量应用,特别在仿真试验数据的建模与分析方面,限于篇幅不在本章赘述,感兴趣的读者可以参考有关文献。

5.1 结构方程模型

如本书第1章所述,体系作战能力是与任务环境无关的体系整体性能和固有属性。传统的体系作战能力评估,无论是"分解-聚合"法还是整体性方法[3],都是直接从体系自身出发,是建立在体系要素、作战过程、体系结构等分析基础之上的。例如,"分解-聚合"法,先按照火力、机动、指控等对能力进行"分解",然后将各能力表示为装备性能和数量的函数,再自下而上进行聚合得到整体能力;整体性方法直接定义体系的整体特性,如连通性、易损性、互操作性等,但是指标定义困难、可解释性差、较难指导实际应用。总地来说,装备体系十分复杂,依赖专家知识和确定性模型,难以解决装备体系整体性能评估问题。

本节基于结构方程模型,提出一种体系整体性能评估的方法,通过体系的外在表现即执行特定任务的作战效能,对体系的整体性能即固有的作战能力进行合理评估。

5.1.1 结构方程模型定义

结构方程模型(structural equation model，SEM)是20世纪70年代初瑞典统计学家、心理测量学家卡尔·乔瑞斯考格(Karl Jöreskog)及其合作者提出。在SEM中，虽然某些潜变量无法直接观测，但是可以由一个或几个显变量表征，于是可以通过对显变量的测量来分析潜变量以及潜变量之间的关系。目前，SEM已经成为一种重要的线性统计建模技术，被众多学者推崇为"第二代多元统计"方法，广泛应用于心理学、经济学、社会学和行为科学等领域。多元回归分析、因子分析、路径分析等实际上是SEM的特例。传统回归分析或路径分析中如果有多个因变量，则它们是独自建模和计算的，不考虑因变量之间的关系；SEM可以同时处理多个因变量，并估计它们之间的结构(关系)。

1. SEM 的变量

SEM里有两种类型的变量，一种是显变量与潜变量，另外一种是内生变量与外生变量。显变量是可以直接观测或估算的变量，又称作可观测变量、指示变量等。潜在变量是不能被直接观测的因素或特质，它可以是某种理论构思、研究假设，或是尚不能用现存的方法直接测量的客观实在，但是可以通过显变量进行度量。在体系整体性能评估中，可以将体系作战能力视作潜变量，作战效能是可以测量的显变量。

内生变量是指在一个假定的因果关系模型中，受其他变量影响或被其他变量说明的变量，也称因变量；也就是说，内生变量则依赖于其他变量、其值根据输入变量和模型确定，不能随意给定，即"由模型内部产生"。外生变量是指只影响其他变量而不受其他变量影响的变量，也称自变量，可以直观地认为是输入变量，即"从模型之外产生"、独立于其他变量的变量。外生变量可能改变内生变量关系的未知或随机的影响因素，可能是纯粹的干扰项[4]。例如，通过SEM由作战效能对作战能力进行建模评估时，防空反导作战能力指标体系中的打击拦截能力、发现目标能力以及指挥控制能力等是外生变量，如图5-4所示。

2. SEM 的形式

SEM包括测量模型与结构模型两部分。测量模型反映显变量 X、Y 与潜变量 η、ξ 之间的关系。测量方程(measurement equation)为

$$X = \Lambda_x \xi + \delta \qquad (5-1)$$

$$Y = \Lambda_y \boldsymbol{\eta} + \boldsymbol{\varepsilon} \qquad (5-2)$$

结构模型反映的是潜变量与潜变量之间的关系。结构方程(structural equation)为

$$\boldsymbol{\eta} = \boldsymbol{B}\boldsymbol{\eta} + \boldsymbol{\Gamma}\boldsymbol{\xi} + \boldsymbol{\zeta} \qquad (5-3)$$

其中, $\boldsymbol{X}$ 为 $p \times 1$ 维外生显变量向量; $\boldsymbol{Y}$ 为 $q \times 1$ 维内生显变量向量; Λ_x 为 $\boldsymbol{X}$ 在 $\boldsymbol{\xi}$ 上的 $p \times m$ 维负荷矩阵,反映外生显变量与外生潜变量之间的关系; Λ_y 为 $\boldsymbol{Y}$ 在 $\boldsymbol{\eta}$ 上的 $q \times n$ 维负荷矩阵,反映内生显变量与内生潜变量之间的关系; $\boldsymbol{\delta}$ 为 $p \times 1$ 维外生显变量 $\boldsymbol{X}$ 的误差向量; $\boldsymbol{\varepsilon}$ 为 $q \times 1$ 维内生显变量 $\boldsymbol{Y}$ 的误差向量; $\boldsymbol{\xi}$ 为 $m \times 1$ 维外生潜变量向量; $\boldsymbol{\eta}$ 为 $n \times 1$ 维内生潜变量向量; $\boldsymbol{B}$ 为 $n \times n$ 维系数矩阵,表示内生潜变量 $\boldsymbol{\eta}$ 之间的相互关系; $\boldsymbol{\Gamma}$ 为 $n \times m$ 维系数矩阵,表示外生潜变量 $\boldsymbol{\xi}$ 对内生潜变量 $\boldsymbol{\eta}$ 的影响; $\boldsymbol{\zeta}$ 为结构方程的 $n \times 1$ 维误差向量。

通常情况下,SEM 中的显变量和潜变量都是中心化的,即 $E[\boldsymbol{X}] = 0$, $E[\boldsymbol{Y}] = 0$, $E[\boldsymbol{\xi}] = 0$, $E[\boldsymbol{\eta}] = 0$。需要注意的是,利用 SEM 进行分析时,变量也可以不是中心化的;测量误差项 $\boldsymbol{\delta}$、$\boldsymbol{\varepsilon}$、$\boldsymbol{\zeta}$ 的均值为 0;测量误差项 $\boldsymbol{\delta}$、$\boldsymbol{\varepsilon}$ 与外生潜变量 $\boldsymbol{\xi}$ 及内生潜变量 $\boldsymbol{\eta}$ 均不相关,同时,$\boldsymbol{\delta}$ 和 $\boldsymbol{\varepsilon}$ 也不相关;结构方程的误差项 $\boldsymbol{\zeta}$ 与外生潜变量 $\boldsymbol{\xi}$ 以及测量误差项 $\boldsymbol{\delta}$、$\boldsymbol{\varepsilon}$ 不相关;矩阵 $(\boldsymbol{I} - \boldsymbol{B})$ 可逆,其中 $\boldsymbol{I}$ 为单位矩阵。

在 SEM 中,单独使用测量方程即为验证性因子分析,单独使用结构方程即为路径分析。

3. SEM 的表示

为了直观起见,经常采用图标表示 SEM。SEM 常用图标及含义如表 5-1 所示。图 5-1 是一个 SEM 的示意图。图 5-1 中,左半部分是外生潜变量与显变量,右半部分是内生潜变量和显变量。上下两部分是测量模型,包括外生潜变量测量模型和内生潜变量测量模型;中间部分是结构模型。

表 5-1　SEM 常用图标及含义

图　　标	含　　义
⬭	椭圆表示潜变量
▭	矩形表示显变量(观测变量或指标)

图　标	含　义
→	单向箭头表示单向影响或效应
↶	双向弧形箭头表示相关
⬭←	单向箭头指向因子表示内生潜变量未被解释的部分
▭←	单向箭头指向指标表示测量误差

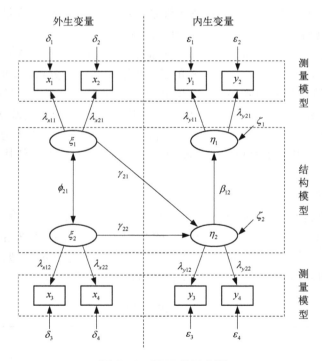

图 5-1　SEM 的示意图

5.1.2　结构方程模型建模

完整的 SEM 一般包含 8 个参数矩阵：$\boldsymbol{\Lambda}_x$、$\boldsymbol{\Lambda}_y$、$\boldsymbol{B}$、$\boldsymbol{\Gamma}$、$\boldsymbol{\Phi}$、$\boldsymbol{\Psi}$、$\boldsymbol{\Theta}_\delta$、$\boldsymbol{\Theta}_\varepsilon$，$\boldsymbol{\Lambda}_x$、

$\boldsymbol{\Lambda}_y$、$\boldsymbol{B}$、$\boldsymbol{\Gamma}$ 已在上文介绍,此外,$\boldsymbol{\Phi}$ 为潜变量 $\boldsymbol{\xi}$ 的协方差矩阵,$\boldsymbol{\Psi}$ 为潜变量残差项 $\boldsymbol{\zeta}$ 的协方差矩阵,$\boldsymbol{\Theta}_\delta$ 和 $\boldsymbol{\Theta}_\varepsilon$ 分别是 $\boldsymbol{\delta}$ 和 $\boldsymbol{\varepsilon}$ 的协方差矩阵。

使用 $\boldsymbol{\theta}$ 代表上述 8 个矩阵中需要估计的未知参数,将 SEM 的协方差矩阵表示为 $\boldsymbol{\Sigma}(\boldsymbol{\theta})$,则 $\boldsymbol{\Sigma}(\boldsymbol{\theta})$ 与上述 8 个矩阵存在映射关系。经过直接的推导,可以得到:

$$\boldsymbol{\Sigma}(\boldsymbol{\theta}) = \begin{bmatrix} \boldsymbol{\Sigma}_{XX}(\boldsymbol{\theta}) & \boldsymbol{\Sigma}_{XY}(\boldsymbol{\theta}) \\ \boldsymbol{\Sigma}_{YX}(\boldsymbol{\theta}) & \boldsymbol{\Sigma}_{YY}(\boldsymbol{\theta}) \end{bmatrix} = \begin{bmatrix} \boldsymbol{\Lambda}_x \boldsymbol{\Phi} \boldsymbol{\Lambda}_x^{\mathrm{T}} + \boldsymbol{\Theta}_\delta & \boldsymbol{\Lambda}_x \tilde{\boldsymbol{B}} \boldsymbol{\Gamma} \boldsymbol{\Phi} \boldsymbol{\Lambda}_y^{\mathrm{T}} \\ \boldsymbol{\Lambda}_y \boldsymbol{\Phi} \boldsymbol{\Gamma}^{\mathrm{T}} \tilde{\boldsymbol{B}}^{\mathrm{T}} \boldsymbol{\Lambda}_x^{\mathrm{T}} & \boldsymbol{\Lambda}_y E(\boldsymbol{\eta} \boldsymbol{\eta}^{\mathrm{T}}) \tilde{\boldsymbol{B}}^{\mathrm{T}} \boldsymbol{\Lambda}_y^{\mathrm{T}} + \boldsymbol{\Theta}_\varepsilon \end{bmatrix}$$

其中,

$$\begin{aligned} \boldsymbol{\Sigma}_{XX}(\boldsymbol{\theta}) &= \mathrm{cov}(\boldsymbol{X}) \\ &= E(\boldsymbol{\Lambda}_x \boldsymbol{\xi} + \boldsymbol{\delta})(\boldsymbol{\Lambda}_x \boldsymbol{\xi} + \boldsymbol{\delta})^{\mathrm{T}} = \boldsymbol{\Lambda}_x E(\boldsymbol{\xi} \boldsymbol{\xi}^{\mathrm{T}}) \boldsymbol{\Lambda}_x^{\mathrm{T}} + E(\boldsymbol{\delta} \boldsymbol{\delta}^{\mathrm{T}}) \\ &= \boldsymbol{\Lambda}_x \boldsymbol{\Phi} \boldsymbol{\Lambda}_x^{\mathrm{T}} + \boldsymbol{\Theta}_\delta \end{aligned} \tag{5-4}$$

$$E_{YY}(\boldsymbol{\theta}) = \mathrm{cov}(\boldsymbol{Y}) = \boldsymbol{\Lambda}_y \tilde{\boldsymbol{B}} (\boldsymbol{\Gamma} \boldsymbol{\Psi} \boldsymbol{\Gamma}^{\mathrm{T}} + \boldsymbol{\Psi}) \tilde{\boldsymbol{B}}^{\mathrm{T}} \boldsymbol{\Lambda}_y^{\mathrm{T}} + \boldsymbol{\Theta}_\varepsilon \tag{5-5}$$

$$\begin{aligned} \boldsymbol{\Sigma}_{XY}(\boldsymbol{\theta}) &= E(\boldsymbol{X} \boldsymbol{Y}^{\mathrm{T}}) = E(\boldsymbol{\Lambda}_x \boldsymbol{\xi} + \boldsymbol{\delta})(\boldsymbol{\Lambda}_y \boldsymbol{\eta} + \boldsymbol{\varepsilon})^{\mathrm{T}} \\ &= \boldsymbol{\Lambda}_x E(\boldsymbol{\xi} \boldsymbol{\eta}^{\mathrm{T}}) \boldsymbol{\Lambda}_y^{\mathrm{T}} \\ &= \boldsymbol{\Lambda}_x \tilde{\boldsymbol{B}} \boldsymbol{\Gamma} \boldsymbol{\Phi} \boldsymbol{\Lambda}_y^{\mathrm{T}} \end{aligned}$$

由于 $\boldsymbol{\theta}$ 是未知的,所以协方差矩阵 $\boldsymbol{\Sigma}(\boldsymbol{\theta})$ 也是无法得到。在 SEM 中估计未知参数 $\boldsymbol{\theta}$ 的基本思路是:将样本数据的协方差矩阵记为 $\boldsymbol{S}$,估计参数使 $\boldsymbol{S} - \boldsymbol{\Sigma}(\boldsymbol{\theta})$ 最小。通过 $\boldsymbol{\Sigma}(\boldsymbol{\theta})$ 与上述 8 个矩阵的映射关系,就可以求出参数 $\boldsymbol{\theta}$ 的估计 $\hat{\boldsymbol{\theta}}$。下面给出具体参数估计过程。

1. 模型可估计性识别

首先检验模型未知参数是否可以进行估计。如果模型不可估计,则需要对模型进行重新设定。SEM 的可估计性识别规则包括 t 规则、两步规则和 MIMIC 规则。第三种识别规则是针对特定 SEM 的,这里简单介绍 t 规则和两步规则[5]。

1)t 规则

t 规则是一个必要不充分条件。在 SEM 中共有 $p + q$ 个测量变量,因此协方差阵 $\boldsymbol{\Sigma}(\boldsymbol{\theta})$ 中有 $(p + q)(p + q + 1)/2$ 个不同的方差和协方差,于是可以得到 $(p + q)(p + q + 1)/2$ 含有未知参数的方程。因此,只要待估计的未知参数的个数 t 满足式(5-6),则 SEM 就是可识别的。

$$t < (p + q)(p + q + 1)/2 \tag{5-6}$$

2) 两步规则

两步规则是结构方程模型识别的充分非必要条件。该规则包括测量模型识别和结构模型识别两步。第一步,通过测量模型识别判断潜变量与可测变量间的关系是否可识别。将所有可测变量都记作 X,所有潜变量都记作 ξ,测量模型可表示为

$$X = \Lambda_x \xi + \delta \tag{5-7}$$

对于式(5-7)的识别,可以按照两指标规则或三指标规则进行识别。

两指标规则:每个潜变量至少有两个指标,即载荷矩阵 Λ_x 的每一列至少有两个非零元素;每个指标只测量一个潜变量,即载荷矩阵 Λ_x 的每一行有且仅有一个非零元素;对每一个潜变量,至少有另一个潜变量与之相关,即潜变量的协方差矩阵 Φ 的每一行,对角线以外至少有一个非零元素。误差之间不相关,即误差的协方差矩阵 Θ_δ 为对角阵。

三指标规则:每个潜变量至少有三个指标,即载荷矩阵 Λ_x 的每一列至少有三个非零元素;每个指标只测量一个潜变量,即载荷矩阵 Λ_x 的每一行有且仅有一个非零元素;误差之间不相关,即误差的协方差矩阵 Θ_δ 为对角阵。

第二步进行结构模型识别,判断潜变量与潜变量之间是否可以识别。如果内生潜变量协方差矩阵 $B = 0$,则结构模型是可识别的。

2. 参数估计

对可识别的 SEM 模型估计参数,根据拟合函数 $F(S, \Sigma(\theta))$ 的不同定义方式,可将 SEM 参数估计方法分为极大似然法、未加权最小二乘法、广义最小二乘法、加权最小二乘法以及对角加权最小二乘法[6]。其中拟合函数的作用是用来衡量样本协方差矩阵 S 与模型协方差矩阵 $\Sigma(\theta)$ 的差值。$F(S, \Sigma(\theta))$ 定义如下:

$$F(S, \Sigma(\theta)) = 0.5\mathrm{tr}[W^{-1}(S - \Sigma(\theta))^2]$$

其中,$\mathrm{tr}(\cdot)$ 是矩阵的迹即矩阵对角线上的元素之和,W 人为指定,不同的 W 对应不同的参数估计方法。

极大似然估计是 SEM 中最常用的参数估计方法。拟合函数为

$$F_{\mathrm{ML}}(S, \Sigma(\theta)) = \lg|\Sigma(\theta)| + \mathrm{tr}[S\Sigma^{-1}(\theta)] - \lg|S| - (p + q)$$

极大似然法要求可测变量数据服从多元正态分布,变量之间是线性可加的。当可测变量不服从多元正态分布,但峰度不大于 8 时,用极大似然法估计不会有很大影响。同时也可以考虑对数据进行正态变换。

若采取如下拟合函数,则得到经典的最小二乘法:

$$F_{LS}(S, \Sigma(\theta)) = 0.5\mathrm{tr}\left[(S - \Sigma(\theta))^2\right]$$

最小二乘法比较直观,拟合函数容易理解,对观测变量数据的分布没有特殊要求。但是 F_{LS} 的值随变量的单位不同而有所变化,即当分别使用相关矩阵和协方差矩阵时,其估计值可能不同。同时,该方法假定所有的变量具有相同的方差、协方差。当这一假定不满足时,可使用广义最小二乘法。

3. 模型检验

对所构建的 SEM 模型,需要对估计的参数以及由此得到的 SEM 进行检验,主要包括参数检验和拟合程度检验[7],直至得到满意的模型。

参数检验包括显著性检验和合理性检验,以评估参数的意义以及合理性。

参数显著性检验类似于回归模型中参数的显著性检验,采用 t 检验方法,检验假设 H_0:参数等于零。参数的合理性是指得到的参数估计值有合理的实际意义。检验参数的合理,就是检验参数估计值是否恰当。这一检验包括:参数的符号,比如是否符合理论假设,如估计的方差、标准误差是否为正;变量之间影响关系,比如应为正但是估计得出的参数为负;参数的取值范围是否合理,如没有互通的路径系数是否为零;参数是否可以得到合理解释,如参数与假设模型的关系有无矛盾等。

模型拟合程度检验包括残差测量参数和拟合指数。拟合指数又称为拟合优度统计量,是通过构造统计量来衡量残差测量参数,包括绝对指数和相对指数。常用的拟合程度检验参数包括 χ^2 统计量、近似误差均方根(root mean square error of approximation,RMSEA)、标准拟合指数(normed fit index,NFI)、非标准化拟合指数(non-normed fit index,NNFI)、比较拟合指数(comparative fit index,CFI)等,其定义见有关文献,此处不再赘述。表 5-2 为各指数的评估标准。

表 5-2　拟合参数的评估标准表

指 数 名 称	评 估 标 准
χ^2	越小越好
RMSEA	小于 0.05,越小越好
NFI	大于 0.9,越接近 1 越好
NNFI	大于 0.9,越接近 1 越好
CFI	大于 0.9,越接近 1 越好

对 SEM 的拟合程度进行评估后,如果模型参数的拟合值的评估参数处在可接受的取值范围内,就不需要对模型进行修正。反之,需要对模型进行适当修正,直到评估参数可以接受且修正后的模型符合定性认识。

5.1.3 示例分析

本节以防空反导体系的反战术弹道导弹(tactical ballistic missile, TBM)能力评估为例,说明基于 SEM 的体系整体能力建模方法。想定方案描述如下:蓝方发射 TBM 对红方某重要区域进行打击,单批次共发射 36 枚 TBM,来袭方向为重要区域的某一方向。红方防空部队在蓝方来袭 TBM 方向部署防空反导体系抗击 TBM,对重要区域实施保护。红方防空反导体系主要由发现探测系统、打击拦截系统和指挥控制系统组成,其作战过程如下:发射探测系统发现识别并跟踪目标后,利用数据链或通信链路向指挥控制系统传输目标信息,指控系统对信息进行处理,对态势进行评估,并生成作战命令,控制打击拦截系统的探测制导系统对目标进行定位,当作战命令下达后,进行拦截,最后将拦截结果传至指控系统。

基于 SEM 的体系整体性能建模框架如图 5-2 所示,具体说明如下。

(1)方案生成。根据作战目标,选取关心的实验参数,生成体系的想定样本空间。该空间包括若干个方案作为样本,每个方案包括体系中武器装备系统的类型和数量、装备的配置方式以及体系的基本部署等。

(2)指标体系构建。通过对体系基本定义和特性、结构组成和基本部署以及基本作战流程等的研究,以及在体系作战效能和作战能力的定性关系的指导下,构建体系的作战能力指标体系和作战效能与作战能力指标的定性关系。

(3)作战效能指标求解。对每种方案进行试验,获得各方案的作战效能指标,图 5-2 中用 E_{ij} 表示,其中 i 为方案编号,j 为指标项。

(4)作战能力指标求解。建立体系作战能力评估的结构方程模型,对模型中的参数进行估计,将体系作战效能与作战能力指标之间的定性关系转化为定量关系模型,进而利用该定量关系模型对各种方案的作战能力指标进行求解。作战能力指标结果在图 5-2 中用 C_{ij} 表示。

(5)体系作战能力分析评估。对作战能力的指标求解结果进行分析,给出评估结论,确定作战能力最优的体系组成方案,进而为有关部门提供决策支持。

1. 方案设计

红方防空反导体系中,装备类型和数量、装备配置方式、体系基本部署描述如下:

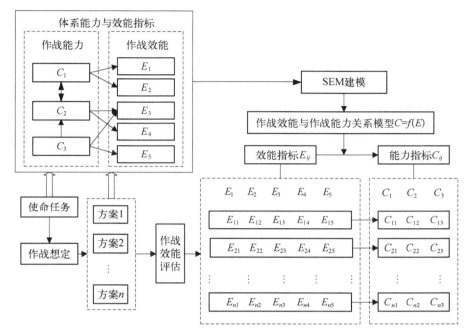

图 5-2　基于 SEM 的体系作战能力评估技术框架

（1）发现探测系统组成方式因子 A：有三种组成方式，依次为某型战术预警机 1 架及某型预警雷达 1 部、战术预警机 2 架、预警雷达 2 部，分别记为 A_1、A_2、A_3；

（2）体系部署方式因子 B：有单层和双层两种部署方式，记为 B_1、B_2；

（3）防空武器系统配置方式因子 C：分为线形（宽正面）配置和集团配置两种方式[8]，记为 C_1、C_2；

（4）防空武器系统配置数量因子 D：考虑部署某型中近程防空武器系统 14 部、18 部、22 部（双层防线时每层依次为 5 部、7 部、9 部），记为 D_1、D_2、D_3；该中近程防空武器系统自身包括制导和指示雷达，既可受发现探测系统引导，也可独立发挥探测识别功能。

考虑四个因子的所有可能组合，可形成应对敌 TBM 攻击的 36 种反 TBM 方案。

2. 指标设计

结合反 TBM 作战流程的特点，可以给出防空反导体系反 TBM 能力各项指标之间的关系，以及反 TBM 作战效能与作战能力指标的定性关系，如图 5-3 所示。其中，核心作战能力指标为打击拦截 TBM 能力。

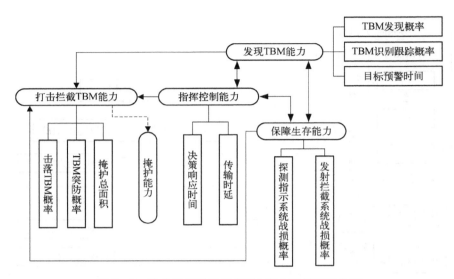

图 5-3　防空反导体系反 TBM 能力评估指标体系

3. 结构方程模型描述

依据图 5-3 和图 5-4,给出防空反导体系反 TBM 能力评估的结构方程模型如下,图 5-4 中变量对应表如表 5-3 所示。

表 5-3　图 5-4 变量对应表

潜变量(作战能力指标)		可测变量(作战效能指标)
外生变量	发现 TBM 作战能力 ξ_1	TBM 的发现概率 x_1
		TBM 的识别跟踪概率 x_2
		预警时间 x_3(单位:秒)
	指挥控制作战能力 ξ_2	决策响应时间 x_4(单位:秒)
		传输时延 x_5(单位:毫秒)
	保障生存作战能力 ξ_3	探测指示系统的战损概率 x_6
		发射拦截系统的战损概率 x_7
内生变量	打击拦截 TBM 作战能力 η_1	击落 TBM 的概率 y_1
		TBM 突防概率 y_2
		掩护总面积 y_3(单位:平方千米)

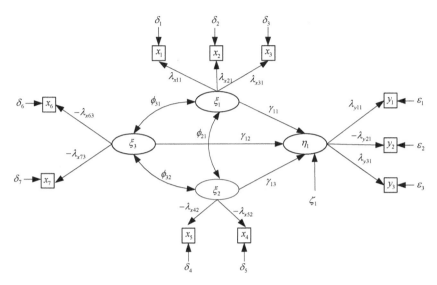

图 5-4 防空反导体系反 TBM 能力评估的 SEM

测量方程为

$$X = \Lambda_x \xi + \delta$$

$$\begin{bmatrix} x_1 \\ x_2 \\ x_3 \\ x_4 \\ x_5 \\ x_6 \\ x_7 \end{bmatrix} = \begin{bmatrix} \lambda_{x11} & 0 & 0 \\ \lambda_{x21} & 0 & 0 \\ \lambda_{x31} & 0 & 0 \\ 0 & -\lambda_{x42} & 0 \\ 0 & -\lambda_{x52} & 0 \\ 0 & 0 & -\lambda_{x63} \\ 0 & 0 & -\lambda_{x73} \end{bmatrix} \begin{bmatrix} \xi_1 \\ \xi_2 \\ \xi_3 \end{bmatrix} + \begin{bmatrix} \delta_1 \\ \delta_2 \\ \delta_3 \\ \delta_4 \\ \delta_5 \\ \delta_6 \\ \delta_7 \end{bmatrix}$$

$$Y = \Lambda_y \eta + \varepsilon$$

$$\begin{bmatrix} y_1 \\ y_2 \\ y_3 \end{bmatrix} = \begin{bmatrix} \lambda_{y11} \\ -\lambda_{y21} \\ \lambda_{y31} \end{bmatrix} \eta_1 + \begin{bmatrix} \varepsilon_1 \\ \varepsilon_2 \\ \varepsilon_3 \end{bmatrix}$$

结构方程为

$$\eta_1 = \begin{bmatrix} \gamma_{11} & \gamma_{12} & \gamma_{13} \end{bmatrix} \begin{bmatrix} \xi_1 \\ \xi_2 \\ \xi_3 \end{bmatrix} + \zeta_1$$

4. 模型参数估计

图 5-4 的模型中有 7 个内生变量、3 个外生变量、27 个待估参数。根据 t 规则,模型是可以识别的。将各方案的效能仿真结果以及体系反 TBM 作战能力评估的结构方程模型输入 LISREL8.0[9],软件采用极大似然估计法进行参数估计,参数估计值如图 5-5 所示。LISREL8.0 还给出了模型的主要拟合指数值,如表 5-4 所示。

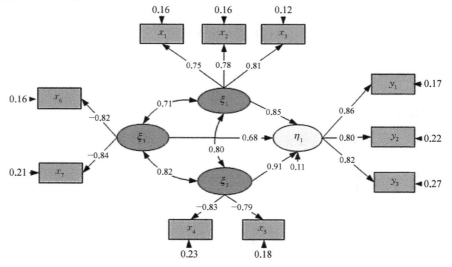

图 5-5 反 TBM 能力评估 SEM 参数估计示意图

表 5-4 模型主要拟合指数值

拟合指数	RMSEA	NFI	NNFI	CFI
指数值	0.012	0.978	0.981	0.992

由图 5-5 可得到,体系中发现探测能力、指挥控制能力以及保障生存能力之间的相互影响明显。同时,这三种能力对打击拦截能力的影响较强,验证了

上文建立的防空反导体系能力评估指标体系。另外,拟合指数值处于合理范围内,因此模型的设计以及参数的估计是合理的。可以将估计的参数值作为体系反 TBM 作战能力评估的参数。

5. 模型应用

以打击拦截能力作为评估防空反导体系反 TBM 作战能力的主要依据。根据结构方程可以得到其计算模型为

$$\eta_1 = \frac{1}{\lambda_{y11}}y_1 - \frac{1}{\lambda_{y21}}y_2 + \frac{1}{\lambda_{y31}}y_3 - \left(\frac{\varepsilon_1}{\lambda_{y11}} - \frac{\varepsilon_2}{\lambda_{y21}} + \frac{\varepsilon_3}{\lambda_{y31}} \right) \quad (5-8)$$

将参数估计值代入后,得到:

$$\eta_1 = 1.163y_1 - 1.250y_2 + 1.219y_3 + 0.252 \quad (5-9)$$

采用式(5-9)计算,得到各方案打击拦截能力的作战能力指标评估值,并根据此评估值选择满意方案。表 5-5 给出了打击拦截 TBM 能力最高的前 6 种方案的评估值以及其方案组成。结果表明:① 探测系统采用 A_1,说明空基和陆基预警系统应该配合使用;② 武器系统配置方式 C 对体系打击拦截 TBM 能力有重要影响,配置方式 C 与配置数量 D 以及体系部署方式可能存在交互效应。武器系统线形配置时,应采用双层防线,部署数量适中的防空武器系统;武器系统集团配置时,应部署数量较多的防空武器系统。

表 5-5　打击拦截能力评估值最高的 6 种方案

序　号	打击拦截能力(评分)	方 案 组 成
1	100	A_1、B_2、C_2、D_3
2	100	A_1、B_2、C_1、D_3
3	100	A_1、B_2、C_1、D_2
4	99.9	A_1、B_1、C_2、D_3
5	91.8	A_1、B_2、C_2、D_2
6	84.9	A_1、B_2、C_2、D_1

5.2　从相关到因果:贝叶斯网络与结构因果模型

从其字面理解,装备试验应该遵循试验的基本原则,包括随机化、重复、区

组化等,于是使用试验数据可以揭示元素之间的因果关系。但是实际上的装备试验与人们对"试验"经典内涵的理解是存在很大差距的。也就是说,由于装备试验费用和组织实施的复杂性,大多情况下很难严格遵循统计试验原则,特别是在作战试验和在役考核过程中,人们很多时候是在"被动地"观察试验对象并获得测量数据。对于这种情况,传统的统计建模方法是否仍然有效,目前缺乏有关的探讨。美军在其基于使命的作战试验评估中,已经注意到可能由于观测数据不完全导致的评估结果混杂问题。

对于不完全观测情形的试验数据建模和评估,目前有两大类解决的思路。一类是基于传统统计方法的潜在结果模型(Rubin causal model,RCM),例如在可忽略性假设下通过回归分析估计平均因果效应、基于潜在可忽略性的工具变量法等。另外一类是结构因果模型(structural causal model,SCM),它结合了因果图(causal diagram)、结构方程模型(SEM)和RCM,直观地描述和分析多变量之间的因果关系。SCM是在贝叶斯网络(Bayesian network,BN)的基础上,加入SEM为其赋予表达和推理因果关系的能力得到的;因此相比RCM,有人称SCM是基于人工智能的因果分析方法。在很多文献中,对SCM与SEM并没有做明确的区分。对于存有偏差的观察数据,结构因果模型提供了定义因果关系和实施准确评估的一个有效框架。本节简单介绍SCM。由于SCM是在贝叶斯网络基础上提出的,因此首先介绍贝叶斯网络。

5.2.1 贝叶斯网络

贝叶斯网络(BN)是概率图模型(probabilistic graphical model)[10]的一种,又称信念网络(belief network)或有向无环图模型(directed acyclic graphical model),是1985年Judea Pearl首先提出的。概率图模型将概率论与图论相结合,目前仍然是一种比较热门的机器学习模型。

1. 贝叶斯网络定义

一个具有 n 个节点的贝叶斯网络可用 $N = \langle \langle V, E \rangle, \mathcal{P} \rangle$ 表示,其中包括有向图 $G = \langle V, E \rangle$ 和条件概率表 $\mathcal{P}$ 两个部分。

$G = \langle V, E \rangle$ 是一个具有 n 个节点的有向无环图(directed acyclic graph,DAG)。节点集合 $V = \{X_1, X_2, \cdots, X_n\}$ 的元素代表随机变量,节点之间的有向边 E 代表变量间的概率依赖关系。对有向边 (X_i, X_j),X_i 称为 X_j 的父节点,X_j 称为 X_i 的子节点。没有父节点的节点称为根节点,没有子节点的节点称为叶节点。X_i 的父节点集合和非后代节点集合分别用 $pa(X_i)$ 和 $A(X_i)$ 来表示。有向图

$G = \langle V, E \rangle$ 蕴含了条件独立性假设,即在给定 $pa(X_i)$ 条件下,X_i 与 $A(X_i)$ 独立:

$$P(X_i \mid pa(X_i), A(X_i)) = P(X_i \mid pa(X_i))$$

又称为局部有向马尔可夫条件,这意味着,以其父节点为条件,X 独立于网络中既不是 X 的后代节点也不是其父节点的变量。

条件概率表 $\mathcal{P}$ 表示与每个节点相关的条件概率分布(conditional probability distribution, CPD)。由贝叶斯网络的条件独立性假设可知,条件概率分布可以用 $P(X_i \mid pa(X_i))$ 描述,它表达了节点与其父节点的定量关联关系。如果给定根节点的验前概率分布和非根节点的条件概率分布,可以得到包含所有节点的联合概率分布,如下:

$$P(x_1, x_2, \cdots, x_n) = \prod_{i=1}^{n} P(x_i \mid pa(x_i))$$

也就是说,BN 利用条件独立性把一个联合分布分解为多个条件概率的乘积,提供了联合分布的更紧凑和高效的表示。该公式称作贝叶斯网络的链式乘积法则。

图 5-6 是一个简单的贝叶斯网络,其中节点集 $V = \{F, M, N, L, M\}$ 表示"飞轮失效""转速失控""电机不转""电机本体坏""控制器坏"五个事件的状态,用 1、0 表示发生或不发生。有向边集合 $E = \{(M, F), (N, F), (F, L), (F, W)\}$ 表示节点变量之间的依赖关系。例如,电机本体坏($L = 1$)或控制器

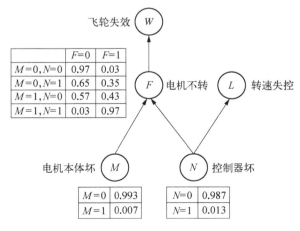

图 5-6　一个简单的贝叶斯网络模型

坏（$M=1$）可能导致电机不转（$N=1$）。图 5-6 以表格形式给出了节点 F 的条件概率分布。对于没有"输入边"的节点，只要给出节点变量的概率分布即可，例如节点 M、N 给出的就是节点变量的概率分布。

目前，已经提出了多种类型的 BN，大体可以按节点类型以及节点与时间的关系分类。

按网络节点类型，BN 可分为离散节点贝叶斯网络、连续节点贝叶斯网络和混合节点贝叶斯网络。离散节点贝叶斯网络是指网络中所有节点的状态都是离散的、可数的，这类网络是最常用的贝叶斯网络，有着成熟的推理和学习算法，而且还有完善的工具软件进行建模与分析。连续节点贝叶斯网络是指网络中所有节点的状态都是连续的，一般利用正态分布来描述节点的状态，当正态分布不能描述时，利用混合高斯分布近似拟合。这类网络有通用的推理和学习算法可以利用，但是应用不怎么广泛。混合节点贝叶斯网络是指网络中既有离散节点，又有连续节点。该类网络的理论还不是很成熟，没有通用的、高效的推理和学习算法可供使用，一般情况下，都是将连续节点离散化，将其转换为离散节点贝叶斯网络进行分析。对这种类型网络的建模与分析，要具体问题具体分析。

按网络节点与时间的关系，BN 可分为静态贝叶斯网络和动态贝叶斯网络。静态贝叶斯网络是指节点状态不随时间而变化的网络。这类网络主要用于故障诊断、可靠性评估、模式分类、软件测试等方面。动态贝叶斯网络是指节点的状态随时间点的推移而不断变化的网络。这类网络主要用于对系统进行时间序列分析，如对系统进行可靠性预计、寿命估计等。

根据联合概率分布的表达式可知，传统上 BN 中有向边的方向不需要有意义（其中一些甚至可能不遵循因果上的时间顺序）。这是因为，两个网络 $A \rightarrow B$ 和 $A \leftarrow B$ 在概率模型中是等价的，产生相同的边际分布并对相同的查询（如 $P(A \mid B)$）产生相同的概率推断。因此，传统的 BN 实际上可以表达的是一种相关关系，节点之间的联系通常不能被解释为因果关系。

为了使 BN 描述因果关系（即有向边的起点和终点可以解释为相应的原因和结果），可以用因果贝叶斯网络。当 BN 的每个有向边都是因果的，BN 就被称为因果贝叶斯网络（causal Bayesian network，CBN）[11] 或马尔可夫模型（Markovian model）。换句话说，如果贝叶斯网络的 DAG 是基于因果关系而不是更一般的关联关系建立的，则所得到的 BN 就是 CBN，有时也称为图形因果模型（graphical causal model）。因此，CBN 与普通 BN 描述形式完全相同，但是具有不同的"内涵"。在 CBN 中，变量 A 的父节点是 A 的直接原因[12]。

2. 贝叶斯网络建模和推理

贝叶斯网络建模的主要任务包括确定网络拓扑结构和确定条件概率分布。网络中所有节点的条件概率分布统称为网络的概率参数。相应的,作为机器学习模型的贝叶斯网络学习建模包括两方面,即结构学习和参数学习。结构学习是指利用训练样本集,尽可能综合验前知识确定最合适的拓扑结构。参数学习是指在给定拓扑结构的条件下,确定网络中的概率参数。

贝叶斯网络推理是指利用贝叶斯网络的结构及条件概率,在无条件或有条件(给定证据)后,计算节点取值的概率即边际概率(某些文献中被称为信念)。这种操作称为概率更新、信念更新或信念赋值。贝叶斯网络推理的主要任务包括:单个变量的边际概率、多个变量的联合分布、变量的条件概率、模型的最可能解释、最大验后概率、灵敏度分析、信息价值等。概率推理和最大验后概率(MAP)解释是贝叶斯网络推理的两个基本任务。

以图 5-6 为例,节点变量的联合概率分布为

$$P(M, N, F, L, W)$$
$$= P(M)P(N \mid M)P(F \mid M, N)P(L \mid M, N, F)P(W \mid M, N, F, L)$$
$$= P(M)P(F \mid M, N)P(W \mid F)P(L \mid N)P(N)$$

而为了计算某个节点变量的边际概率,只需按边际概率的定义即可,例如:

$$P(F) = \sum_{M, N, L, W} P(M, N, F, L, W)$$
$$= \sum_{M, N, L, W} P(M)P(F \mid M, N)P(W \mid F)P(L \mid N)P(N)$$

可通过变量消去法简化边际概率计算。此外,在获得证据的情况下,可能通过对证据的处理降低对系统状态认识的不确定性;这也是贝叶斯网络优于目前其他建模方法之处。

贝叶斯网络的推理算法按精度的不同可分以下两类:一类是精确推理算法,即要求概率计算必须精确,主要有消息传递算法、条件算法、联结树算法、符号概率推理算法、弧反向/节点缩减算法、微分算法等;另一类是近似推理算法,即在不改变计算结果正确性的前提下降低计算精度从而简化计算复杂性,主要有随机抽样算法、基于搜索的算法、模型化简算法、循环消息传递算法等。精确推理算法适用于结构简单、规模较小的贝叶斯网络,近似推理算法主要用于结构复杂、规模较大的贝叶斯网络。

一般贝叶斯网络的精确概率推理、近似概率推理、最大验后概率、最大验后概率近似算法等,都被证明是 NP 问题。在实际应用中,应该针对不同问题,选择不同的算法来解决。

大型复杂贝叶斯网络建模和维护都非常困难。借鉴面向对象的思想,很多学者将类、继承、参考等概念引入贝叶斯网络建模中,提高建模的效率。

3. 示例:动量轮运行可靠性分析

下面通过一个例子说明 BN 的应用。动量轮是长寿命卫星姿态控制系统的一种执行部件,它是一个由电机驱动的旋转体,通过支架安装在卫星星体内。其工作原理是:当动量轮电机绕组按规律通入电流时,电机产生转矩,达到一定的转速,形成一定的动量。根据角动量守恒原理,该转矩或动量作用到卫星星体上时,抵消环境力矩的影响,实现对卫星姿态的控制。

根据动量轮结构以及积累的地面试验(动量轮研制过程中会进行大量的地面试验)数据,可以获得动量轮部件级故障模式,包括停转、控制精度不足、功耗过大,以及组件级(轴承组件、壳体组件、轮体组件、电机组件)和关键零件(如轴承、润滑系统、控制器等)的故障模式,并且在地面试验过程中会监测电流、电压、轴承温度、转速等状态数据。通过逻辑分析,可以建立动量轮故障模式与组件和零件故障模式之间的关联关系。通过失效机理分析,可知影响动量轮功耗和控制精度的主要因素是轴承摩擦力矩,而状态监测数据中的电流和轴温均和轴承摩擦力矩存在直接关系:电流与轴承摩擦力矩(或更一般的阻力矩)成正比,是表示动量轮性能的最主要的指标;轴温是反映轴承组件工作状态的重要特征之一,在普通轴承故障诊断中已经得到广泛的应用,对动量轮来说,其润滑的有效性与温度直接相关。

在上述分析基础上,可以建立如图 5-7 所示的混合节点 BN。其中,不同层级故障模式之间,以及轴温、电流等与各故障模式之间有着不确定性的对应关系。通过历史数据并基于专家经验提供的验前信息,可以得到离散节点之间的条件概率分布、用逻辑斯蒂回归模型表示的轴温、电流与故障模式发生的概率的关系,通过试验数据的统计可以得到轴温和电流(两个根节点)的概率分布。

根据模型可以对动量轮可靠性进行评估。分为两种情况:在无进一步的状态监测数据(即轴温、电流)的条件下,直接通过联合分布求动量轮故障的边际分布即可。如果对于某个具体的产品,监测到其轴温、电流数据,则通过推理也可得该个体产品的可靠度。如果动量轮在轨运行中出现某种现象,例如长时间

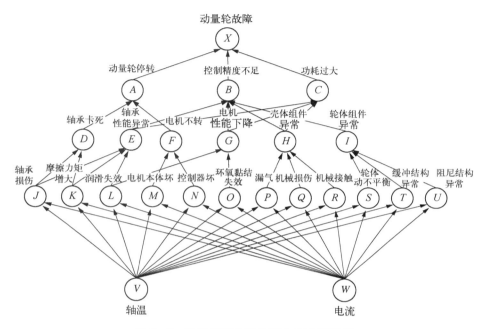

图 5-7　动量轮可靠性的混合贝叶斯网络

功耗过大,同时又监测到轴温和电流的实际数据,则可以推理导致该故障模式发生的最可能的组件或零件故障。具体结果可见文献[13]。

5.2.2　结构因果模型

贝叶斯网络主要描述相关模型,结构因果模型定义一种线性函数因果模型(linear functional causal model)。在贝叶斯网络的基础上加入表示确定性因果关系函数的成分,就得到结构因果模型①。因此,结构因果模型也称结构方程模型或函数因果模型(functional causal model)。显然,条件概率没有因果方向,因此 BN 不是 SCM。另外,由于 BN 与 SEM 在符号表示、推理方式上的差异,因此 SCM 也不是 SEM。可以认为,SCM 是贝叶斯网络的一种泛化。

1. 结构因果模型定义

一个结构因果模型包括三个部分:一组描述全局状态的变量及其与数据集

①　与 CBN 相比,SCM 用"确定性函数方程"表达因果关系,这反映了拉普拉斯(Laplace)的观念——自然规律是确定性的,而随机性是纯粹的认知概念。

的关系、变量间的因果关系以及未观测变量的概率分布。

形式上,SCM 可以用三元组 $\langle U, V, F \rangle$ 定义①,其中,U 是外生变量集合,V 是内生变量集合。F 是函数集合,其中的函数决定如何对集合 V 中的每个变量 v_i 赋值,表示为

$$F = \{f_X: W_X \rightarrow X \mid X \in V, W_X \subseteq (U \cup V) - \{X\}\} \qquad (5-10)$$

例如,方程 $v_i = f_i(v, u)$ 描述一个物理过程,表示 V 和 U 中的变量取值为 $\boldsymbol{v}$ 和 $\boldsymbol{u}$ 时,为变量 $V_i \in V$ 赋值 v_i。进一步地,U 的每个实例化 $\boldsymbol{u}$ 唯一决定 V 中所有变量的值;为 U 赋予分布 $P(\boldsymbol{u})$,也会在 V 上导出一个分布 $P(\boldsymbol{v})$。根据 f_X 的定义,如果一个变量 Y 存在于 f_X 的定义域中,则 Y 是 X 的直接原因。如果 Y 是 X 的直接原因,或者 Y 是 X 的原因的原因(这时称 Y 是 X 的潜在原因),则称 Y 是 X 的原因。当 SCM 不包含任何有向环且所有外生变量相互独立时,SCM 具有马尔可夫性。

SCM 的直观表示形式称为因果图(causal diagram[4] 或 causal graph[14]),也是有向无环图,用于透彻地表示变量之间的因果关系。其中,节点表示随机变量,边表示变量之间的因果关系,边的方向表示因果关系的方向(由因指向果)。边的起点对应的变量称为终点的解释变量(explanatory variables),相应的,终点的变量称为起点的结果变量(outcome variables)。在带有观测数据的因果图中,没有观测数据的节点的变量称为未观测变量(unbserved variables),属于"背景过程"。图 5-8(a)是一个简单的因果图,其中连接 X 和 Y 的箭头表示 X 和 Y 之间的因果关系。图 5-8(b)是带有观测状态的因果图,其中分别用矩形和圆形节点表示变量是观测还是未观测的。

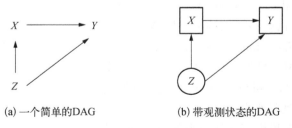

(a) 一个简单的DAG　　　　　　　(b) 带观测状态的DAG

图 5-8　一个简单的因果图

---

① 有的文献认为采用四元组 $\langle U, V, F, P \rangle$,其中增加元组 P 来描述外生变量 U 的联合分布。

在 BN 中,通过条件概率表达亲子关系的方式是可逆的。例如,对随机变量 X 和 Y,如果 $Y = aX + b$,那么变换一下表达式,就可以得到 $X = (Y - b)/a$。这种对称性表明,改变 X 或 Y,Y 或 X 就会发生相应的改变。这有时并不符合事实,例如修改温度计读数并不会改变环境温度。为此,SCM 在 BN 基础上进行改进,加入了结构方程模型的成分以表示单向的因果关系。也就是说,SCM 用确定性函数表示亲子关系,即

$$X = f_X(v(X), u(X)) \tag{5-11}$$

其中,$v(X)$ 表示因果图中 X 的父节点中的内生变量,$u(X)$ 表示 X 的父节点中的外生变量,f_X 称为亲子关系函数,可以是线性的,也可以是非线性的,取决于父子之间的关系是否线性。f_X 实际上就是 SEM 的结构方程。在因果图中,内生变量是"存在父节点的节点",即至少有一条边指向该节点。外生变量在因果图中表示为"不存在父节点的节点",即没有边指向该节点。为了使这个 SCM 具有马尔可夫性质,要求所有外生变量相互独立,如果有随机误差的话则与误差不相关;如果某些外生变量之间存在相关性,那么可能存在混杂变量。为了显式表明因果关系的方向,有的文献建议用"←"或":="代替"="。

在带有观测的因果图表示中,除了通过节点形状,还可以通过边的颜色或线型表示变量是否观测。例如,使用浅灰线条[12] 表示未观测变量与观测变量之间的关系。图 5-9 是另一种表达方式,其中,观测变量之间的因果关系用实线箭头表示,虚线单箭头表示未观测变量与观测变量之间可能的因果关系,虚线双箭头表示未观测变量之间可能的关系。使用虚线连接未观测变量与观测变量,是由于无法通过未观测数据来解释结果变量的变化;在未观测变量之间使用虚线双箭头,则是由于不能推断出未观测变量之间关联关系的因果方向,甚至不能确保这种关联关系存在,为了可视化这种歧义而采取的一种分析策略。在因果图中,还可以用虚线箭头简化表示两个变量之间的其他路径上可能

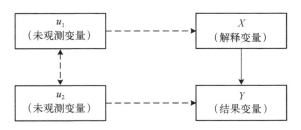

图 5-9　另一种因果图表示

存在未观测因素而导致混杂,称为混杂弧(confounding arc)[4,14]。

SCM 建立在三条基本直觉上:因和果都是单独时间点上的单独事件,因在前,果在后,两个事件无法互为因果。但是在一些情境中,存在互为因果的情况,例如自然界中捕食者与被捕食者的数量变化,这时采用因果环路图(causal loop diagram, CLD),不过在 CLD 基础上的因果推断还不够成熟。

2. 结构因果模型建模

在 SCM 建模与分析方面,目前人们更重视因果推断而非因果模型的构建(具体见 6.4 节因果评估)。因此,SCM 构建的系统性研究比较缺乏。从流程上看,SCM 建模一般分步实施,即首先通过领域知识、专家研判、数据分析挖掘等途径发现因果关系,得到一张因果图。然后使用结构方程去建立亲子关系函数。这有点类似于贝叶斯网络的结构学习和参数学习。

目前,针对因果发现的数据分析方法有大量的研究成果。例如,在动态数据(时间序列数据)的因果发现方面,有格兰杰因果方法、信息论方法(传递熵)、条件独立性方法、基于 SEM 的方法、非线性状态空间方法等;在静态数据因果发现方面,基于加性噪声模型(additive noise models, ANM)的方法。此处不再赘述。

对于被提供给系统生成数据的被动代理,一旦知道了因果图,确定亲子关系函数实际上就是基本的回归分析问题——对每个亲子关系函数,分别利用试验或观测数据估计函数参数。不过,在不同的数据类型的情况下,可估计的亲子关系函数不同,如图 5 - 10 所示。

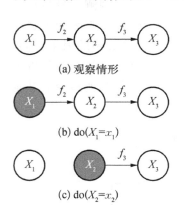

(a) 观察情形

(b) do($X_1=x_1$)

(c) do($X_2=x_2$)

图 5 - 10 亲子关系函数估计的不同情形

在估计函数 f_2 和 f_3 时,数据可以是试验数据(采取干预措施)或者观察数据(被动观察)。图 5 - 10(a)属于被动观察情形,在 X_1 和 X_2 具有概率质量的区域了解 f_2 和 f_3,其不足在于有限样本条件下,较难在低概率区域了解这两个函数的信息。图 5 - 10(b)对应于对 X_1 的干预,即选择并设置 X_1 的值,根据试验数据可以精确地决定想要了解的 f_2 的位置,另外利用观察数据也能够了解一些区域中的 f_3,尽管不能确定在哪里。图 5 - 10(c)干预的是 X_2,因此可以了解 f_3 的一个精确方面,但无法获知 f_2 的任何信息。由于在干预情况下的联合分布就是干预后的 DAG 对应的"观察数据"分布,这时 DAG 上的概率模型就是对应的观察数据(自然生成数据)的模型,因此可以直接用贝叶斯方法对 DAG 上的概率模型进行推断,包括完全数据情形的参数估计以及不完全数据情形采用 EM 算法、最优化算法等估计参数。

　　由于不同的行动(包括:干预或观察,或者不同的干预项)有不同成本,从实施角度仍然可以提出一些问题。例如,如何通过序贯的决策过程,通过干预的手段收集试验数据,以便用尽可能少的费用估计 SCM 模型中的结构方程。

　　对于所建立的 SCM,需要进一步对模型进行评价,即定义风险函数以度量估计的模型 $\hat{M}$ 与真实模型 M 接近程度。可能没有单一的最佳方法来定义 $\hat{M}$ 和 M 之间的紧密性,因为理想的属性可能依赖于特定的应用。例如,最终目标尽可能逼近每个函数 f_n(如解释复杂环境对装备性能影响)、预测无法实施干预或有潜在危险的干预措施的后果(如极端环境或电子对抗实装试验)、在不同环境或条件下更好地控制系统(如将试验条件下的结果推广至实际战场环境)。

　　3. 简单的电池退化问题

　　下面以一个简单的电池退化问题为例说明 SCM。考虑电池的电压 Y、寿命 A、负载 L 之间的关系,并建立 SCM。在这个问题中,电池电压是内生变量,电池寿命和负载影响电压,但是负载是否影响寿命则可能有不同情况。图 5-11(a) 和(b)给出了两种情况的因果图。

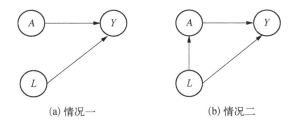

(a) 情况一　　　　　　　　　(b) 情况二

图 5-11　电池电压 Y、寿命 A、负载 L 的因果图

对于图 5-11(a),可以用下面的函数表示亲子关系:

$$(Y \mid A, L) = \beta_0 + \beta_1 A + \beta_2 L + \varepsilon$$

ε 视为噪声,如 $\varepsilon \sim N(0, \sigma^2)$。$A$ 和 L 为外生变量,需要给定 A 和 L 的分

布,例如,L 服从截断的正态分布,A 服从威布尔分布。

对于图 5-11(b),A 变成了内生变量,需要给出 $A \mid L$。

在具体应用上述模型时,如果根据负载或寿命时间的观察数据,预测电压 Y,则相当于贝叶斯推断问题,只要根据证据(观察数据)和验前信息(外生变量的联合分布),计算内生变量的边际分布即可。如果根据规定(而非观察的)寿命或者负载预测电压 Y,则属于因果推断问题,计算的是干预概率;这时如果存在未观测变量,则计算有关概率的模型将变得非常复杂。

5.3 代理模型

随着仿真试验在几乎所有领域都得到应用,仿真数据建模逐渐成为统计学的一个新的研究主题。与实物试验相比,仿真试验的输出具有确定性且可以大量进行。仿真试验的一个主要目标是找到比仿真模型简单得多的近似模型,称为代理模型(surrogate model)或元模型(meta model)。仿真数据建模就是要通过各种建模技术拟合高度适应性的代理模型。目前的代理模型建模方法,只需要几十个数据点就可以建立较高精度的代理模型,因此可以利用较少的试验得到比较可信的评估结果。

传统的试验数据拟合或者插值大多采用参数化模型,如线性回归模型、响应面模型等。当参数化模型不够合理或描述能力不足时,可能会导致模型存在较大的偏差。高斯过程模型提供了描述复杂非参数函数的一般方法,在仿真数据建模中得到大量研究[15]。另外,装备在运行阶段也可以获得大量的各种类型的数据,这些数据的规律一般缺乏验前的知识来指导建立合适的经验模型。如在役考核过程中获得装备使用数据,装备运行监测过程中获得的状态数据,对这些复杂数据的建模,也可以考虑非参数方法建立代理模型。

5.3.1 高斯过程介绍

随机过程 $Z: \mathbb{R}^p \rightarrow \mathbb{R}$ 是一个函数,使得 $Z(x)$,$x \in \mathbb{R}^p$ 是一个随机变量。称如下定义的函数是随机过程的均值函数和协方差函数:

$$\mu: x \rightarrow \mu(x) = E[Z(x)]$$

$$C: (x, x') \rightarrow C(x, x') = \text{cov}(Z(x), Z(x'))$$

称一个随机过程是高斯过程（Gaussian process，GP），如果其任意有限分布族是多元高斯分布。高斯过程由均值函数 $\mu(x)$ 和协方差函数 $C(x, x')$ 决定。如果某个函数 f 是从均值函数为 $\mu(x)$、协方差函数为 $C(x, x')$ 的高斯过程中获取的（称为样本路径），就记为

$$f \sim \text{GP}(\mu(x), C(x, x'))$$

在构造高斯过程时，经常使用一个核函数来定义协方差，如：

$$C(x, x') = \sigma^2 k(x, x')$$

这时 $k(x, x')$ 称为协方差核函数，简称核函数。核函数的选择要满足 Mercer 定理（Mercer's theorem），即在样本空间内的任意格拉姆矩阵（Gram matrix）为半正定矩阵（semi-positive definite matrix）。为简单起见，有时会省略核函数的参数 x 和 x'，而只说 k 是核函数。若 $\mu(x) = 0$，则称该高斯过程为零均值高斯过程。在建模过程中，假设高斯过程具有零均值是一种通常做法，因为对一个未知均值的函数进行边际化（marginalize），可以等价地表示为一个带有新的核函数的零均值高斯过程。

高斯过程的性质与其核函数有密切联系。核函数可分为平稳型和非平稳型，平稳核函数的取值取决于差值 $(x - x')$，是 $(x - x')$ 的函数。表 5-6 给出了一些典型的协方差函数，图 5-12 和图 5-13 为这些核函数的示意图，以及通过这些核函数所构造的高斯过程的样本数据的示意图。平滑核函数是平稳的，因此将 x 和 x' 平移相同的量，核函数的值不变。线性核函数是非平稳的，这意味着在超参数不变的情况下平移数据点，相应的 GP 模型将会不同。表 5-6 的白噪声核函数可以用来描述一个未知的、快速变化的函数。平滑核函数的尺度参数趋于零时，它的极限就是一个白噪声核函数。具有白噪声核函数的 GP 的不同数据点 x 处的函数值 $Z(x)$ 是相互独立的。

表 5-6 基本核函数列表[16]

协方差函数	表 达 式	平稳性
常数核	$C(x, x') = \sigma_f^2$	是
白噪声核	$\text{WN}(x, x') = \sigma_f^2 \delta_{x, x'}$	
线性核	$\text{Lin}(x, x') = \sigma_f^2 (x - c)(x' - c)$	

协方差函数	表　达　式	平稳性
平滑核（高斯核）	$\mathrm{SE}(x, x') = \sigma_f^2 \exp\left[-\dfrac{(x - x')^2}{2l^2} \right]$	是
周期核	$\mathrm{Per}(x, x') = \sigma_f^2 \exp\left[-\dfrac{2}{l^2} \sin^2\left(\pi \dfrac{x - x'}{p} \right) \right]$	是
有理二次核 （rational quadratic）	$\mathrm{RQ}(x, x') = \sigma_f^2 \left[1 + \dfrac{(x - x')^2}{2\alpha l^2} \right]^{-\alpha}$	是
余弦核	$\cos(x, x') = \sigma_f^2 \cos\left[\dfrac{2\pi(x - x')}{p} \right]$	是
零均值周期核	$\mathrm{ZMPer}(x, x') = \sigma_f^2 \dfrac{\exp\left[-\dfrac{2}{l^2} \sin^2\left(\pi \dfrac{x - x'}{p} \right) \right] - I_0\left(\dfrac{1}{l^2} \right)}{\exp\left(\dfrac{1}{l^2} \right) - I_0\left(\dfrac{1}{l^2} \right)}$	是

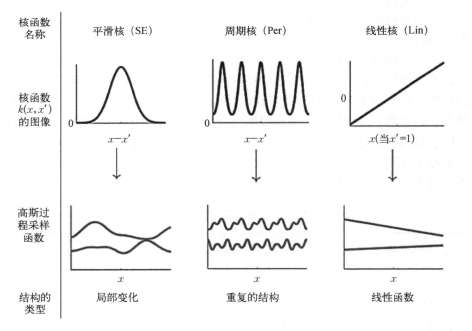

图 5 - 12　常见核函数的示意图及采样（一）

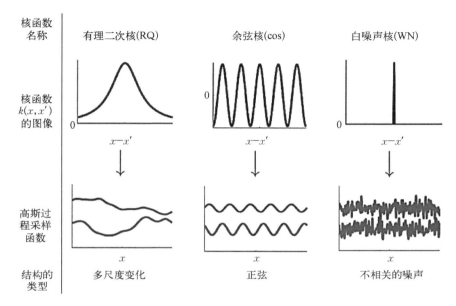

图 5 - 13 常见核函数的示意图及采样(二)

每个核函数都包含了若干参数,这些参数规定了核函数的精确形状,有时被称为超参数,这些超参数是定义核函数的自由参数。表 5 - 6 中 $\delta_{x,x'}$ 是克罗内克德尔塔函数(Kronecker delta function), σ_f 为比例参数, l 为尺度参数, c 为位置参数, p 是周期参数,其他字母都是核函数的参数。例如,平滑核函数的超参数 l 指定了核函数的宽度,从而指定了函数 f 的平滑度。在下文中,使用符号 $k(\boldsymbol{x}, \boldsymbol{x}'; \boldsymbol{\theta})$ 表示以向量 $\boldsymbol{\theta}$ 为超参数的核函数。

由于高斯过程实际上可由核函数定义,因此其变化行为可通过核函数进行解释,核函数的结构也就描述了其样本路径 f 的属性,这些属性反过来又决定了 GP 模型如何对数据进行泛化或外推的方式。

5.3.2 Kriging 模型

考虑在给定某个确定性函数的若干个观测值的情况下,逼近该函数的问题,如图 5 - 14(a)所示。对于这样的问题,有两种解决途径。一种是确定性逼近方法,例如多项式回归、神经网络、样条函数等,采用单个确定性函数逼近该未知函数,这种方式可以得到确定的误差界限(error bound)。这种函数逼近策略在导弹精度分析与评估中,涉及外测跟踪弹道和遥测弹道的精度对比时[2],

是很有用的。还有一类随机方法,如用高斯过程的实现(样本路径)表示一个确定但未知的函数,如图5-14(b)所示,这时可以得到随机的误差界限,这种方法就是 Kriging 模型法,又称为空间相关模型(spatial correlation model)[17]。该方法是从地理统计学发展起来的,1989 年由 Sacks 等用于计算机试验[18]。目前在仿真数据建模中,这是一种重要的建模方法。

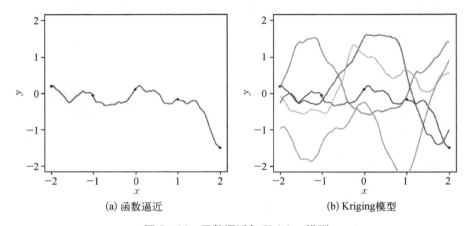

(a) 函数逼近　　　　　　　　　　(b) Kriging模型

图 5-14　函数逼近与 Kriging 模型

Kriging 模型是一个由参数化模型和一个非参数化模型联合构成半参数模型,其中,参数化模型采用回归方程,非参数化模型部分是一个随机过程。Kriging 模型的具体形式如下:

$$y(x) = F(x, \beta) + \varepsilon(x)$$

其中, y 是输出变量, $x = (x_1, x_2, \cdots, x_p)$ 是 p 维输入向量。 $F(x, \beta)$ 表示模型中的整体趋势部分,一般用已知形式的回归方程表示,即

$$F(x, \beta) = f^{\mathrm{T}}(x)\beta$$

其中, $f^{\mathrm{T}}(x) = (f_1(x), f_2(x), \cdots, f_k(x))$,分量 $f_j(x)$ 通常为多项式,通常采用是 0 阶、1 阶或 2 阶多项式; β 为相应的待估回归参数。 $\varepsilon(x)$ 为表示随机的拟合误差,具有如下统计特性:

$$E(\varepsilon(x)) = 0, \ \mathrm{Var}(\varepsilon(x)) = \sigma^2$$

$$\mathrm{cov}(\varepsilon(x), \varepsilon(x')) = \sigma^2 R(x, x'; \phi)$$

其中，x、x' 为任意两个样本点，$R(x, x'; \phi)$ 为相关函数，即 5.3.1 节所述参数化核函数，用来衡量两个数据点 x、x' 的相关性。ϕ 与 x 具有相同维数，其分量 ϕ_i 的选择有两种情况：一种是所有分量相同，即相关函数各向同性的，这就假定了 x 的所有分量有相同的权重；另一种是假定所有分量各不相同，这时相关函数是各向异性的：

$$R(x, x'; \phi) = \prod_{i=1}^{p} R_i(|x_i - x'_i|; \phi_i) = \prod_{i=1}^{p} R_i(d_i; \phi_i)$$

其中，x_i 和 x'_i 是数据点的第 i 个分量，ϕ_i 是相关参数 ϕ 的第 i 个分量。

$R_i(d_i; \phi_i)$ 可取多种形式。MATLAB 工具包 DACE[19] 提供对表 5-7 所示的几种相关函数的支持，需要注意这里的相关函数与表 5-6 中协方差函数的关系。部分相关函数的取值与自变量 d_i 之间的关系见图 5-15。一般来说，当两个样本点之间的距离较小时，exp、Lin 和 spherical 表现为线性行为，所以它们比较适合于线性对象的建模问题；而 Gauss、cubic 和 spline 表现为抛物线行为，所以适合于连续可微对象的建模问题。其中，计算效果最好、被广泛采用的相关函数是 Gauss 相关函数。

表 5-7　常用的相关函数

相 关 函 数	表 达 式
指数（exp）	$R_i(d_i; \phi_i) = \exp(-\phi_i d_i)$
广义指数（expg）	$R_i(d_i; \phi_i) = \exp(-\phi_i d_i^{\delta})$，$0 < \delta < 2$
高斯（Gauss）	$R_i(d_i; \phi_i) = \exp(-\phi_i d_i^2)$
线性（Lin）	$R_i(d_i; \phi_i) = \max\{0, 1 - \phi_i d_i\}$
球形（spherical）	$R_i(d_i; \phi_i) = 1 - 1.5\xi_i + 0.5\xi_i^3$，$\xi_i = \min\{1, \phi_i d_i\}$
三次型（cubic）	$R_i(d_i; \phi_i) = 1 - 3\xi_i + 2\xi_i^3$，$\xi_i = \min\{1, \phi_i d_i\}$
样条（spline）	$R_i(d_i; \phi_i) = \begin{cases} 1 - 15\xi_i + 30\xi_i^3, & 0 \leqslant \xi_i \leqslant 0.2 \\ 1.25(1 - \xi_i)^2, & 0.2 < \xi_i < 1 \\ 0, & \xi_i \geqslant 1 \end{cases}$ 其中 $\xi_i = \phi_i d_i$

上述模型也称为全局克里金（universal Kriging, UK）模型。如果去掉回归模型项，则得到的是简单克里金（simple Kriging, SK）模型；如果回归模型项是

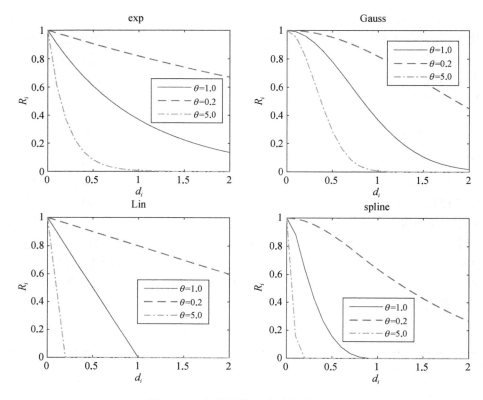

图 5 - 15　相关函数 R_i 与参数关系图

未知常数,则称为普通克里金(ordinary Kriging, OK)模型。克里金模型最早由南非地理学家 D. G. Krige 在 1951 年提出,随后得到其他学者的发展。其中,Matheron 建立高斯克里金法,用来分析空间数据;Sacks 等则于 1989 年首次将克里金法引入仿真试验。

传统的拟合或者插值技术大多采用参数化模型,如线性回归模型、响应曲面等。这时需要首先选择一个参数化的数学模型(如多项式模型),然后根据试验或观测数据确定模型的未知参数。当参数化模型不够合理或描述能力不足时,可能会导致模型存在较大的偏差。Kriging 模型是一种基于统计理论的半参数化的插值模型,即在样本点处的预测值等于观测值。使用 Kriging 模型对某一点 x 的输出进行预测时,是借助于该点周围的已知输出的信息,即通过对 x 的一定范围内的点的已知输出信息的加权组合进行估计,权重一般通过最小化估计的均方误差来确定。相对于参数化模型, Kriging 模型更灵活和方便。而相比其他插值模型, Kriging 模型具有很好的适应性, 数据中是否包含噪声不影响 Kriging 模型的有效程度。Kriging 模型兼具全局和局部统计特性: 一方面能够分析试验数据的整体趋势性和动态性, 另一方面在进行预测时只使用样本点附近的试验数据, 考虑了样本点的空间相关性, 而不是利用所有数据对未知样本点进行拟合。

给定样本数据 $S = \{x_1, x_2, \cdots, x_n\}$ 和 $Y = \{y_1, y_2, \cdots, y_n\}$, 这里 S 和 Y 分别是试验输入和输出, 下面给出 Kriging 模型的参数估计和预测方法。

1. 极大似然估计

定义设计矩阵 $\boldsymbol{F}$ 和相关矩阵 $\boldsymbol{R}$ 如下:

$$\boldsymbol{F} = \begin{bmatrix} f_1(\boldsymbol{x}_1) & f_2(\boldsymbol{x}_1) & \cdots & f_k(\boldsymbol{x}_1) \\ f_1(\boldsymbol{x}_2) & f_2(\boldsymbol{x}_2) & \cdots & f_k(\boldsymbol{x}_2) \\ \vdots & \vdots & \ddots & \vdots \\ f_1(\boldsymbol{x}_n) & f_2(\boldsymbol{x}_n) & \cdots & f_k(\boldsymbol{x}_n) \end{bmatrix}$$

$$\boldsymbol{R} = \begin{bmatrix} R(\boldsymbol{x}_1, \boldsymbol{x}_1) & R(\boldsymbol{x}_1, \boldsymbol{x}_2) & \cdots & R(\boldsymbol{x}_1, \boldsymbol{x}_n) \\ R(\boldsymbol{x}_2, \boldsymbol{x}_1) & R(\boldsymbol{x}_2, \boldsymbol{x}_2) & \cdots & R(\boldsymbol{x}_2, \boldsymbol{x}_n) \\ \vdots & \vdots & \ddots & \vdots \\ R(\boldsymbol{x}_n, \boldsymbol{x}_1) & R(\boldsymbol{x}_n, \boldsymbol{x}_2) & \cdots & R(\boldsymbol{x}_n, \boldsymbol{x}_n) \end{bmatrix}$$

考虑相关参数 ϕ 已知的情况。由模型假设及误差结构, 认为 $\boldsymbol{R}$ 可逆, 则 $\boldsymbol{y} \sim \mathcal{N}(\boldsymbol{F\beta}, \sigma^2\boldsymbol{R})$, 可得参数 $(\boldsymbol{\beta}, \sigma^2)$ 的似然函数为

$$L(\boldsymbol{\beta}, \sigma^2) = \frac{1}{(2\pi\sigma^2)^{\frac{n}{2}}\det(\boldsymbol{R})^{\frac{1}{2}}}\exp\left\{-\frac{1}{2\sigma^2}(\boldsymbol{y} - \boldsymbol{F\beta})^{\mathrm{T}}\boldsymbol{R}^{-1}(\boldsymbol{y} - \boldsymbol{F\beta})\right\}$$

对数似然函数为

$$l(\boldsymbol{\beta}, \sigma^2) = -\frac{n}{2}\ln(2\pi) - \frac{n}{2}\ln(\sigma^2) - \frac{1}{2}\det(\boldsymbol{R})$$

$$-\frac{1}{2\sigma^2}(\boldsymbol{y} - \boldsymbol{F\beta})^{\mathrm{T}}\boldsymbol{R}^{-1}(\boldsymbol{y} - \boldsymbol{F\beta})$$

对对数似然函数求偏导, 并令偏导等于 0, 得到如下正规方程:

$$\begin{cases} \dfrac{\partial l(\boldsymbol{\beta}, \sigma^2)}{\partial \boldsymbol{\beta}} = -\dfrac{1}{\sigma^2} \boldsymbol{F}^{\mathrm{T}} \boldsymbol{R}^{-1}(\boldsymbol{y} - \boldsymbol{F}\boldsymbol{\beta}) = 0 \\[3mm] \dfrac{\partial l(\boldsymbol{\beta}, \sigma^2)}{\partial \sigma^2} = -\dfrac{n}{\sigma^2} + \dfrac{1}{\sigma^4}(\boldsymbol{y} - \boldsymbol{F}\boldsymbol{\beta})^{\mathrm{T}} \boldsymbol{R}^{-1}(\boldsymbol{y} - \boldsymbol{F}\boldsymbol{\beta}) = 0 \end{cases}$$

由第一个方程得到回归参数 $\boldsymbol{\beta}$ 的估计为

$$\hat{\boldsymbol{\beta}} = (\boldsymbol{F}^{\mathrm{T}} \boldsymbol{R}^{-1} \boldsymbol{F})^{-1} \boldsymbol{F}^{\mathrm{T}} \boldsymbol{R}^{-1} \boldsymbol{Y}$$

实际上,上式也可以用广义最小二乘法得到。

将 $\hat{\boldsymbol{\beta}}$ 表达式代入第二个方程,可得

$$\hat{\sigma}^2 = \frac{1}{n}(\boldsymbol{Y} - \boldsymbol{F}^{\mathrm{T}}\hat{\boldsymbol{\beta}})^{\mathrm{T}} \boldsymbol{R}^{-1}(\boldsymbol{Y} - \boldsymbol{F}^{\mathrm{T}}\hat{\boldsymbol{\beta}})$$

如果相关参数 ϕ 是未知的,此时未知参数为 $\boldsymbol{\beta}$、σ^2 和 ϕ。可以采用剖面极大似然法,基于构建的对数似然函数 $l(\boldsymbol{\beta}, \sigma^2, \phi)$ 求解 $(\boldsymbol{\beta}, \sigma^2, \phi)$ 的极大似然估计。即将 $\boldsymbol{\beta}$ 与 σ^2 的极大似然估计表示为相关参数 ϕ 的函数,如上所述。然后将得到 $\hat{\boldsymbol{\beta}}$ 和 $\hat{\sigma}^2$ 的表达式代入似然函数 $l(\boldsymbol{\beta}, \sigma^2, \phi)$,求解得到 ϕ 的极大似然估计,如下:

$$\hat{\phi} = \max_{\phi}\left\{ -\frac{n}{2}\ln(\hat{\sigma}^2) - \frac{1}{2}\ln(\det(\boldsymbol{R})) \right\} = \min_{\phi}\left\{ \sqrt[n]{\det(\boldsymbol{R})}\,\hat{\sigma}^2 \right\}$$

2. 模型预测

下面考虑基于 Kriging 模型的预测问题。根据模型假设,待估点 $\boldsymbol{x}_0$ 的输出是已知试验输出值 $\boldsymbol{Y}$ 的线性组合,即

$$\hat{y}(\boldsymbol{x}_0) = \boldsymbol{c}^{\mathrm{T}} \boldsymbol{Y}$$

预测误差为

$$\begin{aligned} \hat{y}(\boldsymbol{x}_0) - y(\boldsymbol{x}_0) &= \boldsymbol{c}^{\mathrm{T}} \boldsymbol{Y} - y(\boldsymbol{x}_0) \\ &= \boldsymbol{c}^{\mathrm{T}}(\boldsymbol{F}\boldsymbol{\beta} + \boldsymbol{Z}) - (\boldsymbol{f}^{\mathrm{T}}\boldsymbol{\beta} + z) \\ &= \boldsymbol{c}^{\mathrm{T}}\boldsymbol{Z} - z + (\boldsymbol{F}^{\mathrm{T}}\boldsymbol{c} - \boldsymbol{f})^{\mathrm{T}}\boldsymbol{\beta} \end{aligned}$$

其中,$\boldsymbol{Z} = (z_1, z_2, \cdots, z_n)^{\mathrm{T}}$ 为随机项。

为了保证预测的无偏性,误差均值应为 0,即

$$E[\hat{y}(\boldsymbol{x}_0) - y(\boldsymbol{x}_0)] = E[(\boldsymbol{F}^{\mathrm{T}}\boldsymbol{c} - \boldsymbol{f})^{\mathrm{T}}\boldsymbol{\beta}] = 0$$

由于上式对任何 $\boldsymbol{\beta}$ 成立,因此

$$\boldsymbol{F}^{\mathrm{T}}\boldsymbol{c} - \boldsymbol{f} = 0$$

于是预测方差为

$$\sigma^2(\boldsymbol{x}_0) = E[(\hat{y}(\boldsymbol{x}_0) - y(\boldsymbol{x}_0))^2] = E[(\boldsymbol{c}^{\mathrm{T}}\boldsymbol{Z} - z)^2]$$

$$= E[z^2 + \boldsymbol{c}^{\mathrm{T}}\boldsymbol{Z}\boldsymbol{Z}^{\mathrm{T}}\boldsymbol{c} - 2\boldsymbol{c}^{\mathrm{T}}\boldsymbol{Z}z] = \sigma^2(1 + \boldsymbol{c}^{\mathrm{T}}\boldsymbol{R}\boldsymbol{c} - 2\boldsymbol{c}^{\mathrm{T}}\boldsymbol{r})$$

其中,$\boldsymbol{r}$ 为预测点 $\boldsymbol{x}_0$ 与各样本点之间的相关性,即

$$\boldsymbol{r} = [R(\boldsymbol{x}_0, \boldsymbol{x}_1), R(\boldsymbol{x}_0, \boldsymbol{x}_2), \cdots, R(\boldsymbol{x}_0, \boldsymbol{x}_n)]^{\mathrm{T}}$$

通过最小化预测方差确定 $\boldsymbol{c}$,即求解:

$$\boldsymbol{c} = \arg\min_{\boldsymbol{c}}\{\sigma^2(\boldsymbol{x}_0)\}$$

$$\text{s.t. } \boldsymbol{F}^{\mathrm{T}}\boldsymbol{c} - \boldsymbol{f} = 0$$

采用拉格朗日乘子法求解,得到:

$$\boldsymbol{c} = \boldsymbol{R}^{-1}(\boldsymbol{r} - \boldsymbol{F}(\boldsymbol{F}^{\mathrm{T}}\boldsymbol{R}^{-1}\boldsymbol{F})^{-1}(\boldsymbol{F}^{\mathrm{T}}\boldsymbol{R}^{-1}\boldsymbol{r} - \boldsymbol{f}))$$

待测点 $\boldsymbol{x}_0$ 的预测值及其方差为

$$\hat{y}(\boldsymbol{x}_0) = \boldsymbol{r}^{\mathrm{T}}\boldsymbol{R}^{-1}\boldsymbol{Y} - (\boldsymbol{F}^{\mathrm{T}}\boldsymbol{R}^{-1}\boldsymbol{r} - \boldsymbol{f})^{\mathrm{T}}\hat{\boldsymbol{\beta}}$$

$$\sigma^2(\boldsymbol{x}_0) = \sigma^2(1 + (\boldsymbol{F}^{\mathrm{T}}\boldsymbol{R}^{-1}\boldsymbol{r} - \boldsymbol{f})^{\mathrm{T}}(\boldsymbol{F}^{\mathrm{T}}\boldsymbol{R}^{-1}\boldsymbol{F})^{-1}(\boldsymbol{F}^{\mathrm{T}}\boldsymbol{R}^{-1}\boldsymbol{r} - \boldsymbol{f}) - \boldsymbol{r}^{\mathrm{T}}\boldsymbol{R}^{-1}\boldsymbol{r})$$

可见,式中只有向量 $\boldsymbol{f}(\boldsymbol{x}_0)$ 和 $\boldsymbol{r}(\boldsymbol{x}_0)$ 与 $\boldsymbol{x}_0$ 有关。也就是说,对于任一待预测点 $\boldsymbol{x}_0$,只要求出 $\boldsymbol{f}(\boldsymbol{x}_0)$ 和 $\boldsymbol{r}(\boldsymbol{x}_0)$,就可以得到这一点的预测值。

特别的,对于已知输出值的输入,例如取 $\boldsymbol{x}_0 = \boldsymbol{x}_i$,可以证明:

$$\hat{y}(\boldsymbol{x}_i) = y(\boldsymbol{x}_i), \ \sigma^2(\boldsymbol{x}_i) = 0$$

即 Kriging 模型是一种插值模型。

3. 模型精度检验

Kriging 模型精度检验需要通过额外的测试样本。只有满足精度要求的模型才能用于进一步的预测。设测试样本数量为 m,通常的误差检验方法包括经验累积方差、平均相对误差等,定义如下。

（1）经验累积方差:

$$\text{EISE} = \frac{1}{m}\sum_{j=1}^{m}(\hat{y}(\boldsymbol{x}_j) - y(\boldsymbol{x}_j))^2$$

（2）平均相对误差：

$$\text{Err} = \frac{1}{m} \sum_{j=1}^{m} \left| \frac{\hat{y}(\boldsymbol{x}_j) - y(\boldsymbol{x}_j)}{y(\boldsymbol{x}_j) + \varepsilon(\boldsymbol{x}_j)} \right|, \text{其中} \varepsilon(\boldsymbol{x}) = \begin{cases} 0, & |y(\boldsymbol{x})| \neq 0 \\ 0.01 & |y(\boldsymbol{x})| = 0 \end{cases}$$

5.3.3 涂层性能评估案例

碳纤维增强基复合材料（carbon fibre-reinforced polymer，CFRP）具有高强度、高刚性以及良好的耐热性、抗环境性能及抗疲劳性能等一系列优点，在航空航天领域也获得了成功的使用。美国奋进号航天飞机在机体、机翼尖端、尾舵及发动机喷管等关键部位均大量采用 CFRP 及其他高性能复合材料，来满足航天飞机在大气内外高速飞行下的极端条件需求。如图 5‑16 所示，航天器在外太空工作时，CFRP 作为外层蒙皮材料，在设计上要考虑高速冲击，各种高能射线辐照下的动载荷响应问题。

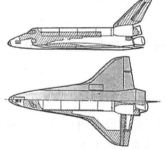

图 5‑16　航天飞机上 CFRP 的使用

本节及 5.4 节对正交各向异性 CFRP 在脉冲 X 射线辐照下的动力学响应进行数值模拟仿真，在此基础上验证不同精度辐射试验数据综合建模方法以及多种辐射环境协同效应评估方法，然后基于不同精度数值模拟数据，对 CFRP 抗 X 射线辐照性能进行评估。CFRP 辐照性能数值模拟采用国防科技大学理学院自行编写的显式拉格朗日有限元程序 TSHOCK3D[①]。通过控制 FEM 网格大小控制模型精度。理论上网格尺寸越小，其计算结果越逼近于真实值。因此通过在 xyz 三个方向上的网格划分参数 dx、dy、dz 的控制，模拟不同精度的模型。选择

---

① https://github.com/nudtzk/TSHOCK3D。

1 keV 入射能通量和 3 keV 入射能通量作为试验因子,对 1 keV 入射能通量和 3 keV 入射能通量联合作用进行仿真。仿真试验数据如图 5-17 所示,其中 x, y 轴分别为 1 keV 和 3 keV 粒子入射能通量,z 轴为冲量耦合系数。

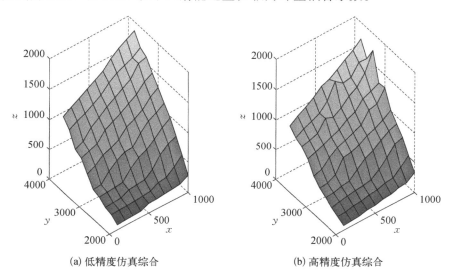

(a) 低精度仿真综合　　　　　　　　(b) 高精度仿真综合

图 5-17　两因子综合作用的仿真试验数据

图 5-18 为采用线性回归分析方法拟合试验数据的结果,其中 x, y 轴为入射能通量,z 轴为拟合残差,可以看出,参数化模型很难对如此复杂的数据进行合理建模;并且,相对两个单因子叠加的拟合,多因子综合试验数据的拟合效果更差一些。究其原因,应与多因子综合试验数据的规律更为复杂有关。

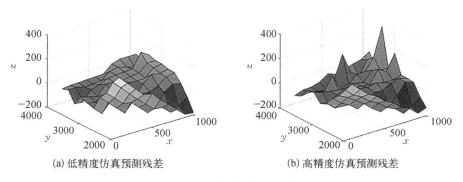

(a) 低精度仿真预测残差　　　　　　(b) 高精度仿真预测残差

图 5-18　线性回归模型拟合残差

　　为此,考虑 Kriging 代理模型。首先考虑采用经典 Kriging 模型拟合不同精度试验数据的效果,如图 5-19、图 5-20 所示。与线性回归模型相比,半参数的 Kriging 模型具有更好的精度(虽然仍显不足)。

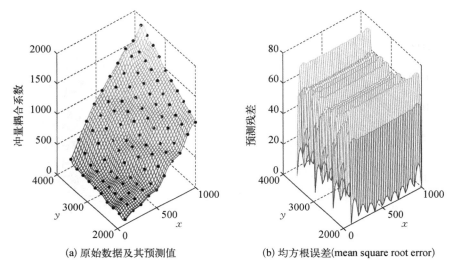

(a) 原始数据及其预测值　　　　　(b) 均方根误差(mean square root error)

图 5-19　低精度试验数据的 Kriging 模型及其预测精度

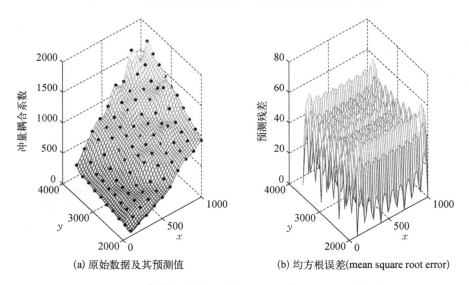

(a) 原始数据及其预测值　　　　　(b) 均方根误差(mean square root error)

图 5-20　高精度试验数据的 Kriging 模型及其预测精度

5.4　多保真度建模

对于复杂的高精度(high fidelity)模型,或者受到技术条件和费用限制而难以实施的实物试验,获得足够的数据来建立具有合理精度的代理模型仍然是比较困难的。多保真度代理(multi-fidelity surrogate,MFS)模型的基本原理是[15,20]:以大量的低精度仿真数据和少量的高精度仿真数据综合,使用低精度数据弥补高精度数据的不足,构造具有较高精度的代理模型。随着数字孪生技术的发展,多保真度融合的建模方法正在得到更多的研究。本节介绍一种基于 Kriging 模型的多保真度建模方法[21,22],其他建模方法参见文献[15,23−28]。

5.4.1　基于 Kriging 模型的多保真度模型定义

Kriging 模型具有很高的灵活性,如果对数据的规律没有验前知识,常常可以考虑使用 Kriging 模型。Kriging 模型的一个特殊用途是可以用来建立不同保真度试验数据之间的关系,从而建立多保真度仿真数据的联合模型。定义如下符号:

$D_l = \{\boldsymbol{x}_1, \cdots, \boldsymbol{x}_n\}$:低精度试验点,$n$ 为试验点数;

$\boldsymbol{x}_j = \{x_{1j}, \cdots, x_{pj}\}$:第 j 个试验点,x_{ij} 表示在第 j 个取值组合中分量 x_i 的取值;

$\boldsymbol{y}_l = \{y_l(\boldsymbol{x}_j): \boldsymbol{x}_j \in D_l\}$:低精度数据;

$D_h = \{\boldsymbol{x}_1, \boldsymbol{x}_2, \cdots, \boldsymbol{x}_{n_1}\} \subseteq D_l$:高精度试验的试验点;

$\boldsymbol{y}_h = \{y_h(\boldsymbol{x}_j): \boldsymbol{x}_j \in D_h\}$:高精度数据;

$\mathcal{N}(\mu, \sigma^2)$:均值为 μ、方差为 σ^2 的一元正态分布;

$\mathcal{GP}(\mu, \sigma^2, \boldsymbol{\phi})$:均值为 μ、方差为 σ^2、尺度相关参数向量为 $\boldsymbol{\phi}$ 的高斯过程;

基于 Kriging 模型的多保真度模型定义如下。首先,定义低精度数据 $\boldsymbol{y}_l$ 的基础 Kriging 模型 LE:

$$\text{LE}: y_l(\boldsymbol{x}) = \boldsymbol{f}_l^{\text{T}}(\boldsymbol{x})\boldsymbol{\beta}_l + \varepsilon_l(\boldsymbol{x})$$

其中,$\varepsilon_l(\boldsymbol{x}) \sim \mathcal{GP}(0, \sigma_l^2, \boldsymbol{\phi}_l)$。

其次,对低精度模型 LE 修正,定义高精度模型 HE 如下:

$$\text{HE：} y_h(\boldsymbol{x}) = \rho_{lh}(\boldsymbol{x}) y_l(\boldsymbol{x}) + \delta_{lh}(\boldsymbol{x}) + \varepsilon_h(\boldsymbol{x})$$

其中，$\rho_{lh}(\boldsymbol{x}) \sim \mathcal{GP}(\rho_0, \sigma_\rho^2, \phi_\rho)$ 为尺度修正模型，$\delta_{lh}(\boldsymbol{x}) \sim \mathcal{GP}(\rho_0, \sigma_\delta^2, \phi_\delta)$ 为位置修正模型，ε_h 为误差项，符合白噪声模型即 $\varepsilon_h(\boldsymbol{x}) \sim \mathcal{N}(0, \sigma_h^2)$。

综合不同精度仿真数据，建立尺度修正模型 $\rho_{lh}(\boldsymbol{x})$ 和位置修正模型 $\delta_{lh}(\boldsymbol{x})$。下面给出一种多层贝叶斯方法。

5.4.2 多层贝叶斯估计

定义参数向量 $(\boldsymbol{\theta}_1, \boldsymbol{\theta}_2, \boldsymbol{\theta}_3)$ 如下：

$$\boldsymbol{\theta}_1 = (\boldsymbol{\beta}_l^{\mathrm{T}}, \rho_0, \delta_0), \ \boldsymbol{\theta}_2 = (\sigma_l^2, \sigma_\rho^2, \sigma_\delta^2, \sigma_\varepsilon^2), \ \boldsymbol{\theta}_3 = (\boldsymbol{\phi}_l^{\mathrm{T}}, \boldsymbol{\phi}_\rho^{\mathrm{T}}, \boldsymbol{\phi}_\delta^{\mathrm{T}})$$

其中，

$$\boldsymbol{\beta}_l = (\beta_{l_0}, \beta_{l_1}, \cdots, \beta_{l_k})^{\mathrm{T}}$$

$$\boldsymbol{\phi}_l = (\phi_{l_1}, \phi_{l_2}, \cdots, \phi_{l_k})^{\mathrm{T}}, \ \boldsymbol{\phi}_\rho = (\phi_{\rho_1}, \phi_{\rho_2}, \cdots, \phi_{\rho_k})^{\mathrm{T}}, \ \boldsymbol{\phi}_\delta = (\phi_{\delta_1}, \phi_{\delta_2}, \cdots, \phi_{\delta_k})^{\mathrm{T}}$$

定义参数：

$$\tau_1 = \frac{\sigma_\delta^2}{\sigma_\rho^2}, \ \tau_2 = \frac{\sigma_\varepsilon^2}{\sigma_\rho^2}$$

采用多层贝叶斯方法估计模型 HE 的未知参数。确定参数的验前分布，这里采用共轭验前分布进行构造，具体如下：

（1）$p(\sigma_l^2) \sim \mathrm{IG}(\alpha_l, \gamma_l)$；

（2）$p(\sigma_\rho^2) \sim \mathrm{IG}(\alpha_\rho, \gamma_\rho)$；

（3）$p(\sigma_\delta^2) \sim \mathrm{IG}(\alpha_\delta, \gamma_\delta)$；

（4）$p(\sigma_\varepsilon^2) \sim \mathrm{IG}(\alpha_\varepsilon, \gamma_\varepsilon)$；

（5）$p(\boldsymbol{\beta}_l \mid \sigma_l^2) \sim N(\boldsymbol{u}_l, v_l \boldsymbol{I}_{(k+1) \times (k+1)} \sigma_l^2)$；

（6）$p(\rho_0 \mid \sigma_\rho^2) \sim N(u_\rho, v_\rho \sigma_\rho^2)$；

（7）$p(\delta_0 \mid \sigma_\delta^2) \sim N(u_\delta, v_\delta \sigma_\delta^2)$；

（8）$p(\phi_{l_i}) \sim G(a_l, b_l), \ p(\phi_{\rho_i}) \sim G(a_\rho, b_\rho), \ p(\phi_{\delta_i}) \sim G(a_\delta, b_\delta), \ i = 1, \cdots, k$。

参数估计算法如下。

（1）采用拟牛顿法求解如下最优化问题，得到 $\boldsymbol{\phi}_l$ 的估计：

$$\max_{\phi_l} p(\boldsymbol{\phi}_l) \mid \boldsymbol{R}_l \mid^{-\frac{1}{2}} \mid \boldsymbol{a}_1 \mid^{-\frac{1}{2}} \left(\gamma_l + \frac{4c_1 - \boldsymbol{b}_1^{\mathrm{T}} \boldsymbol{a}_1^{-1} \boldsymbol{b}_1}{8} \right)^{-\left(\alpha_l + \frac{n}{2} \right)}$$

其中，$p(\boldsymbol{\phi}_l)$ 为 $\boldsymbol{\phi}_l$ 的分布，$\mid \boldsymbol{R}_l \mid$ 为矩阵 $\boldsymbol{R}_l$ 的行列式，$\mid \boldsymbol{a}_1 \mid$ 为 $\boldsymbol{a}_1$ 的行列式，$\boldsymbol{a}_1$、$\boldsymbol{b}_1$、c_1 定义如下：

$$\boldsymbol{a}_1 = v_l^{-1} \boldsymbol{I}_{(k+1) \times (k+1)} + \boldsymbol{F}_l^{\mathrm{T}} \boldsymbol{R}_l^{-1} \boldsymbol{F}_l$$

$$\boldsymbol{b}_1 = -2v_l^{-1} \boldsymbol{u}_l - 2\boldsymbol{F}_l^{\mathrm{T}} \boldsymbol{R}_l^{-1} \boldsymbol{y}_l$$

$$c_1 = v_l^{-1} (\boldsymbol{u}_l^{\mathrm{T}} \boldsymbol{u}_l) + (\boldsymbol{y}_l)^{\mathrm{T}} \boldsymbol{R}_l^{-1} \boldsymbol{y}_l$$

其中，$\boldsymbol{I}_{p \times p}$ 为 p 阶单位矩阵。

（2）采用随机规划法求解如下最优化问题，得到 $\boldsymbol{\phi}_\rho$ 和 $\boldsymbol{\phi}_\delta$ 的估计：

$$\max_{\phi_\rho, \phi_\delta} \{ E_{\tau_1, \tau_2} [f(\tau_1, \tau_2)] \}$$

$$f(\tau_1, \tau_2) = \frac{p(\boldsymbol{\phi}_\rho) p(\boldsymbol{\phi}_\delta) \exp\left(\dfrac{2}{\tau_1} \right) \exp\left(\dfrac{2}{\tau_2} \right)}{\mid \boldsymbol{M} \mid^{\frac{1}{2}} (a_2 a_3)^{\frac{1}{2}} \left(\gamma_\rho + \dfrac{\gamma_\delta}{\tau_1} + \dfrac{\gamma_\varepsilon}{\tau_2} + \dfrac{4a_3 c_3 - b_3^2}{8a_3} \right)^{\alpha_\rho + \alpha_\delta + \alpha_\varepsilon + \frac{n_1}{2}}}$$

$$p(\tau_1) \sim \mathrm{IG}\left(\alpha_\delta + \frac{1}{2}, 2 \right), \quad p(\tau_2) \sim \mathrm{IG}(\alpha_\varepsilon, 2)$$

其中，$\mid \boldsymbol{M} \mid$ 为矩阵 $\boldsymbol{M}$ 的行列式，$a_2 = v_\rho^{-1} + (\boldsymbol{y}_l)^{\mathrm{T}} \boldsymbol{M}^{-1} \boldsymbol{y}_l$，$t_1 = a_2 (\mathbf{1}_n^{\mathrm{T}} \boldsymbol{M}^{-1} \mathbf{1}_n) - ((\boldsymbol{y}_l)^{\mathrm{T}} \boldsymbol{M}^{-1} \mathbf{1}_n)^2$，$t_2 = -2 [a_2 (\mathbf{1}_n^{\mathrm{T}} \boldsymbol{M}^{-1} \boldsymbol{y}_l) - (u_\rho v_\rho^{-1} + (\boldsymbol{y}_h)^{\mathrm{T}} \boldsymbol{M}^{-1} \boldsymbol{y}_l) ((\boldsymbol{y}_h)^{\mathrm{T}} \boldsymbol{M}^{-1} \mathbf{1}_n)]$，$t_3 = a_2 (u_\rho^2 v_\rho^{-1} + \boldsymbol{y}_l^{\mathrm{T}} \boldsymbol{M}^{-1} \boldsymbol{y}_l) - (u_\rho v_\rho^{-1} + (\boldsymbol{y}_h)^{\mathrm{T}} \boldsymbol{M}^{-1} \boldsymbol{y}_l)$，$a_3 = (v_\delta \tau_1)^{-1} + t_1 a_2^{-1}$，$b_3 = -2u_\delta (v_\delta \tau_1)^{-1} + t_2 a_2^{-1}$，$c_3 = u_\delta^2 (v_\delta \tau_1)^{-1} + t_3 a_2^{-1}$，$\mathbf{1}_n$ 是元素全为 1 的 n 维列向量。

（3）给定 $\boldsymbol{\theta}_3$[①]，采用 Gibbs 抽样估计回归参数、尺度效应和位置效应参数：

$$(\boldsymbol{\theta}_1, \boldsymbol{\theta}_2) = (\beta_l, \rho_0, \delta_0, \sigma_l^2, \sigma_\rho^2, \tau_1, \tau_2)$$

设样本量为 B，仿真样本为

$$(\boldsymbol{\theta}_{1b}, \boldsymbol{\theta}_{2b}) = (\beta_{l,b}, \rho_{0,b}, \delta_{0,b}, \sigma_{l,b}^2, \sigma_{\rho,b}^2, \tau_{1,b}, \tau_{2,b}), \quad b = 1, 2, \cdots, B$$

---

① 这里的参数估计以及随后的预测都是在给定的相关参数 $\boldsymbol{\theta}_3$ 值之下，未考虑 $\boldsymbol{\theta}_3$ 的不确定性。

则参数$(\boldsymbol{\theta}_1, \boldsymbol{\theta}_2)$的估计及估计量方差,分别为仿真样本的均值和方差。

Gibbs 抽样所需的模型参数的验后条件分布如下:

$$p(\boldsymbol{\beta}_l \mid \boldsymbol{y}_h, \boldsymbol{y}_l, \bar{\boldsymbol{\beta}}_l) \sim N\left(\left[\frac{1}{v_l}\boldsymbol{I}_{(k+1)\times(k+1)} + \boldsymbol{F}_l^{\mathrm{T}}\boldsymbol{R}_l^{-1}\boldsymbol{F}_l\right]^{-1}\left(\frac{\boldsymbol{u}_l}{v_l} + \boldsymbol{F}_l^{\mathrm{T}}\boldsymbol{R}_l^{-1}\boldsymbol{y}_l\right),\right.$$

$$\left.\left[\frac{1}{v_l}\boldsymbol{I}_{(k+1)\times(k+1)} + \boldsymbol{F}_l^{\mathrm{T}}\boldsymbol{R}_l^{-1}\boldsymbol{F}_l\right]^{-1}\sigma_l^2\right)$$

$$p(\sigma_l^2 \mid \boldsymbol{y}_h, \boldsymbol{y}_l, \overline{\sigma_l^2}) \sim \mathrm{IG}\left(\frac{n}{2} + \frac{k+1}{2} + \alpha_l, \frac{1}{2}\frac{(\boldsymbol{\beta}_l - \boldsymbol{u}_l)^{\mathrm{T}}(\boldsymbol{\beta}_l - \boldsymbol{u}_l)}{v_l}\right.$$

$$\left.+ \frac{1}{2}(\boldsymbol{y}_h - \boldsymbol{F}_l\boldsymbol{\beta}_l)^{\mathrm{T}}\boldsymbol{R}_l^{-1}(\boldsymbol{y}_h - \boldsymbol{F}_l\boldsymbol{\beta}_l) + \gamma_l\right)$$

$$p(\rho_0 \mid \boldsymbol{y}_h, \boldsymbol{y}_l, \bar{\rho}_0) \sim N\left(\frac{\frac{u_\rho}{v_\rho} + (\boldsymbol{y}_h)^{\mathrm{T}}\boldsymbol{M}^{-1}(\boldsymbol{y}_l - \delta_0\boldsymbol{1}_n)}{\frac{1}{v_\rho} + (\boldsymbol{y}_h)^{\mathrm{T}}\boldsymbol{M}^{-1}\boldsymbol{y}_h}, \frac{\sigma_\rho^2}{\frac{1}{v_\rho} + (\boldsymbol{y}_h)^{\mathrm{T}}\boldsymbol{M}^{-1}\boldsymbol{y}_h}\right)$$

$$p(\sigma_\rho^2 \mid \boldsymbol{y}_h, \boldsymbol{y}_l, \overline{\sigma_\rho^2}) \sim \mathrm{IG}\left(\frac{n}{2} + \frac{1}{2} + \alpha_\rho + \alpha_\delta + \alpha_\varepsilon, \frac{(\rho_0 - u_\rho)^2}{2v_\rho} + \gamma_\rho + \frac{\gamma_\delta}{\tau_1} + \frac{\gamma_\varepsilon}{\tau_2}\right.$$

$$\left.+ \frac{(\boldsymbol{y}_l - \rho_0\boldsymbol{y}_h - \delta_0\boldsymbol{1}_n)^{\mathrm{T}}\boldsymbol{M}^{-1}(\boldsymbol{y}_l - \rho_0\boldsymbol{y}_h - \delta_0\boldsymbol{1}_n)}{2}\right)$$

$$p(\delta_0 \mid \boldsymbol{y}_h, \boldsymbol{y}_l, \bar{\delta}_0) \sim N\left(\frac{\frac{u_\delta}{v_\delta\tau_1} + \boldsymbol{1}_n^{\mathrm{T}}\boldsymbol{M}^{-1}(\boldsymbol{y}_l - \rho_0\boldsymbol{y}_h)}{\frac{1}{v_\delta\tau_1} + \boldsymbol{1}_n^{\mathrm{T}}\boldsymbol{M}^{-1}\boldsymbol{1}_n}, \frac{\sigma_\rho^2}{\frac{1}{v_\delta\tau_1} + \boldsymbol{1}_n^{\mathrm{T}}\boldsymbol{M}^{-1}\boldsymbol{1}_n}\right)$$

$$p(\tau_1, \tau_2 \mid \boldsymbol{y}_h, \boldsymbol{y}_l, \overline{\tau_1, \tau_2}) \propto \frac{1}{\tau_1^{\alpha_\delta + \frac{3}{2}}} \frac{1}{\tau_2^{\alpha_\varepsilon + 1}}\exp\left\{-\frac{1}{\tau_1}\left(\frac{\gamma_\delta}{\sigma_\rho^2} + \frac{(\delta_0 - u_\delta)^2}{2v_\delta\sigma_\rho^2}\right) - \frac{\gamma_\varepsilon}{\tau_2\sigma_\rho^2}\right\}\frac{1}{|\boldsymbol{M}|^{\frac{1}{2}}}$$

$$\cdot \exp\left\{-\frac{(\boldsymbol{y}_l - \rho_0\boldsymbol{y}_h - \delta_0\boldsymbol{1}_n)^{\mathrm{T}}\boldsymbol{M}^{-1}(\boldsymbol{y}_l - \rho_0\boldsymbol{y}_h - \delta_0\boldsymbol{1}_n)}{2\sigma_\rho^2}\right\}$$

其中,$\bar{\omega}$表示$(\boldsymbol{\theta}_1, \boldsymbol{\theta}_2)$中除$\omega$以外的元素,$\boldsymbol{M} = \boldsymbol{W}_\rho + \tau_1\boldsymbol{R}_\delta + \tau_2\boldsymbol{I}_{n\times n}$依赖于$\boldsymbol{\phi}_\rho$、$\boldsymbol{\phi}_\delta$以及$\tau_1$、$\tau_2$,$\boldsymbol{W}_\rho = \boldsymbol{A}_1\boldsymbol{R}_\rho\boldsymbol{A}_1$,$\boldsymbol{A}_1 = \mathrm{diag}(y_l(\boldsymbol{x}_1), \cdots, y_l(\boldsymbol{x}_n))$,$\boldsymbol{R}_\rho$和$\boldsymbol{R}_\delta$是$\rho(\boldsymbol{x})$

和 $\delta(\boldsymbol{x})$ 在 D_l 上的相关矩阵。

5.4.3 多精度模型预测

基于上述多保真度联合的代理模型,对于给定的试验变量 $\boldsymbol{x}_0$ 是否在高精度或低精度试验点中,响应 $y_h(\boldsymbol{x}_0)$ 的预测(最佳估计)分为以下几种情况。

(1)有高精度数据情形,即 $\boldsymbol{x}_0 \in D_h$,这时直接用试验观察值作为响应的预测值,其预测结果的不确定度为 0。

(2)有低精度数据情形,即 $\boldsymbol{x}_0 \in D_l \backslash D_h$,这时响应 $y_h(\boldsymbol{x}_0)$ 的贝叶斯预测密度函数为

$$p(y_h(\boldsymbol{x}_0) \mid \boldsymbol{y}_l, \boldsymbol{y}_h, \boldsymbol{\theta}_3)$$

$$= \int_{\boldsymbol{\theta}_1, \boldsymbol{\theta}_2} p(y_h(\boldsymbol{x}_0) \mid \boldsymbol{y}_l, \boldsymbol{y}_h, \boldsymbol{\theta}_1, \boldsymbol{\theta}_2, \boldsymbol{\theta}_3) p(\boldsymbol{\theta}_1, \boldsymbol{\theta}_2 \mid \boldsymbol{y}_l, \boldsymbol{y}_h, \boldsymbol{\theta}_3) \mathrm{d}\boldsymbol{\theta}_1 \mathrm{d}\boldsymbol{\theta}_2$$

上式可以采用马尔可夫链蒙特卡罗(Markov Chain Monte Carlo,MCMC)方法求解。使用固定的相关参数 $\boldsymbol{\theta}_3$,其步骤如下:

(a)由分布 $p(\boldsymbol{\theta}_1, \boldsymbol{\theta}_2 \mid \boldsymbol{y}_l, \boldsymbol{y}_h, \boldsymbol{\theta}_3)$ 生成样本 $[\boldsymbol{\theta}_1^{(1)}, \boldsymbol{\theta}_2^{(1)}], \cdots, [\boldsymbol{\theta}_1^{(M)}, \boldsymbol{\theta}_2^{(M)}]$;

(b)由下式近似 $p(y_h(\boldsymbol{x}_0) \mid \boldsymbol{y}_l, \boldsymbol{y}_h, \boldsymbol{\theta}_3)$:

$$\hat{p}_m(y_h(\boldsymbol{x}_0) \mid \boldsymbol{y}_l, \boldsymbol{y}_h, \boldsymbol{\theta}_3) = \frac{1}{M} \sum_{i=1}^{M} p(y_h(\boldsymbol{x}_0) \mid \boldsymbol{y}_l, \boldsymbol{y}_h, \boldsymbol{\theta}_1^{(i)}, \boldsymbol{\theta}_2^{(i)}, \boldsymbol{\theta}_3) \text{①}$$

其中,

$$p(y_h(\boldsymbol{x}_0) \mid \boldsymbol{y}_l, \boldsymbol{y}_h, \boldsymbol{\theta}_1, \boldsymbol{\theta}_2, \boldsymbol{\theta}_3) = \frac{p(y_h(\boldsymbol{x}_0), \boldsymbol{y}_h \mid \boldsymbol{y}_l, \boldsymbol{\theta}_1, \boldsymbol{\theta}_2, \boldsymbol{\theta}_3)}{p(\boldsymbol{y}_h \mid \boldsymbol{y}_l, \boldsymbol{\theta}_1, \boldsymbol{\theta}_2, \boldsymbol{\theta}_3)}$$

$$p(y_h(\boldsymbol{x}_0), \boldsymbol{y}_h \mid \boldsymbol{y}_l, \boldsymbol{\theta}_1, \boldsymbol{\theta}_2, \boldsymbol{\theta}_3) \sim N(\rho_0 \boldsymbol{y}_{l_1}^* + \delta_0 \boldsymbol{1}_{n_1+1}, \sigma_\rho^2 \boldsymbol{M}^*)$$

$$p(\boldsymbol{y}_h \mid \boldsymbol{y}_l, \boldsymbol{\theta}_1, \boldsymbol{\theta}_2, \boldsymbol{\theta}_3) \sim N(\rho_0 \boldsymbol{y}_{l_1} + \delta_0 \boldsymbol{1}_{n_1}, \sigma_\rho^2 \boldsymbol{M})$$

其中,

$$\boldsymbol{y}_{l_1}^* = [y_l(\boldsymbol{x}_0), y_l(\boldsymbol{x}_1), \cdots, y_l(\boldsymbol{x}_{n_1})]$$

$$\boldsymbol{M}^* = \boldsymbol{W}_\rho^* + \tau_1 \boldsymbol{R}_\delta^* + \tau_2 \boldsymbol{I}_{(n_1+1) \times (n_1+1)}$$

$$\boldsymbol{W}_\rho^* = \boldsymbol{A}_1^* \boldsymbol{R}_\rho^* \boldsymbol{A}_1^*, \quad \boldsymbol{A}_1^* = \mathrm{diag}\{y_l(\boldsymbol{x}_0), y_l(\boldsymbol{x}_1), \cdots, y_l(\boldsymbol{x}_{n_1})\}$$

---

① 注意:这是混合分布,不是随机变量的算术平均。

基于多元正态分布理论,可以得到:

$$p(y_h(\boldsymbol{x}_0) \mid \boldsymbol{y}_l, \boldsymbol{y}_h, \boldsymbol{\theta}_1, \boldsymbol{\theta}_2, \boldsymbol{\theta}_3) \sim N(\boldsymbol{\mu}_{pr}, \boldsymbol{\Sigma}_{pr})$$

其中,

$$\boldsymbol{\mu}_{pr} = (\rho_0 y_l(\boldsymbol{x}_0) + \delta_0) + (y_l(\boldsymbol{x}_0)\boldsymbol{A}_1\boldsymbol{r}_\rho + \tau_1 \boldsymbol{r}_\delta)\boldsymbol{M}^{-1}(\boldsymbol{y}_h - (\rho_0\boldsymbol{y}_{l_1} + \delta_0\boldsymbol{1}_{l_1}))$$

$$\boldsymbol{\Sigma}_{pr} = \sigma_\rho^2 \{(y_l(\boldsymbol{x}_0)^2 + \tau_1 + \tau_2) - (y_l(\boldsymbol{x}_0)\boldsymbol{A}_1\boldsymbol{r}_\rho + \sigma_\delta^2\boldsymbol{r}_\delta)^t\boldsymbol{M}^{-1}(y_l(\boldsymbol{x}_0)\boldsymbol{A}_1\boldsymbol{r}_\rho + \sigma_\delta^2\boldsymbol{r}_\delta)\}$$

(c) 获得高精度试验情形响应的估计:

$$\bar{y}_h(\boldsymbol{x}_0) = E(y_h(\boldsymbol{x}_0) \mid \boldsymbol{y}_l, \boldsymbol{y}_h, \boldsymbol{\theta}_3) \approx \frac{1}{M} \sum_{i=1}^{M} \boldsymbol{\mu}_{pr}^{(i)}$$

$$= \frac{1}{M} \sum_{i=1}^{M} (\rho_0^{(i)} y_l(\boldsymbol{x}_0) + \delta_0^{(i)} + (y_l(\boldsymbol{x}_0)\boldsymbol{A}_1\boldsymbol{r}_\rho + \tau_1^{(i)}\boldsymbol{\gamma}_\delta)(\boldsymbol{M}^{(i)})^{-1}$$

$$(\boldsymbol{y}_h - \rho_0^{(i)}\boldsymbol{y}_{l_1} - \delta_0^{(i)}\boldsymbol{1}_{l_1}))$$

$$= \bar{\rho}_0 y_l(\boldsymbol{x}_0) + \bar{\delta}_0 + \frac{1}{M} \sum_{i=1}^{M} (y_l(\boldsymbol{x}_0)\boldsymbol{A}_1\boldsymbol{r}_\rho + \tau_1^{(i)}\boldsymbol{r}_\delta)(\boldsymbol{M}^{(i)})^{-1}$$

$$(\boldsymbol{y}_h - \rho_0^{(i)}\boldsymbol{y}_{l_1} - \delta_0^{(i)}\boldsymbol{1}_{l_1})$$

(3) 没有低精度数据情形,即 $\boldsymbol{x}_0 \notin D_l$,这时,用 $\hat{y}_l = E[y_l(\boldsymbol{x}_0) \mid \boldsymbol{y}_l]$ 代替 $y_l(\boldsymbol{x}_0)$,然后将 $\hat{y}_l$ 加入 $\boldsymbol{y}_l$ 集合以便 $\boldsymbol{x}_0$ 属于扩展的集合 $D_l \cup \{\boldsymbol{x}_0\}$,于是由下式近似 $p(y_h(\boldsymbol{x}_0) \mid \boldsymbol{y}_l, \boldsymbol{y}_h, \boldsymbol{\theta}_3)$:

$$\hat{p}(y_h(\boldsymbol{x}_0) \mid \boldsymbol{y}_l, \boldsymbol{y}_h, \boldsymbol{\theta}_3) = \frac{1}{MN} \sum_{i=1}^{M} \sum_{j=1}^{N} p(y_h(\boldsymbol{x}_0) \mid \boldsymbol{y}_{l,j}^*, \boldsymbol{y}_h, \boldsymbol{\theta}_1^{(i)}, \boldsymbol{\theta}_2^{(i)}, \boldsymbol{\theta}_3)$$

其中,

$$\boldsymbol{y}_{l,j}^* = (y_{l,j}(\boldsymbol{x}_0), y_l(\boldsymbol{x}_1), \cdots, y_l(\boldsymbol{x}_{n_1}))^{\mathrm{T}}, \quad j = 1, 2, \cdots, N$$

$y_{l,1}(\boldsymbol{x}_0), \cdots, y_{l,N}(\boldsymbol{x}_0)$ 是 $p(y_l(\boldsymbol{x}_0) \mid \boldsymbol{y}_l, \boldsymbol{\theta}_1^{(i)}, \boldsymbol{\theta}_2^{(i)}, \boldsymbol{\theta}_3)$ 的 N 个独立样本。

5.4.4 涂层性能评估案例(续)

继续 5.3 节的例子,下面综合高低精度仿真试验数据,对不同精度辐射试验数据进行综合。对低精度和高精度试验,选择试验点以比较增加低精度试验数据对高精度试验预测的效果。对于图 5 - 17 所示试验数据,试验点数量为 100 个。选择 50 个低精度试验点并与 25 个高精度试验数据联合建立模型。对高精度试验进行预测,结果如图 5 - 21、图 5 - 22 所示。

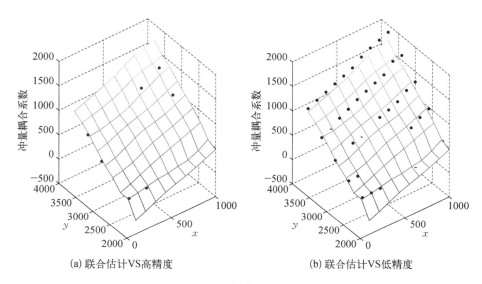

(a) 联合估计VS高精度　　　　　　　　(b) 联合估计VS低精度

图 5-21　联合高精度估计 (点估计)

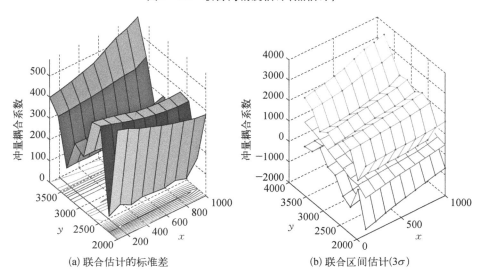

(a) 联合估计的标准差　　　　　　　　(b) 联合区间估计(3σ)

图 5-22　联合高精度估计 (估计的标准差及 3σ 区间估计)

　　扩大低精度试验数据样本量,即选取全部低精度试验数据,保留高精度试验点数不变,得到如图 5-23、图 5-24 所示结果。可以看出,更多低精度试验数据有助于降低预测的标准差,提高预测精度。

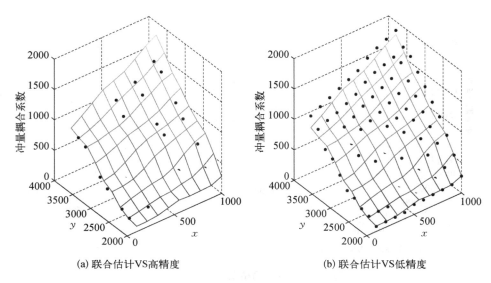

(a) 联合估计VS高精度　　　　　　(b) 联合估计VS低精度

图 5 - 23　联合高精度估计(点估计)

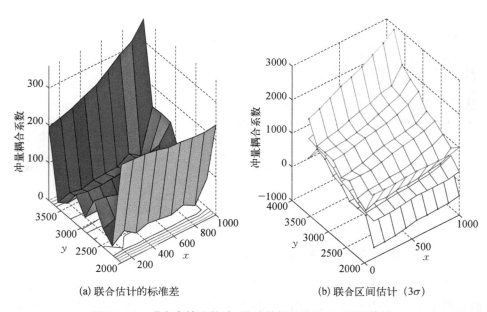

(a) 联合估计的标准差　　　　　　(b) 联合区间估计（3σ）

图 5 - 24　联合高精度估计(估计的标准差及 3σ 区间估计)

5.5　从手工到自动：模型选择与模型自动发现

　　随着现代装备试验大数据特点越来越突出，对大数据分析的需求也越来越迫切，推进试验鉴定团队的大数据分析成熟度也成为人们的关注重点[29]。传统的试验数据建模通常是手动的，依赖建模者的启发性思考，建模缺乏统一的规则，即需要人工分析数据、选择模型、建模和估计模型参数，以及检验模型。这种建模方式，从数据到决策的响应时间很慢，模型可能难以解释复杂现象，较难与观测数据融合，预计精度较低，并且容易引入人为错误。因此，提供自动化的建模工具来分析大量结构化数据甚至非结构化的文本、语音数据，用 AI 自动建模，有望提高对试验事件进行深度分析的能力。

　　目前在其他领域，对自动化的数据分析挖掘和数据建模的研究已经有很多成果，如 AutoML、AutoDL、数据驱动的模型发现（D3M）等。但是在试验鉴定领域，对试验数据进行自动建模的工作还比较缺乏。本节以装备行为模型的自动发现为例，介绍一种基于核空间构建和搜索的模型发现方法。在此之前，首先介绍传统的统计建模中的模型选择方法，这是模型自动发现的一个基础。

5.5.1　模型选择

　　模型选择即在候选的模型中，选择对数据集具有最好解释的模型。无论在统计建模还是机器学习领域，目前都有不少模型选择方法。这些方法可以分为两大类，即基于预测性能的模型选择和基于优良性指标的模型选择。

　　1. 基于预测性能的模型选择

　　良好的预测性能是建模的基本目标。模型预测性能通常基于模型与样例的"符合"程度即期望损失进行度量。特别是样本量较大、模型也比较复杂时，模型评价指标的计算通常采用数据密集型算法。例如，回归模型的评价指标一般采用均方误差、平均绝对误差、判定系数等。设有 n 个样例，即 $D = \{(x_i, y_i), i = 1, 2, \cdots, n\}$，建立的模型为 $f(\cdot)$，则均方误差定义为

$$\mathrm{MSE} = \frac{1}{n} \sum_{i=1}^{n} (\hat{y}_i - y_i)^2 = \frac{1}{n} \sum_{i=1}^{n} (f(x_i) - y_i)^2$$

判定系数定义为

$$R^2 = 1 - \frac{\text{MSE}}{S_Y^2}, \quad S_Y^2 = \frac{1}{n} \sum_{i=1}^{n} (y_i - \bar{y})^2$$

如果采用绝对值误差,则可定义平均绝对误差为

$$\text{MAE} = \frac{1}{n} \sum_{i=1}^{n} |f(x_i) - y_i|$$

MSE、MAE、R^2 等随着模型项数的增加而增加,因此它难以排斥过大的模型。因此,在使用这些指标进行模型评价时,应该主观上将其与模型复杂性综合考虑。

实际中只有包含若干样例的样例集,既需要用它训练模型,又需要使用它来测试模型性能。这时需要对样例集进行适当处理,从中产生出训练集和测试集。常见做法包括留出法、交叉验证法、自助法。

留出法直接将样例集 D 划分为两个互斥的集合,其中一个是训练集 S,另一个为测试集 T。即 $D = S \cup T, S \cap T = \varnothing$。在 S 上训练出模型,用 T 来计算其预测或分类指标。至于如何划分训练集和测试集没有统一的方案,通常采取训练集占总体的 2/3 ~ 3/4,其余的作为测试集。

k-折交叉验证法将样例集分割成 k 个样例子集,每个子集被保留作为测试集,其他 $(k-1)$ 个集合用来训练。交叉验证重复 k 次,每个样本子集验证一次,对 k 次的结果求平均,得到最终的单个性能估计值。实际中常取 $k = 10$,即 10 折交叉验证。

自助法也称"有放回采样""可重复采样",其原理如 4.4 节所示。通过自助采样,D 中约有 36.8% 的样例不出现在采样集 D' 中。于是将 D' 用作训练集,$D \setminus D'$ 作为测试集。实际评估的模型与期望评估的模型都使用 l 个训练样例,其中有总量约 1/3 不在训练集中的样例用于测试。

2. 基于优良性指标的模型选择

基于优良性指标的模型选择主要检验数据是否与所构建的生成机制模型符合,这种评价有时包含了多个方面,并且主要的工具是统计假设检验方法。例如,在回归分析建模过程中,要依次检验模型显著性、系数显著性、关于误差的假设等。

除了假设检验方法,基于建模过程中获得信息,例如似然函数值、回归方程拟合误差等,可以定义相应的统计量来检验模型或评价模型的优良性。

设模型参数的似然函数为 $L(\boldsymbol{\theta}, \boldsymbol{x})$,$\boldsymbol{\theta}$ 为 p 维未知参数,$\boldsymbol{x}$ 为容量是 n

的样本。日本学者 Akaike 于 1974 年提出模型评价的赤池信息准则(Akaike information criterion,AIC),定义为

$$\mathrm{AIC} = -2\ln L(\hat{\boldsymbol{\theta}}_{\mathrm{MLE}},\boldsymbol{x}) + 2p$$

其中,$\hat{\boldsymbol{\theta}}_{\mathrm{MLE}}$ 为参数 $\boldsymbol{\theta}$ 的极大似然估计,第一项表示模型对数据的拟合程度,第二项为惩罚项,可以理解为对模型复杂度的惩罚。AIC 越小则模型越好。

贝叶斯信息准则(Bayesian information criteria,BIC)是 Schawars 于 1978 年开发的,又称 SIC 准则,定义为

$$\mathrm{BIC} = -2\ln L(\hat{\boldsymbol{\theta}}_{\mathrm{MLE}},\boldsymbol{x}) + 2p\ln(n)$$

相对于 AIC,BIC 对模型参数数量的惩罚加强了,从而在选择变量加入模型上更加严谨,能够得到更简洁的模型。

MSE、MAE、R^2 没有关于模型结构的信息,因此只能用来主观定性评价模型。对于有 p 个项的线性回归模型,可以采用标准化的残差平方和即标准离差度量模型拟合精度。例如,对于线性回归模型,标准离差是测量误差 σ^2 的无偏估计,定义为

$$\mathrm{RMS}_p \triangleq \hat{\sigma}^2 = s^2 \triangleq \frac{1}{n-p}\mathrm{RSS}_p$$

其中,

$$\mathrm{RSS}_p = \parallel \boldsymbol{Y} - \boldsymbol{X}_p\hat{\boldsymbol{\beta}}_p \parallel^2 = \boldsymbol{Y}^{\mathrm{T}}(\boldsymbol{I} - \boldsymbol{X}_p(\boldsymbol{X}_p^{\mathrm{T}}\boldsymbol{X}_p)^{-1}\boldsymbol{X}_p^{\mathrm{T}})\boldsymbol{Y}$$

其中,n 为样本量,$\boldsymbol{Y}$ 是响应变量取值构成的向量,$\boldsymbol{X}_p$ 为设计矩阵,$\boldsymbol{\beta}_p$ 为待估参数,p 为待估参数个数。对于嵌套的回归模型,以标准离差 RMS_p 的大小作为模型评价准则,以最小 RMS_p 对应的回归方程作为最优回归方程。这称为残差准则。

与 R^2 类似,标准离差也难以排斥过大的模型,因此残差准则实际上也是倾向于复杂的模型。为了综合考虑模型拟合性能和模型复杂性,通常使用 C_p 准则。对于具有 p 个回归系数的模型,其 C_p 统计量定义为

$$C_p = \frac{\mathrm{RSS}_p}{\hat{\sigma}^2} - (n - 2p)$$

可以证明,如果模型是真实的,并且假设 $E(s^2) = \sigma^2$,则近似有

$$C_p \approx \frac{E(\mathrm{RSS}_p)}{\sigma^2} - (n - 2p) = p$$

因此，拟合最好的模型应该是 $C_p \approx p$ 的模型。也就是说，在选择模型时，C_p 应该比较小并且接近于 p。

5.5.2 模型自动发现

随着机器学习的发展，有越来越多的研究者开始聚焦于建模的自动化，即自动化机器学习（AutoML）技术的研究和开发。AutoML 不仅限于模型结构的改进，而是包括数据预处理、特征分析与选择、模型结构设计、模型训练等全部建模流程，其目标是只要输入训练样例集，就可以得到想要的模型和预测结果。AutoML 所构造的模型，从简单的回归方程到复杂的深度神经网络。AutoML 的基本内容包括模型原语（primitives）和建模管道（pipeline），相当于决定了所构建的模型类型；AutoML 也提供很多可视化工具，辅助人们分析和确认所构建的模型。DARPA 的 D3M 项目构建了 D3M AutoML 生态系统，开发了若干 AutoML 平台，包括 Auto^{n}ML、AlphaD^{3}M。

对于试验数据建模来说，可解释性是其首要考虑的问题。深度神经网络虽然在很多领域得到了大量应用，但其可解释性差、海量数据需求制约了在试验建模领域的应用。相对而言，高斯过程具有良好的可解释性。高斯过程由其协方差核函数确定，每个协方差核函数对应于建模过程中对未知函数 f 的一组不同的假设。因此，可以通过明确核函数的语言来定义一种回归模型语言。由于核函数在加法和乘法下是闭合的（即对协方差核函数进行加法和乘法运算后，其结果仍然是协方差核函数）。因此，可以通过一些基本的核函数（如线性核函数、平滑性核函数或周期性核函数）以及核函数的组合运算，构造一个包括所有感兴趣结构的核函数空间，复杂的数据模型可以由具有基本核函数和核函数运算的组合核函数来进行解释，为复杂数据自动建模提供一种合理、简洁的模型规范。

1. 模型空间构造

核函数空间由基础核函数及其组合运算构成。下面给出基础核函数以及核函数组合运算，其中基础核函数包括基本核函数和复合核函数。表 5 - 6 给出了一些基本核函数，下面给出符合核函数以及核函数的组合运算。

1）复合基本核函数

为了描述过程变化的转折性，引入两种复合核函数——变化点（change point，CP）核函数和变化窗（change window，CW）核函数。

变化点核函数表达不同类型核函数结构之间的变化。它利用基本核函数与 sigmoid 函数相加和相乘来定义,sigmoid 函数的参数决定了这种变化发生的位置和速度。给定两个核函数 k_1 和 k_2,通过变化点核函数进行复合后得的核函数结构表示如下:

$$k(x, x') = \sigma(x)k_1(x, x')\sigma(x') + (1 - \sigma(x))k_2(x, x')(1 - \sigma(x'))$$

其中,sigmoid 函数 $\sigma(x)$ 定义为

$$\sigma(x) = \frac{1}{2}\left(1 + \tanh\frac{l - x}{s}\right)$$

$\sigma(x)$ 是 S 形函数,取值介于 0 和 1 之间,l 是变化点,s 是参数。变化点核函数将函数的定义域划分为两个部分,并在每一部分采用不同的核函数。概括地说,如果 $f_1 \sim \mathcal{GP}(\mu_1, k_1)$,$f_2 \sim \mathcal{GP}(\mu_2, k_2)$,则

$$f = \sigma(x)f_1 + (1 - \sigma(x))f_2 \sim \mathcal{GP}(\mu, k)$$

其中,

$$\mu = \sigma(x)\mu_1 + (1 - \sigma(x))\mu_2$$

$$k = \sigma(x)k_1\sigma(x') + (1 - \sigma(x))k_2(1 - \sigma(x'))$$

图 5-25 显示了一些变化点核函数的例子。

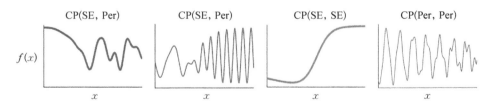

图 5-25 变化点核函数的示意图

若通过 $\sigma_1 \times \sigma_2$ 的乘积代替 σ,一个增加一个减少,则可以建立一个只在某个区间内变化的函数模型,即 CW 核函数。该复合核函数中实际是使用两个不同的变化点 l_1 和 l_2,将变化点运算进行了两次。给定两个 S 型函数 $\sigma_1(x; l_1)$ 和 $\sigma_2(x; l_2)$,其中 $l_1 < l_2$,新函数定义为

$$f = \sigma_1(x)f_1(1 - \sigma_2(x)) + (1 - \sigma_1(x))f_2\sigma_2(x)$$

其将函数 f_1 应用于窗口 (l_1, l_2)。

经过变窗运算的复合核函数表达式如下：

$$k(x, x') = \sigma_1(x)(1 - \sigma_2(x))k_1(x, x')\sigma_1(x')(1 - \sigma_2(x'))$$
$$+ (1 - \sigma(x))\sigma_2(x)k_2(x, x')(1 - \sigma(x'))\sigma_2(x')$$

2）核函数组合运算

在建模过程中，选择核函数会存在两方面问题，一方面是无法选择合适的已知核函数，另一方面是合适的核函数可能是未知的。因此，对于一般的建模情况，需要构建一个具有"定制"属性的核函数。通过组合基本的核函数，可以创建具有不同属性的"定制"核函数。由于两个正定核函数的和与积也是正定的，因此可以通过乘法和加法运算，构造组合核函数。

（1）乘法运算。

假设高斯过程的均值为零，因为未知均值函数的边际化可以等效地表示为具有新核的零均值高斯过程。在这种假设下，乘法运算也是适用的，即

$$k = k(x, x') = k_1(x, x') \times k_2(x, x') = k_1 \times k_2$$

将两个正定核函数相乘总会得到另一个正定核函数，并且存在一些新属性，如通过将 T 个 Lin 核函数相乘，可以得到 T 次多项式的验前；在单变量数据中，将一个核函数乘以 SE 给出了一种将全局结构转换为局部结构的方法（如 Per 对应全局周期结构，而 Per × SE 对应局部周期结构）；乘以一个 Lin 核函数意味着被建模函数的边际标准差往远离超参数 c 给定的位置进行线性增长。图 5-26 给出了上述组合核函数示意图。

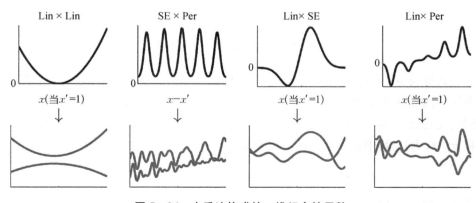

图 5-26　由乘法构成的一维组合核函数

用这种方式将任意数量的核函数相乘,产生结合了若干高级属性的核函数。如核函数 Per × SE × Lin 规定了具有线性增长的局部周期性函数的验前。

（2）加法运算。

可加性在各种环境中是一个有用的建模假设,尤其是它允许对组成总和的单个成分做出强有力的假设。因此,这里建立核函数还引入了加法运算,将多个核函数求和以形成一个新的核函数,如下所示：

$$k = k(x, x') = k_1(x, x') + k_2(x, x') = k_1 + k_2$$

图 5-27 展示了一些通过加法运算构建的组合核函数示意图,其中 $SE^{(long)}$ 和 $SE^{(short)}$ 表示它们尺度参数的相对大小。

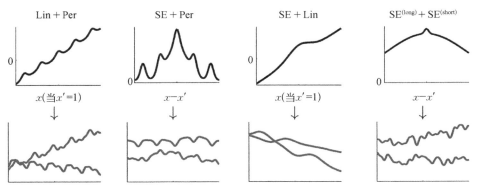

图 5-27　由加法构成的一维组合核函数

对高斯过程来说,加法运算可视为多个独立协方差函数的叠加。通常,如果 $f_1 \sim \mathcal{GP}(\mu_1, k_1)$, $f_2 \sim \mathcal{GP}(\mu_2, k_2)$, 则

$$f = f_1 + f_2 \sim \mathcal{GP}(\mu_1 + \mu_2, k_1 + k_2)$$

3）多维情形

多维输入上的核函数可以通过不同维的核的加法和乘法来构造。由下标表示核函数的维度,例如,SE_2 表示在向量 x 的第二维上的一个 SE 核。对于乘法运算来说,采用每个纬度上的核函数相乘。例如,不同维度上的 SE 核的乘积,每个核具有不同的尺度参数,得到如下的 SE-ARD 核函数：

$$SE\text{-}ARD(x, x') = \prod_{d=1}^{D} \sigma_d^2 \exp\left[-\frac{(x_d - x'_d)^2}{2l_d^2}\right] = \sigma_f^2 \exp\left[-\frac{1}{2}\sum_{d=1}^{D}\frac{(x_d - x'_d)^2}{l_d^2}\right]$$

图 5-28 从两个维度展示了 SE-ARD 核函数。

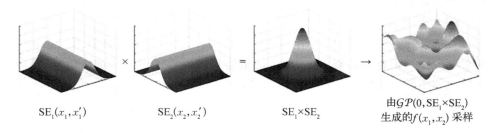

$$\mathrm{SE}_1(x_1,x_1') \qquad \mathrm{SE}_2(x_2,x_2') \qquad \mathrm{SE}_1 \times \mathrm{SE}_2 \qquad \begin{array}{c}\text{由} \mathcal{GP}(0,\mathrm{SE}_1 \times \mathrm{SE}_2)\\ \text{生成的} f(x_1,x_2) \text{采样}\end{array}$$

图 5-28 SE-ARD 核函数示意图

SE-ARD 核函数是大多数 GP 模型中默认的核函数,它待估参数较少,且参数解释相对容易。此外,在给定足够数据的情况下,这个核函数能够拟合任何连续函数。

多维核函数的求和也可以在不同的维上进行。图 5-29 给出了两个正交二维核函数相加后的示意图。

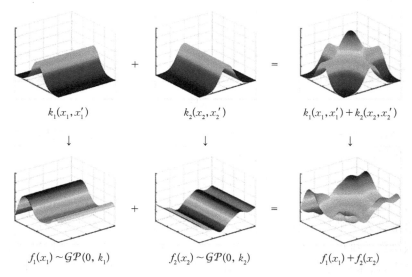

$$k_1(x_1,x_1') \qquad\qquad k_2(x_2,x_2') \qquad\qquad k_1(x_1,x_1')+k_2(x_2,x_2')$$

$$f_1(x_1) \sim \mathcal{GP}(0,k_1) \qquad f_2(x_2) \sim \mathcal{GP}(0,k_2) \qquad f_1(x_1)+f_2(x_2)$$

图 5-29 两个正交二维核函数相加后的示意图

4)核函数空间构造

通过基础核函数的组合,可以得到一些典型核函数用于高斯过程建模,如

表 5 - 8 所示。不过,有时这些典型核函数仍旧无法满足要求,这时需要构造更多的核函数,并通过适当的策略得到最合适的核函数,以便对实际数据拟合更合适的模型。

表 5 - 8 常见组合核函数列表

回 归 模 型 名 称	核 函 数 结 构
高斯平滑	SE+WN
线性回归	C+Lin+WN
多核学习	$\sum (\mathrm{SE})$+WN
趋势、周期性、不规则	$\sum (\mathrm{SE})+\sum (\mathrm{PER})$+WN
傅里叶分解	C+$\sum (\cos)$+WN
稀疏频谱高斯过程	$\sum (\cos)$+WN
光谱混合	$\sum (\mathrm{SE}\times\cos)$+WN
变化点	e.g. CP(SE, SE)+WN
异方差性	e.g. SE+Lin×WN

迭代使用组合运算,就可以构造出一个包含足够丰富的核函数空间。不过,在实际建模过程中,不需要事先把所有核函数都构造出来,而是通过一种搜索策略,根据需要对空间进行搜索。为此,提供一种搜索语法来搜索复合核函数,该搜索语法规定如何通过对基本核函数的运算来获得"当前"核函数。以下规则是典型搜索语法的一个例子:

$$B \rightarrow B'$$
$$S \rightarrow S + B$$
$$S \rightarrow S \times B$$
$$S \rightarrow CP(S, S)$$
$$S \rightarrow CW(S, S)$$
$$S \rightarrow CW(S, C)$$
$$S \rightarrow CW(C, S)$$

其中,S 是核子表达式(kernel subexpression),B 是基本核(basic kernel),C 是常数核(constant kernel)。

2. 模型空间搜索策略

模型空间搜索的目标是对给定的试验数据(包括观察数据),在(为了保证算法终止)最大搜索深度或其他强制截止条件下,给出最优核函数 $k(x, x'; \theta)$。模型空间搜索基于核函数空间探索实现,下面给出一种贪婪搜索策略。

贪婪算法是一种在每一步选择中都采取在当前状态下最好或最优(即最有利)的选择,从而希望导致结果是最好或最优的算法。为了保证贪婪搜索合理,问题应该满足两个性质,即贪心选择性质和最优子结构性质。贪心选择性质是指所求问题的最优解可以通过一系列局部最优解达到,最优子结构性质是指一个问题的最优解包含其子结构的最优解。

组合核函数搜索(compositional kernel search, CKS)的贪婪搜索算法从 WN 核开始,应用典型搜索语法扩展核函数,对核函数空间进行扩展;对扩展所产生的每个核函数,应用第二类极大似然估计,对其超参数进行优化,根据试验数据评判其 BIC 或 AIC;在所有备选模型中选择 BIC 或 AIC 值最小的一个模型,其对应的核函数就成为下一次迭代的拓展基础。迭代一直进行到达指定的最大搜索深度为止。在迭代过程中,算法保留最佳核函数及其对应的最佳模型。算法开始前,应确定搜索深度、搜索时间等限制,对数据子集进行抽样以确定训练集和测试集,确定基础核函数种类即确定核函数空间和搜索范围,提供模型的一些验前信息,以及为模型保存提供存储空间,等等。

CKS 算法[30]中用第二类最大似然优化核超参数时,计算核函数矩阵逆 K^{-1} 的时间复杂性为 $O(N^3)$。为了提高对更大数据集的适应能力,可以用诱导点(inducing point)[31]方法,得到似然函数的近似。例如,可拓展的核函数组合方法使用 Nyström 方法近似给出精确对数边际似然的上限,可将算法复杂度从 $O(N^3)$ 降低到 $O(N^2)$。

在搜索过程中,有些核函数可能比较"接近",需要剔除。为此,利用训练集的协方差矩阵计算核函数的 Frobenius 范数,即协方差矩阵各项元素的绝对值平方的总和的平方根:

$$\| X \|_F \stackrel{\text{def}}{=\!=} \sqrt{\sum_{i,j} X_{ij}^2}$$

以各核函数 Frobenius 范数平均值与最大相似系数(人为定义的"两个矩阵有多不同才能被认为是不同的"系数)的乘积作为阈值 cut_off,核函数的距离小于阈值的核函数将被视为相似核函数进行剔除,即 $|\ \| X_1 \|_F - \| X_2 \|_F\ | <$

cut_off。

图 5-30 直观展示了搜索过程。从 WN 核函数(相当于数据集没有确定规律的结构)开始,按照扩展语法,将运算符应用于一些基本核函数,例如：WN → WN + SE，WN → WN + Lin，等等。优化每个扩展核函数的超参数,获得所有优化后的核函数,最后比较所有优化的核函数,根据 BIC 准则选择最佳核函数。重复此过程,直到达到深度搜索为止。假设在上一步中选择的最佳核函数是 WN+SE,则再次应用核扩展,如 WN + SE → WN + SE + Lin 等。优化超参数并选择最佳核函数后,继续下一步操作。

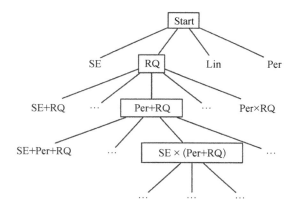

图 5-30　核函数表达式的搜索树示例

5.5.3　示例分析

装备行为模型是描述装备在特定环境和作战条件下性能变化规律和使用方式的模型。例如,装备实际性能与其所处环境密切相关,则环境对装备性能的影响是装备的行为;装备在其寿命周期过程中,由于频繁使用导致装备的性能发生变化,如性能发生退化,则装备性能随其寿命时间的变化规律,也是装备的行为。此外,装备在面临不同场景或者目标、威胁等条件下,具有特定的运用方式或使用方式,这也是装备行为模型的范畴。总地来说,装备行为模型是装备性能或使用与装备所处环境或条件关系的描述模型,并且因其多样的环境、条件、性能、运用等具有复杂的模型体系。本章通过几个案例说明装备行为模型智能发现方法。这些案例包括：某卫星电源在不同温度、湿度以及不同放电深度下的容量变化模型,以及某型无人装备运动规则模型。

1. 环境影响模型

卫星电源分系统是卫星上所有仪器工作的电源,是卫星电能上产生、存储、变换、调节、分配和管理的重要分系统,因此其电池的可靠性是卫星电池选择的一个重要考察点。为探求某卫星电池在不同温度、湿度下的容量的变化情况。从中选取六个电池进行完全充放电试验,并不断调节电池所在空间的温度与相对湿度测量,测量其容量数据,并利用一个电池进行测试。试验数据如图 5 - 31~图 5 - 33 所示。

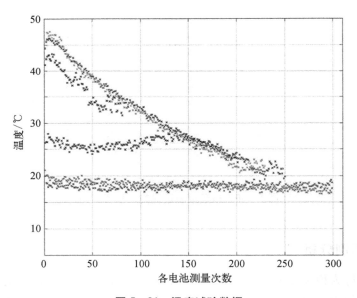

图 5 - 31 温度试验数据

在原始数据中运用结构搜索算法,确定了所获得的环境-性能影响模型为 $GP(0, K)$,其中核函数 K 的定义为

$$K = SE_2 \times RQ_1 + RQ_1 \times RQ_2 + WN$$

各核函数的形式及参数如表 5 - 9 所示。

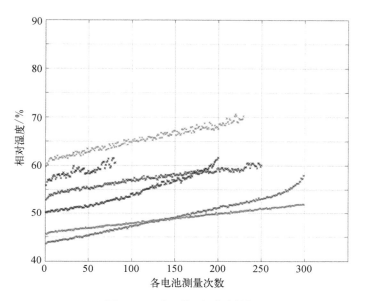

图 5－32　相对湿度试验数据

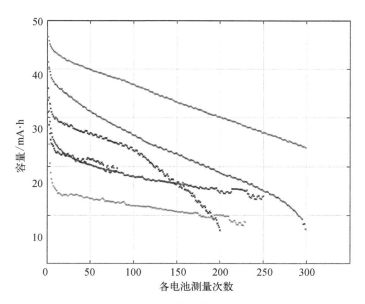

图 5－33　电池容量试验数据

表 5 - 9 基本核函数形式及其参数

分 项	基 本 核 函 数
分项 1	$SE_2(x, x') = 0.22 \times \exp\left[-\dfrac{(x-x')^2}{4.26}\right]$
	$l = 1.46, \ \sigma = -0.47$
	$RQ_1(x, x') = 18.23 \times \left[1 + \dfrac{(x-x')^2}{83.45}\right]^{-5.36}$
	$l = 2.79, \ \sigma = 4.27, \ \alpha = 5.36$
分项 2	$RQ_1(x, x') = 1.99 \times \left[1 + \dfrac{(x-x')^2}{46.33}\right]^{-7.15}$
	$l = -1.80, \ \sigma = -1.41, \ \alpha = 7.15$
	$RQ_2(x, x') = 8.41 \times \left[1 + \dfrac{(x-x')^2}{6.90}\right]^{-2.80}$
	$l = -1.11, \ \sigma = 2.90, \ \alpha = 2.80$
分项 3	$WN(x, x') = 6.40\delta_{x, x'}$
	$\sigma = -2.53$

通过表 5 - 10 可以看到,模型各分项对数据整体的解释程度。从拟合优度(R^2)值来看,前两项分项解释了 99.25% 的数据变化。在 2 个分项之后,交叉验证的平均绝对误差(MAE)下降不超过 0.1%。2 个分项累加之后,模型交叉验证的平均绝对误差(MAE)之间差异下降不超过 0.1%。残差拟合优度值是利用前一次拟合的残差作为目标值计算而得,这个值表明了每个新分项解释残差方差的程度。

表 5 - 10 累积累加的汇总统计信息与数据相匹配

分项编号	R^2/%	ΔR^2/%	残差 R^2/%	交叉验证 MAE	MAE 的减小/%
—	—	—	—	30.626	—
1	99.21	99.21	99.22	3.859	87.4
2	99.25	0.04	4.20	0.839	78.3
3	100	0.7	100	0.839	0.0

模型训练的收敛过程如图 5 - 34 所示。其中的模型的收敛考察指标为 BIC。

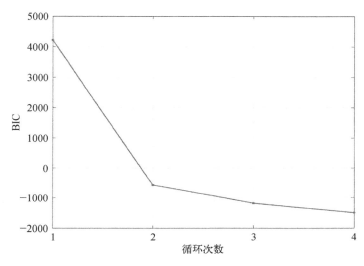

图 5 - 34　模型 BIC 变化过程

利用试验数据对模型预测结果进行测试,如图 5 - 35 所示,可见模型预测能力较好,测试后的模型评价指标结果见表 5 - 11。

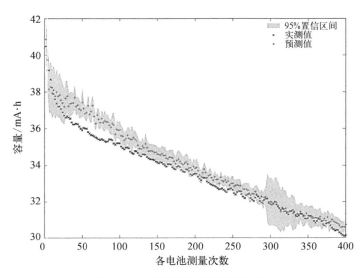

图 5 - 35　预测值与测试结果对比

表 5-11 模型评价指标结果

指标	R^2	R^2_{adjusted}	MAE	RMSE
结果	0.957	0.927	0.499	0.706

2. 使用规则模型

为监测某型无人驾驶装备在一空间范围内运动,在空间内外共设置 7 处信号接收点,这 7 处信号点与无人驾驶装备进行等时间间隔交互,收集其信号强弱。先在空间标记出一禁忌区域,再监测要判断驾驶装备是否驶入禁忌区域。现收集到禁忌区域内信号组 499 组,标记为 +1;收集到禁忌区域外信号组 499 组,标记为 -1,总计 998 组数据。

通过对 7 处信号数据的预处理,发现其中有两处信号与禁忌区域的位置强相关,因此选取这两处的信号数据,进行分类模型的训练。随机选取空间内数据 299 组,空间外数据 300 组作为训练集,如图 5-36 所示;选取剩下空间内数据 200 组,空间外数据 199 组作为测试集。

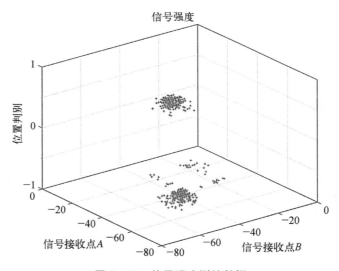

图 5-36 信号强度训练数据

在原始数据中运用结构搜索算法,确定了所获得的装备使用规则模型为 $GP(0, K)$,其中核函数 K 的定义为

$$K = SE \times RQ + WN$$

各核函数的参数如表 5 - 12 所示,模型训练的收敛过程如图 5 - 37 所示。

表 5 - 12　核 函 数 参 数

分　项	基 本 核 函 数
分项 1	$SE(x, x') = 0.24 \times \exp\left[-\dfrac{(x - x')^2}{49.80}\right]$
	$l = -4.99,\ \sigma = -0.49$
	$RQ(x, x') = 0.12 \times \left[1 + \dfrac{(x - x')^2}{240.96}\right]^{-2.39}$
	$l = 7.10,\ \sigma = -0.35,\ \alpha = 2.39$
分项 2	$WN(x, x') = 335.2\delta_{x, x'}$
	$\sigma = -18.31$

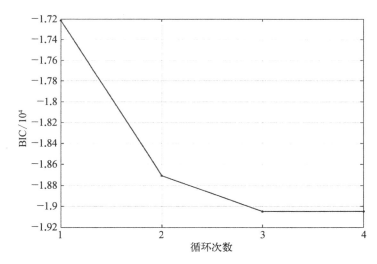

图 5 - 37　模型 BIC 变化过程

通过测试集可以得到如表 5 - 13 所示混淆矩阵。该模型精确率为 100%,召回率为 99.00%,准确率为 99.50%,F1 值为 99.50%。训练集及预测结果如图 5 - 38 所示。

表 5 - 13 混 淆 矩 阵

	实 例 为 正	实 例 为 负
预测为正	TP = 198	FP = 0
预测为负	FN = 2	TN = 199

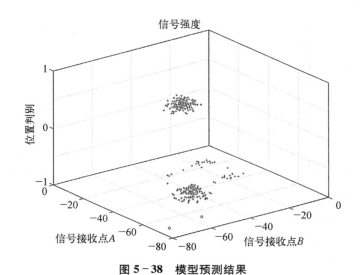

图 5 - 38 模型预测结果

参考文献

[1] 张金槐. 线性模型参数估计机器改进[M]. 长沙：国防科技大学出版社，1999.

[2] 王正明，卢芳云，段晓君，等. 导弹试验的设计与评估[M]. 北京：科学出版社，2022.

[3] 罗鹏程，周经伦，金光. 武器装备体系作战效能与作战能力评估分析方法[M]. 北京：国防工业出版社，2014.

[4] Pearl J. Causal diagrams for empirical research[J]. Biometrika, 1995, 82(4): 669 - 710.

[5] 易丹辉. 结构方程模型：方法与应用[M]. 北京：中国人民大学出版社，2008.

[6] 李卫东. 应用多元统计分析[M]. 北京：北京大学出版社，2008.

[7] 侯杰泰，温忠麟. 结构方程模型及其应用[M]. 北京：教育科学出版社，2006.

[8] 王凤山，李孝军，马拴柱，等. 现代防空学[M]. 北京：航空工业出版社，2008.

［ 9 ］　Byrne B M. Structural equation modeling with LISREL，PRELIS and SIMPLIS：Basic concepts，applications and programming［M］. Mahwah：Lawrence Erlbaum Associates，1998.

［10］　Koller D，Friedman N. 概率图模型——原理与技术［M］.王飞跃,韩素青,译. 北京：清华大学出版社，2015.

［11］　Pearl J. Causality：Models，reasoning，and inference［M］. 2nd ed.Cambridge：Cambridge University Press，2009.

［12］　Huntington-Klein N. The effect：An introduction to research design and causality［M］. New York：CRC Press，2021.

［13］　金光.复杂系统可靠性建模与分析［M］.北京：国防工业出版社，2015.

［14］　Bareinboim E，Pearl J. Causal inference and the data-fusion problem［J］. Proceedings of the National Academy of Sciences of the United States of America，2016，113（27）：7345－7352.

［15］　张路路. 基于等效试验和数据融合的抗辐射性能评估方法及应用［D］.长沙：国防科技大学，2022.

［16］　Rasmusen C E，William C K I.Gaussian processes for machine learning［M］. Cambridge：The MIT Press，2006.

［17］　Chen V C P，Tsui Kwok-Leung，Barton R R，et al. A review of design and modeling in computer experiments［J］. Elsevier Science，2003,22：231－261.

［18］　Sacks J，Schiller S B，Welch W J. Designs for computer experiments［J］. Technometrics，1989，31：41－47.

［19］　Lophaven S N，Nielsen H B，Sondergaard J. DACE：A MATLAB Kriging toolbox Version 2.0［R］. IMM，2002.

［20］　Park C，Haftka R T，Kim N H. Experience with several Multi-fidelity surrogate frameworks［C］. Sydney：11th World Congress on Structural and Multidisciplinary Optimization，2015.

［21］　Qian P Z G，Jeff Wu C F. Bayesian hierarchical modeling for integrating Low-Accuracy and High-Accuracy experiments［J］. Technometrics，2008,50（2）：192－204.

［22］　Dolci L. Bayesian hierarchical Gaussian process model：An application to Multi-Resolution metrology data［D］. Milan：Politecnico di Milano，2010.

［23］　San O，Rasheed A，Kvamsdal T. Hybrid analysis and modeling，eclecticism，and multifidelity computing toward digital twin revolution［J］. GAMM-Mitteilungen，2021，44（2）：1－32.

［24］　Kontaxoglou A，Tsutsumi S，Khan S，et al. Towards a digital twin enabled Multi-Fidelity framework for small satellites［C］. Denver：6th European Conference of the Prognostics and Health Management Society，2021.

［25］　Song X G，Lv L Y，Sun W，et al. A radial basis function-based multi-fidelity surrogate model：Exploring correlation between high-fidelity and low-fidelity models［J］. Structural and Multidisciplinary Optimization, 2019, 60: 965 - 981.

[26] DiazDela F A, Adhikari S. Bayesian assimilation of multi-fidelity finite element models[J]. Computers and Structures, 2012, 92 - 93: 206 - 215.

[27] Park C, Haftka R T, Kim N H. Low-fidelity scale factor improves Bayesian multi-fidelity prediction by reducing bumpiness of discrepancy function[J]. Structural and Multidisciplinary Optimization, 2018, 58: 399 - 414.

[28] Wei Y F, Xiong S F. Bayesian integrative analysis for multi-fidelity computer experiments [J]. Journal of Applied Statistics, 2019, 46(11): 1973 - 1987.

[29] Norman R. Data analytics for the T&E enterprise[C]. Reston: 34th International Test and Evaluation Symposium, 2017.

[30] Duvenaud D, Lloyd J R, Grosse R, et al. Structure discovery in nonparametric regression through compositional kernel search[C]. Atlanta: 30th International Conference on Machine Learning, 2013.

[31] Duvenaud D. Automatic model construction with Gaussian processes [D]. Cambridge: University of Cambridge, 2015.

第6章 试验结果评估

试验结果评估是对试验数据进行科学分析与综合,对装备技术状态、作战效能等指标给出科学和客观的量化结论的过程。需要强调指出,试验评估结果不是简单的数据汇总工作,即不能仅给出指标取值,还应该量化指标取值的不确定性,以便决策者能够对可能的决策风险进行评估。本章介绍目前装备试验结果评估中的几种典型方法,包括传统的统计评估和综合评估,以及基于不确定度量化的认证评估和基于因果推断的统计评估,后者可以为复杂非结构化系统的性能认证,以及基于观察数据的指标估计提供一些新的思路。

6.1 统计评估

统计评估是运用统计学的基本原理,对装备性能或效能指标进行统计估计和检验,确定装备指标值和统计评估风险的过程。统计评估的出发点是将待评估指标视为随机变量的特征参数(或总体参数),如均值、分位数、标准差等,然后通过多次试验获得的样本数据,对特征参数进行估计或检验,从而得到指标估计值或指标值是否符合要求的结论。在被试装备技术状态和试验条件真实、可以获得足够的试验数据的情况下,统计评估是获得装备指标值最严格和科学的方法,是 STAT 推荐的方法。

6.1.1 统计估计

1. 问题描述

可以如下形式化地描述统计估计问题。将每次试验获得的数据记为 x,x 是一个随机变量,服从分布 $F(x \mid \theta)$,$\theta \in \Theta$,$\Theta \subseteq \mathbb{R}^k$ 为分布参数的取值空间。假设已知必存在一个 $\theta_0 \in \Theta$,使得 x 的分布是 $F(x \mid \theta_0)$,但不知 θ_0 的具体数值。进一步地,假设待估指标参数 M 的值可以表示 x 的数字特征,如 $M = E(x)$,

则 M 也是 θ 的函数,如 $M = g(\theta)$。假设进行了 n 次试验,得到试验数据(样本数据)记为 $\boldsymbol{X} = (X_1, X_2, \cdots, X_n)$,希望根据它对指标参数 M 进行估计。

1)点估计

首先考虑用 $\mathbb{R}$ 中的一个点去估计 M,这就将指标估计问题转化为数理统计中的点估计问题。用样本数据估计 M,相当于构建一个取值于 $\mathbb{R}$ 的映射 $T(X_1, X_2, \cdots, X_n)$。例如,如果 $M = E(x)$,可以选择映射:

$$T(X_1, X_2, \cdots, X_n) = \frac{1}{n} \sum_{i=1}^{n} X_i$$

即 T 为样本均值。像这种由样本数据唯一决定的映射 T,就是数理统计中的统计量(statistic),对于点估计来说又称为估计量(estimator)。

例如,假设 $X_1, X_2, \cdots, X_n$ 是 n 次试验测得的导弹脱靶量数据,脱靶量 X 服从正态分布,即 $X \sim N(\mu, \sigma^2)$,其中的分布参数 μ 和 σ 是未知的。导弹脱靶量这一指标参数的取值实际上是指导弹的平均脱靶量,即分布的均值 μ,脱靶量估计就是利用 $X_1, X_2, \cdots, X_n$ 给出 μ 的值。如果 n 次试验是独立的,那么 μ 可以用样本均值进行估计。

显然,已知样本数据,对指标进行估计,会有无穷多个估计量。统计估计要解决的问题,就是寻找具有某种最优性质的估计量。典型的,如最小方差无偏估计、最小均方误差估计等。这时,不仅相当于给出了估计值,还通过无偏性、方差、均方差等,对估计量的特性进行了刻画,这些特性可以间接地度量点估计的风险——性质越好的估计,使用起来的风险越小。这也可以通过统计决策理论来解释,如采用平方损失的情况下,风险最小的估计是样本均值。矩估计和极大似然估计是两种常用的点估计方法。可以证明,通常情况下利用它们可以得到某种意义下的最优估计。

2)区间估计

点估计追求的是对未知参数的最佳单值预测。仅使用点估计的结果不能提供关于参数真值的估计的不确定性的信息,需要进一步指出其精度。这是因为,估计值与样本数据有关,不同的样本数据会得到不同的估计值,那么就需要考虑受样本数据的影响,估计值的变化,例如,指标值可能在什么范围内波动,该范围包含指标真值的概率是多少。

表达精度的方式有很多,例如,给出估计量的方差,就能够对其精度有一定的概念。另一种办法是指出一个区间,此区间以相当大的概率(如不低于某个

概率值 $\gamma = 1 - \alpha$）包含未知参数的未知真值。这样做的时候,实质上是用了一种新的统计估计形式,即区间估计,来代替原来的点估计。也就是说,区间估计给出参数值的一个范围(称为置信区间),并且给出在此区间内包含未知参数真值的概率。因此,区间估计同时包含了估计的准确度和可靠度,其中准确度对应于区间宽度,可靠度对应于包含未知参数真值的概率。区间估计的准确度和可靠度度量了区间估计的风险。对于某些指标,如失效率、可靠度,人们只关心其上限或下限,这时可以估计指标测度的置信上限或置信下限。关于置信区间或置信限估计的最优性和风险的严格理论,可以参考文献[1,2]。

2. 经典估计方法

1）点估计

常用的点估计方法有矩估计法、极大似然估计法。

矩估计法的基本思想是用各阶样本矩估计总体矩,并利用总体矩与未知参数的关系,得到总体未知参数的估计,从而进一步得到指标的估计。这里仅考虑总体参数的估计问题。设总体 X 的分布密度函数为 $f(x \mid \theta)$,数学期望为 μ,总体的 k 阶原点矩和 k 阶中心矩定义为

$$\alpha_k = E(X^k) = \int x^k f(x \mid \theta) \mathrm{d}x$$

$$\mu_k = E(X - E(X))^k = \int (x - \mu)^k f(x \mid \theta) \mathrm{d}x$$

设 $X_1, X_2, \cdots, X_n$ 是独立同分布样本,样本均值为 $\bar{X}$,则样本的 k 阶原点矩和 k 阶中心矩分别为

$$a_k = \frac{1}{n} \sum_{i=1}^{n} X_i^k, \quad m_k = \frac{1}{n} \sum_{i=1}^{n} (X_i - \bar{X})^k$$

由于 α_k 和 μ_k 是总体参数的函数,则可通过如下关系求解总体分布参数 θ 的估计:

$$\alpha_k = a_k \ 或 \ \mu_k = m_k$$

例如,假设导弹脱靶量试验数据 X 是服从正态分布 $N(\mu, \sigma^2)$ 的随机变量。其中,导弹的平均脱靶量是未知均值 μ,σ 是脱靶量数据的散布。运用矩估计法,可得总体均值 μ 的矩估计为一阶原点矩、σ^2 的矩估计为二阶样本中心矩,如下:

$$\hat{\mu} = \frac{1}{n} \sum_{i=1}^{n} x_i, \quad \hat{\sigma}^2 = \frac{1}{n} \sum_{i=1}^{n} (x_i - \hat{\mu})^2$$

极大似然估计法的基本思想是"极大似然原理"。设 X_1，X_2，$\cdots$，X_n 具有联合密度或频率函数 $f(x_1, x_2, \cdots, x_n \mid \theta)$，$\theta$ 为总体分布参数，由总体参数估计值所确定的总体应当使观测到样本数据的概率最大。设 x_1，x_2，$\cdots$，x_n 是样本 X_1，X_2，$\cdots$，X_n 的观测值，定义 θ 的似然函数如下：

$$L(\theta) = f(x_1, x_2, \cdots, x_n \mid \theta)$$

则 θ 的极大似然估计 $\hat{\theta}$ 为使 $L(\theta)$ 达到最大时的 θ。 即

$$L(\hat{\theta}) = \max_{\theta} L(\theta)$$

例如，对前述脱靶量 X 的均值与方差的估计问题，假设 X_1，X_2，$\cdots$，X_n 是独立同分布的样本数据，则可以得到似然函数为

$$L(\theta) = \prod_{i=1}^{n} \frac{1}{\sqrt{2\pi}\sigma} e^{-\frac{(x_i-\mu)^2}{2\sigma^2}}$$

对上式求极值可以得到 μ 和 σ^2 的极大似然估计为

$$\hat{\mu} = \frac{1}{n}\sum_{i=1}^{n} X_i, \quad \hat{\sigma}^2 = \frac{1}{n}\sum_{i=1}^{n}(X_i - \hat{\mu})^2$$

2) 区间估计

常用的区间估计方法是枢轴量法。枢轴量法的基本原理是设法构造样本与参数 θ 的函数 $G = G(X, \theta)$，G 的分布与 θ 无关，称为枢轴量，然后通过以下等价关系式得到 θ 的置信区间。

$$P(c \leq G(X, \theta) \leq d) = 1 - \alpha \Leftrightarrow P(\theta_1(X) \leq \theta \leq \theta_2(X)) = 1 - \alpha$$

仍以脱靶量估计为例，设脱靶量 X 服从正态分布，分布参数 σ 已知，则平均脱靶量 μ 的置信度为 $(1 - \alpha)$ 的双侧置信区间估计为

$$[\bar{X} - u_{1-\alpha/2}\sigma, \ \bar{X} + u_{1-\alpha/2}\sigma]$$

其中，$u_{1-\alpha/2}$ 是标准正态分布的 $(1 - \alpha/2)$ 分位数。

在某些情况下较难找到合适的枢轴量，这也是枢轴量法应用的主要困难。这时对于大样本条件可以利用极大似然估计 $\hat{\theta}$ 的渐近正态性质获得一个近似的置信区间。在样本量有限且难以获得枢轴量的情况下，还可采用 Bootstrap 法进行区间估计。

Bootstrap 法也称为自助法(bootstrap method)是由 Efron 教授于 1979 年提出

的,是一种基于计算机重抽样(resampling)技术的统计计算方法。目前,Bootstrap 法已在装备试验鉴定领域得到探索性应用,详见《武器装备综合试验与评估》及本章其他相关参考文献。

Bootstrap 方法的基本原理是利用计算机实现对真实样本数据的有放回的简单随机抽样,获得大量的再生样本,然后基于这些"伪样本"近似估计总体参数。Bootstrap 方法具有大样本渐近收敛性质,主要适用于总体分布较为复杂的情形。关于 Bootstrap 的进一步介绍详见相关文献[3,4]。

3. 贝叶斯估计方法

有时除了现场试验数据,还可能获得各种验前信息,如历史数据、不同条件和不同阶段的数据,以及仿真数据、专家信息等。采用贝叶斯方法可以有效利用验前信息,提高评估精度,如图 6-1 所示,其基本步骤描述如下:

(1) 确定试验数据服从的概率分布及总体参数 θ;

(2) 收集相关的验前信息,进行验前信息的可信性分析,通过数据折合、信息融合以及稳健性分析,将验前信息转化为 θ 的验前分布,记为 $\pi(\theta)$;

(3) 通过现场试验获取试验数据 $\boldsymbol{X} = (X_1, X_2, \cdots, X_n)$,构造似然函数 $L(\theta \mid \boldsymbol{X})$;

(4) 运用贝叶斯公式得到 θ 的验后分布 $\pi(\theta \mid \boldsymbol{X})$;

(5) 进行贝叶斯统计推断,即根据验后分布 $\pi(\theta \mid \boldsymbol{X})$ 对 θ 进行估计和检验。

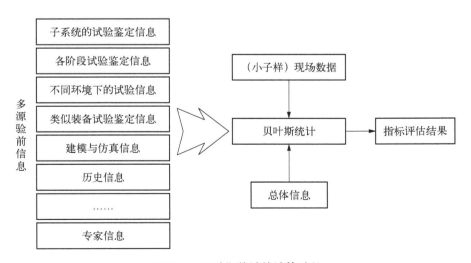

图 6-1　贝叶斯估计的计算过程

当运用贝叶斯公式得到验后分布 $\pi(\theta \mid X)$ 后,可以把 $\pi(\theta \mid X)$ 看作 θ 的函数进行点估计,称为贝叶斯点估计。常见的贝叶斯点估计有验后期望估计、验后众数估计和验后中位数估计。验后期望估计是用验后分布 $\pi(\theta \mid X)$ 的期望作为 θ 的点估计,记为 $\hat{\theta}_E$,即

$$\hat{\theta}_E = \int \theta \pi(\theta \mid X) \mathrm{d}\theta$$

当验后分布 $\pi(\theta \mid X)$ 比较复杂时,上面的积分没有解析结果,这时一般采用马尔可夫链蒙特卡罗(MCMC)方法进行数值计算。已经有不少成熟的软件包或工具箱可以进行这种计算。

验后众数估计是用验后分布 $\pi(\theta \mid X)$ 的众数作为 θ 的点估计,记为 $\hat{\theta}_{MD}$,也称为最大验后估计或广义极大似然估计,即

$$\hat{\theta}_{MD} = \arg \max_{\theta} \pi(\theta \mid X)$$

验后中位数估计是指用验后分布 $\pi(\theta \mid X)$ 的中位数作为 θ 的点估计,记为 $\hat{\theta}_{ME}$,即

$$P(\theta \leqslant \hat{\theta}_{ME}) = \int^{\hat{\theta}_{ME}} \pi(\theta \mid X) \mathrm{d}\theta = 0.5$$

定义总体参数 θ 的贝叶斯点估计 $\hat{\theta}$ 的验后均方误差(posterior mean square error, PMSE)为

$$\mathrm{PMSE}\ (\hat{\theta}) = E^{\theta \mid X}(\theta - \hat{\theta})^2 = \int (\theta - \hat{\theta})^2 \pi(\theta \mid X) \mathrm{d}\theta$$

则可证明贝叶斯验后期望估计是较好的点估计,因此通常选用验后期望估计作为总体参数的贝叶斯点估计。

在贝叶斯统计学中,将总体参数 θ 视为随机变量,因此当获得 θ 的验后分布后,就可以直接计算 θ 在某个区间取值的概率,从而可以方便地得到 θ 的区间估计。在经典统计学中,θ 被视为确定的常量,所以为了与之区别,贝叶斯统计学通常将得到的区间估计称为贝叶斯可信区间(Bayesian credible interval),对应的取值概率称为可信水平。

设有常数 $\alpha \in (0, 1)$,若有两个统计量 $\hat{\theta}_1(X)$ 和 $\hat{\theta}_2(X)$,使得

$$P(\hat{\theta}_1(X) \leqslant \theta \leqslant \hat{\theta}_2(X)) \geqslant 1 - \alpha$$

则称区间 $[\hat{\theta}_1(\boldsymbol{X}), \hat{\theta}_2(\boldsymbol{X})]$ 为 θ 的可信水平为 $(1-\alpha)$ 的贝叶斯可信区间。类似地,贝叶斯可信上限 $\hat{\theta}_\mathrm{U}(\boldsymbol{X})$ 和可信下限 $\hat{\theta}_\mathrm{L}(\boldsymbol{X})$ 的定义如下:

$$P(\theta \leqslant \hat{\theta}_\mathrm{U}(\boldsymbol{X})) \geqslant 1-\alpha$$

$$P(\theta \geqslant \hat{\theta}_\mathrm{L}(\boldsymbol{X})) \geqslant 1-\alpha$$

对于给定的验后分布 $\pi(\theta \mid \boldsymbol{X})$,可能满足上述条件的区间不是唯一的。在此情况下,通常可选择满足上述条件的长度最短的区间集合作为可信区间估计,并称为最大验后密度(HPD)可信区间估计。

当验后分布密度函数为单峰时,求解较为容易。但是,当验后密度形式为复杂多峰函数时,这样得到的结果可能是由多个子区间组成的区间集合,称为最大验后密度可信集,并且通常需要采用计算机进行数值计算求解。在实际中,为方便应用也可放弃 HPD 准则,选用相连的区间作为可信区间。值得注意的是,当出现多峰验后分布时,需要认真分析验前信息与现场信息的相容性。

4. 典型指标的统计估计

装备试验中指标数量繁多,这里根据其试验数据的物理意义和分布特征,大致分为概率型指标、时间型指标、精度型指标和距离型指标,并针对这四种类型的指标,给出其经典统计和贝叶斯估计方法。

1)概率型指标估计

概率型指标是指对通过开展成败型试验,以成功或者失败的概率进行度量的指标,典型的如可靠度、目标捕获概率等。假设进行了 $n = s + f$ 次试验,其中成功次数为 s,失败次数为 f,则成功概率的点估计为

$$\hat{p} = s/n$$

失败概率的总估计则为

$$\hat{q} = f/n$$

如果试验次数不多,或者失败次数为 0 的情况,则按照上述公式估计的结果并不完全符合实际情况。这时可以采用贝叶斯方法估计。成败型试验结果 X 服从二项分布,当没有验前信息时采用无信息验前,即 $\pi(p) \propto 1$,采用验后均值估计成功概率,得到:

$$\hat{p} = (s+1)/(n+2)$$

若采用共轭验前分布,即验前分布为 Beta 分布 $B(a, b)$,则成功概率的贝

叶斯估计为

$$\hat{p} = (a + s)/(a + b + n)$$

2）时间型指标估计

时间型指标是指以时间长短进行度量的指标，典型的指标如平均寿命、任务状态切换时间等。设有容量为 n 的试验的时间样本 t_i，$i = 1, 2, \cdots, n$，设试验总时间为

$$T = \sum_{i=1}^{n} t_i$$

如果是完全样本，则可以均值计算平均时间，即

$$\bar{T} = T/n$$

很多情况下，时间型指标的试验数据是不完整的，即存在截尾的情况。典型的如寿命试验中有定时截尾、定数截尾等。这时需要假设试验数据服从某种分布。例如，如果已知时间服从指数分布，即

$$f(t) = \lambda e^{-\lambda t}, \ t \geq 0$$

则可以采用经典方法或者贝叶斯方法估计分布参数 λ。GB 5080.4—85《设备可靠性试验 可靠性测定试验的点估计和区间估计方法（指数分布）》中，给出了定数截尾条件下均值 $\theta = 1/\lambda$ 的点估计和置信下限估计为

$$\hat{\theta} = T/r, \ \hat{\theta}_L = 2T/\chi^2_{2r, 1-\alpha}$$

其中，r 是截尾次数。

采用贝叶斯方法，假设验前分布采用 Gamma 分布 $G(a, b)$，可以得到 λ 的验后分布为 $G(a, b + T)$。于是可以得到平均寿命的贝叶斯估计为

$$\hat{T} = (b + T)/a$$

3）精度型指标估计

有两种类型的精度型指标，一种用来度量测量误差的大小，如测角精度、测距精度、测速精度，另一种用来衡量"命中"目标的程度。先考虑第一种，假设开展 n 次试验获得的测量结果的误差数据为 X_i，$i = 1, 2, \cdots, n$，采用均值计算指标值，即平均精度为

$$\bar{X} = \frac{1}{n} \sum_{i=1}^{n} X_i$$

一般假设误差数据服从正态分布 $N(\theta, \sigma^2)$，即

$$f(x) = \frac{1}{\sqrt{2\pi}\,\sigma} e^{-\frac{(x-\theta)^2}{2\sigma^2}}$$

利用贝叶斯方法进行估计，假设 σ 已知，取 θ 的验前分布为正态分布 $\mathcal{N}(\mu_0, v_0^2)$，则 θ 的验后分布为 $\mathcal{N}(\mu_1, v_1^2)$，其中，

$$\begin{cases} \mu_1 = \dfrac{\sigma^2 \mu_0 + nv_0^2 \bar{X}}{\sigma^2 + nv_0^2} \\[3mm] v_1^2 = \dfrac{\sigma^2 v_0^2}{\sigma^2 + nv_0^2} \end{cases}$$

于是精度的贝叶斯验后估计为

$$\hat{X} = \frac{\sigma^2 \mu_0 + nv_0^2 \bar{X}}{\sigma^2 + nv_0^2}$$

衡量"命中"目标程度的指标理解起来更复杂一些，也是精度评估的主要内容。例如，导弹是否毁伤目标与落点是否在目标范围内有关，这就是落点精度。衡量落点精度有两个方面：一是导弹散布中心偏离目标点的距离，称为射击准确度；二是导弹发射后对目标中心的散布程度，称为射击密集度。前者是系统误差，后者是随机误差。一般认为导弹落点偏差的概率分布服从正态分布。如果没有系统偏差，则以落点的均方根误差 σ 或者圆概率偏差（circular error probable，CEP）作为精度的度量。可以采用贝叶斯方法估计 σ。对于落点的某个分量（如横向）X，设样本数据为 X_i，$i = 1, 2, \cdots, n$，X_i 独立同分布，服从正态分布 $\mathcal{N}(\theta, \sigma^2)$。在 θ 和 σ^2 均未知的情况下，取 θ 和 $D = \sigma^2$ 的验前分布为正态-逆伽马分布 $\mathcal{N} - I\mathcal{G}(\mu_0, k_0, \sigma_0^2, \nu_0)$，其中，

$$\pi(\theta \mid \sigma^2) = \mathcal{N}(\mu_0, \sigma^2/k_0)$$

$$\pi(D) = I\mathcal{G}(\nu_0/2, \nu_0 \sigma_0^2/2)$$

根据贝叶斯公式可以得到 (θ, D) 的验后分布为 $\mathcal{N} - I\mathcal{G}(\mu_1, k_1, \sigma_1^2, \nu_1)$，其中，

$$\mu_1 = \frac{k_0 \mu_0 + n\bar{X}}{k_0 + n}, \; k_1 = k_0 + n, \; \nu_1 = \nu_0 + n, \; \sigma_1^2 = \frac{1}{\nu_1}\left[\frac{nk_0(\mu_0 - \bar{X})^2}{k_1} + nS^2 + \nu_0 \sigma_0^2\right]$$

可以得到 θ 和 D 的验后边际分布分别为自由度为 ν_1 的非中心 t 分布 $t(\nu_1,$ $\mu_1,\ \sigma_1/\sqrt{k_1}\,)$ 和逆伽马分布 $IG(\nu_1/2,\ \nu_1\sigma_1^2/2)$，于是可以得到 θ 和 D 相应的验后估计分别为 μ_1 和 $\nu_1\sigma_1^2/(\nu_1-2)$。

4）距离型指标估计

距离型指标是指利用作用距离进行度量的指标，如应答式作用距离、反射式作用距离等，一般指测得的最大距离，它应满足：

$$P(L \geqslant L_{\max}) = 1 - \alpha$$

其中，L 是作用距离，$1-\alpha$ 为置信度，如果 $L \sim N(L^*,\ (\sigma^*)^2)$，其中 L^*、σ^* 为已知，那么

$$P(L \leqslant L_{\max}) = \varPhi\left(\frac{L_{\max} - L^*}{\sigma^*}\right)$$

于是

$$L_{\max} = L^* + \sigma^* \varPhi^{-1}(1 - \alpha)$$

在小子样场合，可以运用贝叶斯方法对最大作用距离进行估计，包括 L^* 和 σ^* 的估计，这里不再赘述。

6.1.2　假设检验

1. 问题描述

指标估计的主要任务是确定总体参数的取值或所在区间，指标检验解决的是判断指标参数取值是否等于、小于或大于人们所关心的某一个具体数值，即检验某一装备指标参数的取值与给定的某个数值是否有明显的差异，或检验某两个不同总体（如不同方案、不同研制阶段、不同使用条件）的特征参数的取值有无显著差异。例如，在装备试验中，检验跟踪系统的跟踪误差的均值、标准差是否等于或小于研制总要求中规定的指标值，或比较一个改进的武器系统与原系统的射击命中率是否有明显的提高，或检验批生产的导弹是否合格等，都是指标检验问题。

例如，在一项雷达试验中，要研究雷达角跟踪误差（方位角或仰角）是否等于给定值。由于多次测量的雷达角跟踪误差数据是不同的，存在随机性，因此实际上是将这一试验测量参数视作随机变量，并根据试验数据检验其均值是否等于给定值。具体实现上，首先假设雷达角跟踪误差总体均值 μ 等于给定值

μ_0，然后再来检验这个假设是否正确。这样的假设称为原假设，一般用字母 H_0 表示。即

$$H_0 : \mu = \mu_0$$

在装备性能指标的检验中，通常选择合同或研制任务书中规定的战术技术指标的要求值构造原假设，即首先假设参数的真值满足要求，再来检验这个假设是否成立。

如果样本数据具有从 H_0 假设成立这样的总体中随机抽取的数据特性，那么 H_0 假设就可能成立，也就是说雷达角跟踪误差总体均值 μ 等于给定值 μ_0；否则 H_0 假设就可能不成立，也就是说雷达角跟踪误差总体均值 μ 不等于 μ_0。从统计理论上来说，这相当于提出一个备选假设：雷达角跟踪误差总体均值 μ 不等于给定值 μ_0。根据指标类型，实际问题中备选假设可能取不同的形式，以便于实施检验。一种是简单的形式，即

$$H_1 : \mu = \mu_1 \neq \mu_0$$

在装备试验鉴定中，通常根据使用方（军方）不能接受的最低指标值（针对越大越好的指标，如平均寿命）或最高指标值（针对越小越好的指标，如失效概率），构造备选假设。

如果已知指标特性，如角跟踪误差是望小特性，即越小越好，则备选假设也可采用如下的形式：

$$H_1 : \mu > \mu_0$$

这种形式的假设称为复杂假设，这是一种单边假设形式的复杂假设。

统计假设检验原理类似于逻辑上的反证法，即先假设原假设成立，如果据此推得错误的结果，则拒绝原假设。不过，与数学分析和确定性逻辑中的证明和推断不同，统计假设检验不能完全采用逻辑上的反证法，而是采用小概率事件思想，即小概率事件（如发生概率小于 0.01 或 0.05）在一次试验中基本上不会发生。于是，统计假设检验先提出原假设，再用适当的统计方法确定原假设成立的可能性大小，如果可能性太小，则认为原假设不成立；若可能性较大，则不能拒绝原假设成立（但也不能认为原假设肯定成立，这是与确定性逻辑不同之处）。

为了利用样本数据对假设进行检验，需要构造一个统计量 $T(X)$，称为检验统计量，并根据 T 构造拒绝域 D 和接受域 D^c，表示拒绝 H_0 的 X 的取值的集合和不拒绝 H_0 的 X 的取值的集合，T 和 D 就构成一个检验方案。该检验方案使

用的方式为：当 X 的取值落入拒绝域 D 时，则拒绝原假设 H_0；当 X 的取值落入接受域 D^C，则不拒绝原假设。这里需要注意的是检验结论的陈述。由于假设检验的目的一般在于试图找到证据拒绝原假设，而不在于证明什么是正确的。因此，当没有足够证据拒绝原假设时，一般不采用"接受原假设"的表述，而采用"不拒绝原假设"的表述。"不拒绝"的表述实际上意味着并未给出明确的结论——没有说原假设正确，也没有说它不正确。之所以这样，是因为"接受"的说法有时会产生误导，因为这种说法似乎暗示着原假设已经被证明是正确的。但事实上，H_0 的真实值可能永远也无法知道，它只是对总体真实值的一个假定值，由样本提供的信息也就自然无法证明它是否正确。

由于样本数据是随机的，所以根据统计量 T 和拒绝域进行假设检验，可能由于机会的原因导致错误的选择，如图 6-2 所示分别为原假设和备选假设之下检验统计量的分布。可以看出，无论如何原假设都可能被拒绝，因此犯错误是很难避免的。有两种典型的错误，即 H_0 为真时拒绝 H_0 和 H_1 为真时不拒绝 H_0，分别称为类型 I 错误（弃真）和类型 II 错误（采伪）。犯类型 I 错误的概率称为弃真概率或显著性水平，一般记为 α。当装备满足指标要求而判定不符合要求时，研制方的利益受到损害，因此 α 也称为研制方风险。犯类型 II 错误的概率称为采伪概率，一般记为 β，并且统计上称 H_1 为真时拒绝 H_0 的概率为一个检验的功效，因此检验的功效等于 $1-\beta$。当装备不能满足指标要求而判定其符

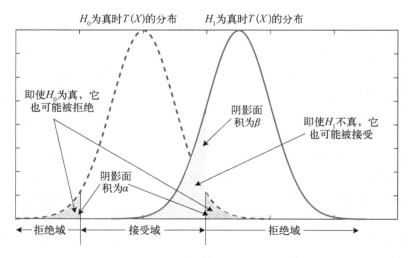

图 6-2 假设检验中所犯错误

合要求时,使用方(军方)的利益受到损害,所以犯第二类错误的概率 β 也称使用方风险。

传统的显著性水平,如 1%、5%、10% 等,已经被人们普遍接受为"拒绝原假设足够证据"的标准,大概可以说:10% 代表有"一些证据"不利于原假设;5% 代表有"适度证据"不利于原假设;1% 代表有"很强证据"不利于原假设。

对于图 6-2 所示的检验统计量的分布,可以看到,如果减小 α,β 就随之增加;而 β 减小,则 α 就随之增加。也就是说,研制方风险减小,则使用方风险增大;反之,使用方风险减小,则研制方风险就增大,两者是相互矛盾的。要想 α 和 β 都减小,唯一的方法就是增加样本量。但是,增加试验样本量必然要增加试验的成本,特别是价格昂贵的试验样本不可能太多,因此需要综合考虑,选择适当的样本量,使样本量限制在一定的范围之内,由研制方和使用方共同承担风险。

由研制方和使用方共同承担风险即选择 α 和 β 的数值,是试验过程中必须慎重考虑的问题。在装备性能指标检验问题上,应该秉承军工产品质量第一原则和风险平均分担的原则[5]。

1)军工产品质量第一原则

装备是战斗力的物质基础,装备质量直接影响战争胜负和人员生命安全,把不合格的装备误认为合格,势必会增加战争和人员伤亡的风险。因此,装备试验必须坚持军工产品质量第一的原则,在试验设计时适当选择较小的 β 值,且 $\beta < \alpha$,降低军方风险,确保装备质量。

2)风险平均分担的原则

在降低军方风险的同时,势必会增加研制方风险,这是研制方所不希望的。风险平均分担的原则是解决研制方和订货方之间矛盾的折中方法,就是在试验设计时,选择研制方和使用方的风险相等或相当,即 $\alpha = \beta$ 或 $\alpha \approx \beta$。α 和 β 的数值选择要结合具体装备试验和采用的检验方法来确定。

2. 固定样本量方法

在试验之前规定试验样本量,并根据试验结果进行假设检验,称为固定样本量方法,可以采用经典统计或贝叶斯统计方法。经典统计主要是关于最大功效检验的理论,贝叶斯统计则更为直接。

1)最大功效检验

针对一个具体的假设检验问题,可以构造无穷多个检验方案。统计假设检验理论需要解决的,就是从所有可能的检验方案中,选择最好的检验方案。与参数估计问题类似,也不存在一致最优的检验方案。统计上常用的评价检验方案优劣的概念,是一致最大功效检验(uniformly most powerful test, UMP)。对于原假设为 H_0、备选假设为 H_1 的假设检验问题,一致最大功效检验是指一个检验方案的显著性水平不低于规定值 α 的情况下,其功效函数比所有其他检验方案的功效函数都大(或者等价的,其犯第二类错误的概率比所有其他检验方案都小)。统计学中的纽曼-皮尔逊(Neyman - Pearson)引理对原假设和备选假设都是简单假设的问题,给出了最大功效检验方案求解方法。

N - P 引理解决了原假设和备选假设都是简单假设情形,最大功效检验的存在性及其构造的问题。设检验问题为

$$H_0: X \text{ 的分布为 } P_0 \leftrightarrow H_1: X \text{ 的分布为 } P_1$$

为叙述方便,考虑连续随机变量,并设 P_0 和 P_1 的密度函数分别为 $f_0(x)$ 和 $f_1(x)$,并且假设 $f_0(x)$ 和 $f_1(x)$ 不同时为 0。当 $a > 0$ 时,记 $\dfrac{a}{0} = \infty$ 。

定义函数 $\phi: \Omega \to \{0, 1\}$,Ω 是样本的所有可能取值的集合,ϕ 称为判别函数,$\phi(x) = 1$ 时表示拒绝原假设,$\phi(x) = 0$ 表示不拒绝原假设。则 $\phi(x)$ 与通常的假设检验的拒绝域 D 的关系为 $D = \{x \in \Omega: \phi(x) = 1\}$ 。N - P 引理指出,对任给的 $0 \leqslant \alpha \leqslant 1$,上述假设检验问题的水平 α 的 UMP 检验 ϕ 必定存在,且满足以下条件:

$$\phi(x) = \begin{cases} 1, & f_1(x)/f_0(x) > c \\ 0, & f_1(x)/f_0(x) < c \end{cases} \tag{6-1}$$

$$E_0[\phi(X)] = \int_\Omega f_0(x)\phi(x)\,\mathrm{d}x = \alpha \tag{6-2}$$

即 ϕ 的真实水平为 α ,其中 c 为某个常数,由式(6-2)确定。进一步地,任何满足式(6-1)和式(6-2)的检验 ϕ 都是该检验问题的水平 α 的 UMP 检验,并且该检验问题的水平 α 的 UMP 检验比都具有式(6-1)和式(6-2)所规定的形式。将 N - P 引理用于离散随机变量情形,只要用概率质量代替式(6-1)中的概率密度,用不等式" $\geqslant \alpha$ "代替式(6-2)中的" $= \alpha$ "。

下面看 N - P 引理应用的一个例子。假设通过 10 次成败型试验来检验如下问题:

$$H_0: p = 0.5 \leftrightarrow H_1: p = 0.6$$

其中,p 为成败型试验的成功概率。根据 N - P 引理可以证明,当显著性水平为

0.054 7 时,拒绝域 $D = \{8, 9, 10\}$ 定义的检验是 UMP 检验,此时检验的功效为 0.167 3。也就是说,不存在其他的检验方案(拒绝域),它的显著性水平不超过 0.054 7,同时功效还高于 0.167 3。针对这个例子,对应的 c 的取值为 0.55。

为了得到显著性水平等于 0.05 的 UMP 检验,对于这个例子需要定义随机化检验,即在比值等于 0.55 时,依据某个概率随机选择原假设或备选假设。

2)贝叶斯假设检验

采用贝叶斯方法进行假设检验是通过直接比较验后概率的大小完成的。给定原假设 $H_0 : \theta \in \Theta_0$,备选假设 $H_1 : \theta \in \Theta_1$。设求得的验后概率为 $\alpha_0 = P(\Theta_0 \mid X)$ 和 $\alpha_1 = P(\Theta_1 \mid X)$,则贝叶斯假设检验的拒绝域为

$$D = \{X \mid \alpha_0 / \alpha_1 < 1\}$$

具体检验规则为:当 $\alpha_0 \geqslant \alpha_1$ 时不拒绝 H_0,当 $\alpha_0 < \alpha_1$ 时拒绝 H_0。

当考虑误判损失时,这时假设检验的统计判别准则是选择验后期望损失最小的决策规则。

关于贝叶斯假设检验在装备试验鉴定中的具体应用可详见有关文献[5－7]。

3. **序贯检验方法**

通常的统计假设检验是预先给定样本量的大小,即采用固定样本量。实践表明,在有些情况下使用固定样本量方法,会导致不必要的浪费。例如,有一批产品(假设一共有 N 件,N 很大)须作验收检验,以判定这批产品的合格率是否满足要求。最简单的检验方案是选定两个整数 n 和 c,从该批产品中随机抽取 n 件,如果这 n 件中所含不合格品件数 $d > c$,则拒收该批产品;若 $d \leqslant c$,则接收该批产品。很明显,这个验收方案的样本量是固定的整数 n,但是在抽样的过程中,如果未抽到 n 件就已抽到 $(c + 1)$ 个不合格品,就没有必要再往下试验。换句话说,在有些情况下事先固定样本量会造成浪费。因此,如果能够根据试验过程中出现的情况来决定样本量,就有可能减少不必要的费用。

序贯检验的基本思想是根据实际试验的结果决定是否需要继续试验,而不是必须按事先设计的样本量完成全部试验。序贯试验需要在每得到一个观测值后,对试验数据进行计算分析和判断,决定是否可以结束试验,或者仍然需要继续进行试验。这样一个一个地逐次得到的样本称为序贯样本。在同样的检验风险要求之下,序贯试验的平均试验数要小于非序贯试验的试验数。

1)序贯概率比检验

序贯概率比检验(sequential probability ratio test,SPRT)是统计学家沃尔德

在 1943~1945 年,为适应美国军火生产中质量检验工作的需要而提出来的。序贯试验设计需要解决两个问题:一是何时停止;二是如何根据停止时的全部数据做统计检验。SPRT 的基本思想是:针对当前已获得的样本数据 X_1, X_2, $\cdots$, X_n,计算其在 H_0 和 H_1 成立的情况下出现的概率 $P_{0,n}$ 和 $P_{1,n}$:

$$P_{0,n} = P(X_1, X_2, \cdots, X_n \mid H_0)$$

$$P_{1,n} = P(X_1, X_2, \cdots, X_n \mid H_1)$$

定义似然比为 $L_n = P_{1,n}/P_{0,n}$。当 L_n 充分大时,表明 H_1 成立的可能性比 H_0 成立的可能性大,因而可以拒绝 H_0。当 L_n 很小时,接受 H_0。当 L_n 不大也不小时则不作结论,需继续抽取样本进行试验后再判断。

SPRT 的停止规则由两个阈值 A、B($0 < A < 1 < B$)确定。当试验中出现第一个满足 $L_n \leqslant A$ 或者 $L_n \geqslant B$ 的试验结果时终止试验,否则需要继续抽样。当 $L_n \leqslant A$ 时,接受 H_0;当 $L_n \geqslant B$ 时,拒绝 H_0。SPRT 的停止法则可表示为:

(1)当 $L_n \leqslant A$ 时,接受 H_0;

(2)当 $L_n \geqslant B$ 时,拒绝 H_0;

(3)当 $A < L_n < B$ 时,抽取样本,继续试验。

对于给定的犯错误概率 α 和 β,一般可以按照如下方式取阈值:

$$A = \frac{\beta}{1 - \alpha}, \quad B = \frac{1 - \beta}{\alpha}$$

实际工作特别是装备试验中样本量通常是有限的。为了在有限的样本量下做出结论,可以采用序贯截尾试验方案,即当样本量达到规定值时停止试验,然后根据非序贯方式下的假设检验方法做出判断。

例如,为检验某成败型指标,原假设和备选假设分别为 H_0:$p_0 = 0.9$ 和 H_1:$p_1 = 0.8$,风险为 $\alpha = 0.2$、$\beta = 0.2$,允许的样本量为 $n_0 = 22$。由通常的 SPRT 原理得到如图 6-3 所示的序贯试验图。设当前累计试验次数为 n,累计成功次数为 m,则判决规则如下:

(1)当试验次数小于 22 次时,按照如下规则进行检验:

如果 (n, m) 在 $L_0 = h_0 + sn$ 的线上或其上方,则接受 H_0;

如果 (n, m) 在 $L_1 = h_1 + sn$ 的线上或其下方,则拒绝 H_0;

如果 (n, m) 处于直线 $L_0 = h_0 + sn$ 和 $L_1 = h_1 + sn$ 之间,则继续抽取样本进行试验。

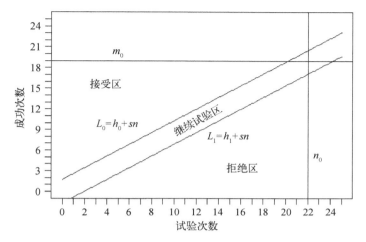

图 6-3　成败型指标的序贯试验图

（2）当试验次数达到 22 次时,结束试验,按照以下规则进行检验:

若 $m \leqslant m_0$,则拒绝 H_0。 若 $m \geqslant m_0$,则接受 H_0。

2）序贯验后加权比检验

运用贝叶斯方法进行统计试验设计,主要是利用验后分布进行假设检验。以下通过介绍装备试验鉴定领域较为常见的贝叶斯序贯验后加权检验（sequential posterior odd test, SPOT）法。

假设有如下总体参数的假设检验问题:

$$H_0: \theta \in \Theta_0, H_1: \theta \in \Theta_1$$

当获得样本 $\boldsymbol{X}$ 的观测值 $\boldsymbol{x} = \{x_1, x_2, \cdots, x_n\}$ 后,可计算得到 θ 验后分布 $\pi(\theta \mid \boldsymbol{x})$。据此可以计算出 θ 属于两个假设的验后概率:

$$\alpha_0 = P(H_0 \mid \boldsymbol{x}) = P(\theta \in \Theta_0 \mid \boldsymbol{x})$$

$$\alpha_1 = P(H_1 \mid \boldsymbol{x}) = P(\theta \in \Theta_1 \mid \boldsymbol{x})$$

SPOT 方法通过比较 α_0、α_1 的大小进行假设检验。定义验前概率比为 $O_n = \dfrac{\alpha_1}{\alpha_0}$。 设 A、B 为常数,且满足 $0 < A < 1 < B$。 SPOT 方法具有如下序贯决策形式:① 当 $O_n \leqslant A$ 时,结束试验,并接受 H_0;② 当 $O_n \geqslant B$ 时,结束试验,并拒绝 H_0;③ 当 $A < O_n < B$ 时,继续进行试验。

定义 $\pi_0 = \int_{\Theta_0} \pi(\theta)\mathrm{d}\theta$, $\pi_1 = 1 - \pi_0$，给定的用户方风险和使用方风险分别为 α、β。为了使检验风险满足给定的 α、β，可以证明，待定常数 A、B 的计算公式为

$$A = \frac{\beta}{\pi_0 - \alpha}, \ B = \frac{\pi_1 - \beta}{\alpha}$$

因此，在应用 SPOT 方法时，只需根据给定的验前分布，计算得到 π_0、π_1，代入上式求出常数 A、B 即可确定序贯检验法则。依据样本数据，计算出 O_n，就可以根据检验法则决定是否可以停止试验得到结论或是否需要继续试验。

在实际应用中，当试验样本量 N 受限时，可以进行序贯截尾，即样本数达到 N 时停止试验，做出假设检验决策。为此，可以运用截尾 SPOT 方法，详见文献[6]。

6.1.3 关于小子样评估问题的讨论

统计评估中，估计的精度和检验的风险都与试验样本量有关。现代高技术复杂装备，如卫星、舰船、导弹等成本高，难以有足够的试验样本；有些装备具有长寿命、高可靠性特点，在通用质量特性评估时缺乏足够的感兴趣信息；有些型号还具有独一性（即独此一件）。试验样本量少使统计评估理论难以保证评估结果的置信度或检验的功效，这就是小子样评估问题。小子样问题是目前装备试验设计与分析评估的一个长期关注和迫切需要解决的难题。

对于小子样问题的解决，传统上采用信息融合策略，典型的例如采用贝叶斯方法，用验前信息弥补现场试验数据的不足，如图 6-1 所示。在贝叶斯方法中，一般认为验前信息与现场数据"独立"。由于缺乏公认的方法，目前贝叶斯方法的使用存在不同的观点。

还可以从另一个角度考虑小子样评估问题，如图 6-4 所示。其中，将统计评估认为是依据所获得的数据，推断总体 Ω 中个体的特征 $E[g(Y)]$，这里 Y 是试验的响应。图 6-4(a) 仅使用 Y 的样本数据 $y_1, y_2, \cdots, y_n$，对完全随机的个体（黑色菱形）的 Y 进行推断。图 6-4(b) 中，测量数据既有 Y 的数据 $y_1, y_2, \cdots, y_n$，也有与 Y 密切关联（存在相关关系或因果关系）的 X 的数据 $x_1, x_2, \cdots, x_n$，然后利用试验数据推断非完全随机个体（其中 Y 为黑色、X 为灰色）的性能，也就是说，这时对个体性能的评估，得到的应该是 $E[g(Y) \mid X]$ 而不是 $E[g(Y)]$。这就像预测人的健康状态时，体检后和体检前的结果是不同的，特定人群和一般人群也有差异。

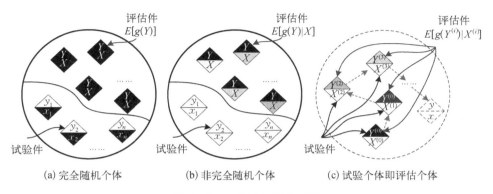

(a) 完全随机个体　　　　　(b) 非完全随机个体　　　　(c) 试验个体即评估个体

图 6-4　三类试验评估问题

图 6-4(b) 中待评估个体不是"完全随机"的原因在于,对昂贵的装备经常能得到关于 X 的部分数据或不确定度等信息,例如,个体在制造过程中进行了大量测试,经过改装改进的能力增量型装备的某些部分的性能是可知的,根据第一原理或专家经验可以得到关于 X 的可靠知识,等等。有了 X 的这些信息,对待评估个体的 Y 就不再是完全未知的,利用 X 有望降低对 Y 推断的不确定性①。因此,如果能够获得与 Y 密切关联的 X 的数据,则可以用更少的试验样本量得到要求的评估精度。根据 6.2 节裕量与不确定度量化原理,如果通过 X 能够降低对 Y 或者 $g(Y)$ 的不确定度,则就可以用更少的样本对 Y 进行评估。

下面以可靠性评估为例进一步说明。传统上,可靠性评估利用的是成败型或寿命试验,Y 是表示试验成败的 0-1 随机变量或产品失效或截尾时间。对于长寿命高可靠产品,即使有较大的试验样本量,也可能难以获得足够的失效数据。为了解决小子样条件下可靠性评估问题,人们提出了基于退化的可靠性方法[8]。研究表明,利用长时间多次测量的少量试验样品的退化数据,可以获得与较大样本量的成败型或寿命型试验数据的同等的评估精度。例如,如果产品性能退化服从维纳过程,则当试验时间足够长时,利用单个样品的性能试验数据就可以获得任意精度的可靠性评估结果。进一步地,如果能够测得与退化量

---

①　这实际上可以由方差分解公式得到保证。方差分解公式为

$$\mathrm{Var}(Y) = E[\mathrm{Var}(Y|X)] + \mathrm{Var}[E(Y|X)]$$

因此一定会有 $\mathrm{Var}[E(Y|X)] = \mathrm{Var}(Y) - E[\mathrm{Var}(Y|X)] \leqslant \mathrm{Var}(Y)$。

相关的标记量数据，则通过联合建模可以进一步提高评估精度。文献[9]的研究表明，在相同的评估精度下，给定相同的试验时间，寿命试验的样本量与退化试验中测量次数存在单调关系。如果测量存在误差，可以通过延长试验时间弥补其影响，得到较高的评估精度。

综上所述，可以从是否拥有待推断个体性能的关联信息的角度，将装备试验结果的统计评估分为三类：第一类属于经典统计问题，其中样本给出了总体的无条件分布，基于该分布评估总体中的其他个体，如图6-4(a)所示；第二类是某些小子样问题，样本可以给出总体的有条件分布，用该分布评估总体中的其他个体，这些个体拥有(不等的)观测信息，如图6-4(b)所示；第三类为独一性问题，其中(总体中的)每个个体是单独的观测和评估的，随着对个体掌握的信息越来越多，评估的结果也越来越可靠，如图6-4(c)所示。与贝叶斯方法使用独立的验前信息不同，这里的小子样问题，实际是利用评估对象待评估指标的关联信息。直观上，信息的关联关系越紧密越好。

以上从形式上分析了某些小子样装备的试验评估情况。实际进行评估时，面对的数据和模型可能非常复杂，例如除了随机不确定，还有认知不确定，而且Y与X可能也没有简单的关系，因此需要针对具体问题开展针对性研究。不过，很多实践都表明，将统计评估的基本原理与评估对象的实际相结合，是解决小子样评估问题的可行途径。

6.2　性能认证

系统性能是否满足要求，传统上采用统计抽样和统计检验方法。然而，很多装备的结构功能复杂、规模大、影响因素众多，存在很多不确定性，采用统计假设检验方法很难验证复杂系统的性能是否满足要求。裕量和不确定度量化(quantification of margins and uncertainties，QMU)方法是解决该问题的一种综合性框架，它提供了综合多种不确定性进行性能认证的方法，并为传递认证结果的置信度提供了一种通用方式。

6.2.1　性能认证问题描述

复杂系统性能评估的困难主要是各种不确定性的影响。这里首先对性能认证中的不确定性以及性能要求的量化表示进行描述。

1. 性能认证中的不确定性

性能认证中的不确定性源于各种信息不能完全确定的特性,例如随机性、模糊性等。不确定性可分为偶然不确定性(aleatory uncertainty)和认知不确定性(epistemic uncertainty)两种类型。偶然不确定性是系统本身具有的随机变化。如天气,尽管可以预测,但是不能准确确定明天的天气;又如卫星电源系统性能变化,与其所处环境的变化有关。偶然不确定性是客观存在的,增加试验次数或提高认知能力,均不能对偶然不确定度起到消减的作用,但有利于对其进行更准确的量化。认知不确定性产生于人类对客观现象或某种规律的主观认识不充分,是由于人们认知不足,难以确定其具体值。例如,核反应堆所能承受的最大压力是固定的,但是在不破坏它的情况下,人们无法清楚地判断其值。又如,卫星电源系统所能承受的最大辐射剂量,在它被辐射损坏之前,这个值无法测量。认知不确定性来源于数据或知识的缺乏,因此可随着试验信息的增加和认知水平的提高而逐步减少甚至消除。

在性能认证和评估中,认知不确定性的来源主要包括数据不确定性和模型不确定性。数据不确定性通常体现在模型参数中,这些参数通常是由专家给出的区间描述,或是信息量极少的简单概率分布(如 Johnson 分布族),主要源于对对象物理属性的描述不充分。模型不确定性即存在一系列可能的模型、从中选择最优模型时所包含的不确定性,对工程系统建立不同的仿真模型时是不可避免的。有时使用不同的仿真模型进行预测,会导致明显不同的结果,因此模型不确定性是相当显著的。

一些数学结构为表示不确定性已被提出,如区间分析、可能性理论、模糊集理论、证据理论等非概率方法以及概率方法,包括贝叶斯方法或经典概率方法。

2. 性能需求的描述

如 1.4.2 节所示,性能指标的描述有多种类型的度量条件,如对应于特定时刻或者稳态条件、在特定范围之内、在整个使用期间等。对性能需求的量化,是根据系统需求文档,获得系统性能及其上界或下界或允许的取值范围,即指标要求的阈值。有时对性能的需求也是不确定的,即无法获得精确的性能阈值,这时可以给出阈值的取值范围。

1)基于阈值的性能需求描述

对于规定时刻 τ 的性能 $P(\tau)$,设性能要求为下界要求 P_{lo} 或上界要求 P_{up},即 $P(\tau) \geqslant P_{\text{lo}}$ 或者 $P(\tau) \leqslant P_{\text{up}}$,或者有特定的区间 $[\underline{P}_b, \ \overline{P}_b]$ 要求,即 $\underline{P}_b \leqslant P(\tau) \leqslant \overline{P}_b$。

对于规定时间范围的性能,有时对性能界限和时间区间都有要求,如性能要求为

$$\underline{P}_b \leqslant P(t) \leqslant \bar{P}_b, \ t_{\min} \leqslant t \leqslant t_{\max}$$

当性能要求的界限存在不确定性时,即由于缺乏认知导致无法获得精确的性能阈值,这时的性能要求可以进一步描述为:$\underline{P}_b$ 被包含在区间 $[\underline{P}_{b\,\mathrm{lo}}, \underline{P}_{b\,\mathrm{up}}]$ 内,$\bar{P}_b$ 被包含在区间 $[\bar{P}_{b\,\mathrm{lo}}, \bar{P}_{b\,\mathrm{up}}]$ 内。

2)基于概率的性能需求描述

由于性能存在不确定性,因此不能保证性能"必然"满足要求,这时通过性能满足要求的概率描述性能需求,有时还进一步规定置信度。例如,要求"卫星平台以 0.8 的置信度运行 2 年的可靠度不低于 0.94"。假定要求性能 Y 落在可行集 A 中,即 $Y \in A$。若满足 $P\{Y \in A\} = 1$,则可确定该系统性能正常。然而保证性能绝对满足要求是很困难的,这时可以将条件放宽为 $P\{Y \in A^C\} \leqslant \epsilon$,其中 A^C 是不可行集,ϵ 称为失效容限。实践中,如果可以获得失效概率 $P\{Y \in A^C\}$ 的一个上界,且该上界低于失效容限 ϵ,则可得到一个保守的检验准则来验证系统通过认证。显然,一个有效的上界必须与实际的失效概率 $P\{Y \in A^C\}$ 尽可能接近。

复杂系统性能认证的目的,是针对存在随机和认知不确定性的各种情况,对性能是否满足要求进行认证,同时给出认证的风险(置信度)。

6.2.2　裕量与不确定度量化原理

裕量与不确定度量化(QMU)最早由美国支持核武器计划的几个国家实验室,包括劳伦斯利弗莫尔国家实验室(Lawrence Livermore National Laboratory, LLNL)、桑迪亚国家实验室(Sandia National Laboratories, SNL)和洛斯阿拉莫斯国家实验室(Los Alamos National Laboratory, LANL),在 20 世纪 90 年代后期同时开始研究的,并于 2001 年 6 月和 12 月在 LLNL 和 LANL 联合召开的核武器认证研讨会上被提出[10]。该方法最初是一种在核武器认证和评估过程中传递置信度(confidence)的方法,以便在无法获得完整试验数据的情况下解决核武器贮存决策问题,目前已被用于其他基于建模与仿真的复杂项目中,解决安全性和任务关键决策问题,如 NASA 的行星际飞行器和漫游器研发[11]、导弹六自由度仿真[12]、终段弹道材料特性描述[13]。图 6-5 描述了 QMU 的一般过程。通过 QMU 可以量化不确定度,为避免性能悬崖提供基础,制定优先计划并以透明的方式传递可靠性和置信度评估结果[14]。

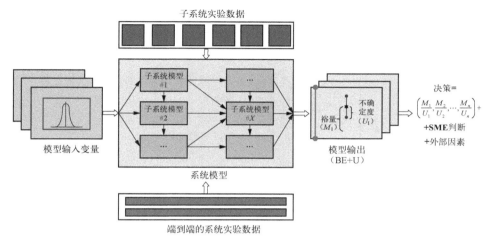

图 6-5　QMU 一般过程

1. 基本原理

QMU 的核心是评估系统运行特性在"安全"范围内的置信度[15]。为此需要辨识系统关键运行特性(operating characteristic)及其阈值,获得每个运行特性的裕量(margin)M,并量化运行特性的不确定度(uncertainty)U,以说明系统的设计安全系数及其置信水平。不确定度 U 包含了与模型、阈值和裕量等有关的所有不确定性,如图 6-6 所示。

为了比较系统关键运行特性的裕量及其不确定度,QMU 常采用置信比率(confidence ratio, CR)作为对系统关键运行特性的置信度,即

$$CR = M/U \qquad\qquad (6-3)$$

一般当 CR > 1 时,则认为系统运行特性满足要求,具有很高的置信度。不过,对安全性关键系统,容许的 CR 值随应用不同而变化。例如,对核武器贮存决策来说,CR 的值应该在 2~10。如果非常肯定没有低估不确定度(这相当于所有的不确定性来源 100% 已知且在评估过程中予以说明),则取值不低于 1.0 的 CR 是可以接受的。但是,由于不确定度 U 通常也是不确定的,因此一个可接受的 CR 取值将取决于对准确度的科学判断。整个系统的行为的置信度用整套通道的 CR 来表示,任何接近 1.0 的 CR 表示一个警告信号——取值接近 1.0 的 CR 表示这是一个薄弱环节。

需要注意,上述置信度与统计学中严格的置信度和置信区间等概念是有区

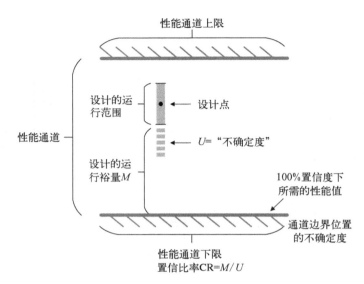

图 6-6 性能通道描述：边界、裕量、运行范围、不确定度

别的。由于 QMU 最初并不是作为一种统计体系定义的，而是作为一个独特的工程问题的特殊框架，因此这里的置信度与统计理论或概率结构并没有明确的直接联系，应该看作是一种直觉概念和大致描述。在实际应用中，为了避免定义的模糊性所导致的置信度的分析、量化、传递的混乱，一般需要明确识别系统运行特性，并在此基础上讨论置信度。另外，CR 只是一种确定 QMU 度量（置信度）的参数，也可以定义其他度量参数，称为 QMU 优良性指标（figure of merit，FoM），只不过 CR 在目前大多数 QMU 应用案例中被采用。

系统运行特性也是一个宽泛的概念，用于描述系统关键设计点（critical design point）或潜在失效模式（potential failure mode）。它可以是决定系统性能的物理变量的任何函数，可以是静态的也可以是动态的；可以通过试验测量得到，也可以通过模型计算获得；可以具有清楚直观的描述，也可能包括含糊不清的概念。一个有效的运行特性可能蕴含着系统的临界特征，或者是系统的依赖于时间（time-dependent）或时间积分（time-integrated）的特性。在 QMU 中，用于评估置信度的运行特性称为"性能指标（performance metric）"。

需要指出，虽然 QMU 提供的是定量信息，但其根本目的还是在于管理而非认证或评估，因此 QMU 更多的是一种管理过程，而不是纯粹的科学过程。可对比 RAMI（reliability，availability，maintainability，inspectability）过程来认识 QMU

作为管理工具的作用。QMU 的另一个主要价值是组织实验室科学和技术成果,使得贮存评估和认证工作透明化。

2. 确定性能指标和性能通道

图 6-8 表示热核武器行为的时间线示意图,其中与每一性能指标对应的垂直范围代表该指标的允许取值范围,这个范围被称作"性能通道(performance gate)"。在采用置信比率传递置信度时,通过对每一个性能通道定义置信比率,实现对该通道有关情况的综合。使 CR 最小的通道就是性能最可能出问题的地方,是最弱的环节。性能通道是对性能需求的描述,其中包含了对性能需求的不确定性。例如,装备论证过程中所提出的性能指标要求,有时可以通过阈值或门限进行规定,如果这些阈值是确定的,则可直接建立性能通道。有时需求也存在不确定性,如不能确定所给出的门限是确定无疑的,则在门限及其不确定性基础上,构造性能通道。

依据系统工作过程,可通过正算和反算迭代确定各关键环节的性能通道。正算以数值模拟和各种试验作为主要手段,根据物理方程由前面的关键环节(称为窗口)的边界参数演绎出后面各阶段的性能。反算是根据后面窗口的约束条件推断前面窗口的约束条件,直到建立整个性能通道,如图 6-7 所示。其工程依据是"系统状态决定系统性能",即前一阶段性能决定后一阶段性能,初始状态决定其后的动作过程和整个系统的最终性能。系统演化通过许多表示关键事件的关键点标注,这些关键点将时间线分割为许多自然的运行阶段,在每个关键点上对描述系统行为的物理变量赋予性能通道。

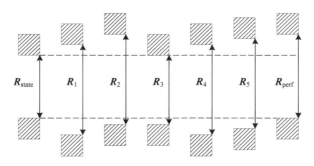

图 6-7　性能通道时序图

图 6-8 给出了 4 项性能参数。第一项为弹芯能量,它是内爆弹芯动能处于最大值时系统的运行特性,因此这个特性是以装置的瞬态行为为基础的。与此

相对照的是,系统当量无疑是取决于整个装置作用过程的一个特性。所有的性能指标都有一个共同点,即它们都是反映系统行为的高层指标(indicator)。

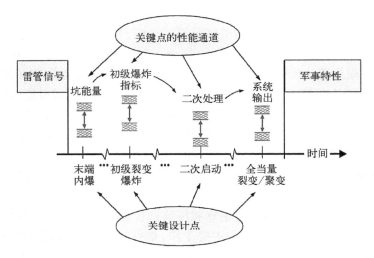

图 6 - 8　热核武器运行时间线和 QMU 应用

另一种确定性能通道的方法是潜在失效模式分析法,通过召集一些专家识别系统演化过程中的关键阶段,建立确保正确性能的指标,确定可信失效模式和性能问题的清单,开发一个组成可信失效模式的可观测量的观察清单,如图 6-9 所示。

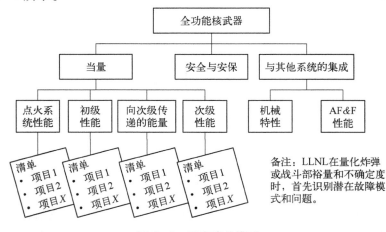

图 6 - 9　观察清单模型

3. 最优估计+不确定度

信息提取与信息集成是获得最优估计(best estimation, BE)和不确定度的主要技术。信息提取即从不同渠道获取不同类型的信息,主要手段有实物试验及其误差估计、建模仿真的 V&V 技术。信息集成则将不同类型的多源信息进行有效的整合,如最大信息熵原则、贝叶斯理论、可能性或证据理论。在系统性能估计的过程中,工程上常常会针对系统不同层次的实际情况,进行不同类型、精度、条件的试验,以及开展其他信息收集工作,如收集历史数据、相似产品数据、进行仿真计算等,从而在系统、子系统和部件等不同层次获得多种类型和来源的试验数据或专家信息。如何将这些信息有效地集成、利用起来,如不同精度数据的集成、模型与实物试验数据的集成、不同类型数据的集成等,提高评估的准确度和精确度。

6.2.3　基于抽样的性能认证

基于模型的不确定性分析中,基于所识别的不确定性输入获得输出的不确定性。基于抽样的不确定性传播方法是应用最为广泛的方法[16],其优点是简单、适应性强,缺点是收敛速度慢。考虑如下形式的输入输出关系:

$$y = F(\boldsymbol{x}), \ \boldsymbol{x} = [x_1, x_2, \cdots, x_{nX}] \tag{6-4}$$

其中,$\boldsymbol{x}$ 是系统输入,y 为系统输出。问题的不确定性结构取决于与 $\boldsymbol{x}$ 有关的不确定性结构。要求 y 的不确定性具有与 $\boldsymbol{x}$ 的不确定性一致的表示方式,如都采用区间、可能性理论、证据理论或概率论表示。由于数值上的困难,根据 $\boldsymbol{x}$ 的不确定性结构准确地给出 y 的不确定性结构,在实际分析中通常是不可能的。基于抽样(或 Monte Carlo)的方法可以获得关于 y 的不确定性结构的近似信息。

基于抽样的过程包含了使用来自 $\boldsymbol{x}$ 的可能取值的样本来估计与 $y = F(\boldsymbol{x})$ 有关的不确定性结构。$\boldsymbol{x}$ 的样本表示为下面的形式:

$$\boldsymbol{x}_i = [x_{i1}, x_{i2}, \cdots, x_{i, nX}], \ i = 1, 2, \cdots, n_S \tag{6-5}$$

一旦生成了形如式(6-5)的合适的样本,则可以得到与 y 有关的不确定性区间或分布表示。例如,区间表示为

$$[y_{\min}, y_{\max}] = [\min\{y_i: i = 1, 2, \cdots, n_S\}, \ \max\{y_i: i = 1, 2, \cdots, n_S\}]$$

其中,$y_i = F(\boldsymbol{x}_i)$,$i = 1, 2, \cdots, n_S$,$n_S$ 是样本量。如果 $\boldsymbol{x}$ 的认知不确定性由概率分布表示,则对应于 y 的概率分布可由累积分布函数(cumulative distribution function, CDF)、互补累积分布函数(complementary cumulative distribution function,

CCDF)表示。

1. 抽样策略

模型中包括不同类型的不确定性,需要采取不同方法、按照不同顺序抽取样本,作为模型的输入。

将随机不确定性用概率空间 $(\mathcal{A}, \mathbb{A}, P_{\mathcal{A}})$ 表示,样本空间 $\mathcal{A}$ 的形式为

$$\mathcal{A} = \{a: a = [a_1, a_2, \cdots, a_{nA}]\} \tag{6-6}$$

其中,向量 a 包含单个随机事件的性质(如时间、大小、位置)。例如, a 的形式可能是

$$a = [n, t_1, p_1, t_2, p_2, \cdots, t_n, p_n] \tag{6-7}$$

其中, n 是特定时间区域内泊松过程的发生次数, t_i 是第 i 次发生的时间, p_i 为第 i 次发生的属性向量。

认知不确定性的概率空间 $(\mathcal{E}, \mathbb{E}, P_{\mathcal{E}})$ 的样本空间 $\mathcal{E}$ 的形式为

$$\mathcal{E} = \{e: e = [e_1, e_2, \cdots, e_{nE}]\} \tag{6-8}$$

其中,每个 e 为 nE 个认知不确定性变量的可能值。

多数情况下, e 又可以分解为

$$e = [e_A, e_M] \tag{6-9}$$

其中,

$$e_A = [e_{A1}, e_{A2}, \cdots, e_{nEA}] \tag{6-10}$$

e_A 是一个向量,包含 nEA 个用于量化随机不确定性的认知不确定性量。 e_M 是包含 nEM 个用于物理过程模型的认知不确定性的向量,定义如下:

$$e_M = [e_{M1}, e_{M2}, \cdots, e_{nEM}] \tag{6-11}$$

一些情况下, e_M 能被进一步分解为 $e_M = [e_R, e_P]$,其中, e_R 是一个向量,对应于需求定义的认知不确定性量; e_P 是一个向量,对应于模型参数的认知不确定性量。系统性能的认知不确定性样本空间 $\mathcal{E}$ 中元素的分解结构如图 6-10 所示。

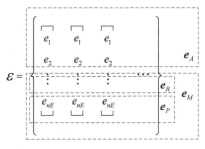

图 6-10 认知不确定性样本 空间分解

1）仅含认知不确定性的情况

仅含认知不确定性的情况下，直接抽取输入的认知不确定性 $e_M = [e_R, e_P]$，然后由模型 $F(x)$ 获得样本数据 $Q(e_P)$，再与性能需求 $R(e_R)$ 比较，得到给定认知不确定性 e_R 和 e_P 条件下的系统性能裕量 $M(R(e_R), Q(e_P))$，据此可得到系统性能裕量的近似分布。

2）同时含有偶然不确定性和认知不确定性的情况

同时含有偶然不确定性和认知不确定性的情况下，与认知不确定性 $e = [e_A, e_R, e_P]$ 相关的结果为 $M(R, Q \mid e) = M(R(e_R), Q[Q_A(a \mid e_P) \mid e_A])$，其中 $Q[Q_A(a \mid e_P) \mid e_A]$ 为给定用于量化随机不确定性的参数 e_A 以及量化物理过程模型的认知不确定性的参数 e_P 的情况下，取决于随机不确定性 a 的系统性能。为得到其近似分布，对于给定样本 $e_i = [e_{Ai}, e_{Ri}, e_{Pi}]$，需要估计如下三个量：① $R(e_{Ri})$；② $Q[Q_A(a \mid e_{Pi}) \mid e_{Ai}]$；③ $M(R(e_{Ri}), Q[Q_A(a \mid e_{Pi}) \mid e_{Ai}])$。

①和③可以精确确定，②是主要的计算难点。因为必须先估计 $Q_A(a \mid e_{Pi})$ 的分布，这是许多大型分析问题中主要的计算复杂度和计算成本。

2. 最优估计

假设不存在随机不确定性，从而不存在认知不确定性向量 e_A。此时，系统性能裕量和不确定度估计问题，可以直接采用下面的方法解决。对于既存在认知不确定性，又存在随机不确定性的情形，由于系统性能是随机变量，难以直接对其施加限制，因此对系统性能的需求一般通过对系统性能的分位数（quantile）或期望值（expected value）指定界限或区间进行描述。

仅考虑认知不确定性 e_M。设抽样得到 e_M 的样本 e_{Mi}，$i = 1, 2, \cdots, n_{SE}$，计算时刻 τ 的性能 $Q(\tau \mid a, e_{Mi})$，得到如下结果：

$$[e_{Mi}, Q(\tau \mid a, e_{Mi})], \ i = 1, 2, \cdots, n_{SE}$$

进一步，可以得到给定认知不确定性样本 e_{Mi} 的条件下，系统的性能 $Q(\tau \mid a, e_{Mi})$ 与性能要求的"间隔"即裕量。设所获得的"间隔"的样本数据为

$$[e_{Mi}, Q_m(\tau \mid a, e_{Mi})], \ i = 1, 2, \cdots, n_{SE}$$

或者其某种规范化的形式为

$$[e_{Mi}, Q_n(\tau \mid a, e_{Mi})], \ i = 1, 2, \cdots, n_{SE}$$

则可以按如下规则获得性能裕量及其不确定度的最优估计。

1) 性能裕量的最优估计

取性能裕量样本的中位数或均值作为性能裕量的最优估计。对非规范化的裕量的样本数据,即为

$$M = Q_{m,\,0.5}(\tau \mid \boldsymbol{a},\, \boldsymbol{e}_{Mi})$$

或者

$$M = \bar{Q}_{m}(\tau \mid \boldsymbol{a},\, \boldsymbol{e}_{Mi})$$

对规范化后的裕量的样本数据,即为

$$M = Q_{n,\,0.5}(\tau \mid \boldsymbol{a},\, \boldsymbol{e}_{Mi})$$

或者

$$M = \bar{Q}_{n}(\tau \mid \boldsymbol{a},\, \boldsymbol{e}_{Mi})$$

2) 性能裕量的不确定度的最优估计

取裕量与给定置信度下的对应的分位点之差作为性能裕量的不确定度的最优估计。

例如,取置信度为90%,则对非规范化的裕量的样本数据,性能裕量的不确定度取为性能裕量与样本数据的0.05分位点之差,即

$$U = Q_{m,\,0.5}(\tau \mid \boldsymbol{a},\, \boldsymbol{e}_{Mi}) - Q_{m,\,0.05}(\tau \mid \boldsymbol{a},\, \boldsymbol{e}_{Mi})$$

或者

$$U = \bar{Q}_{m}(\tau \mid \boldsymbol{a},\, \boldsymbol{e}_{Mi}) - Q_{m,\,0.05}(\tau \mid \boldsymbol{a},\, \boldsymbol{e}_{Mi})$$

需注意性能裕量的定义与裕量不确定度定义的对应关系。对规范化的裕量的样本数据,性能裕量的不确定度为

$$U = Q_{n,\,0.5}(\tau \mid \boldsymbol{a},\, \boldsymbol{e}_{Mi}) - Q_{n,\,0.05}(\tau \mid \boldsymbol{a},\, \boldsymbol{e}_{Mi})$$

或者

$$U = \bar{Q}_{n}(\tau \mid \boldsymbol{a},\, \boldsymbol{e}_{Mi}) - Q_{n,\,0.05}(\tau \mid \boldsymbol{a},\, \boldsymbol{e}_{Mi})$$

在一些(极端)情况下,性能裕量的不确定度取为裕量与裕量样本最小值之差。对非规范化的裕量的样本数据,即为

$$U = Q_{m,\,0.5}(\tau \mid \boldsymbol{a},\, \boldsymbol{e}_{Mi}) - Q_{m,\,0}(\tau \mid \boldsymbol{a},\, \boldsymbol{e}_{Mi})$$

或者

$$U = \bar{Q}_m(\tau \mid \boldsymbol{a}, \boldsymbol{e}_{Mi}) - Q_{m,0}(\tau \mid \boldsymbol{a}, \boldsymbol{e}_{Mi}) \qquad (6-12)$$

其中，$Q_{m,0}(\tau \mid \boldsymbol{a}, \boldsymbol{e}_{Mi})$ 为裕量 $Q_m(\tau \mid \boldsymbol{a}, \boldsymbol{e}_M)$ 的最小值。对规范化后的裕量样本数据，此时的不确定度最优估计为

$$U = Q_{n,0.5}(\tau \mid \boldsymbol{a}, \boldsymbol{e}_{Mi}) - Q_{n,0}(\tau \mid \boldsymbol{a}, \boldsymbol{e}_{Mi})$$

或者

$$U = \bar{Q}_n(\tau \mid \boldsymbol{a}, \boldsymbol{e}_{Mi}) - Q_{n,0}(\tau \mid \boldsymbol{a}, \boldsymbol{e}_{Mi}) \qquad (6-13)$$

以下给出各种类型需求的情况下，性能裕量的样本数据的定义。

1）指定界限情形

假设系统运行特性为规定时刻 τ 的性能 $Q(\tau \mid \boldsymbol{a}, \boldsymbol{e}_M)$，对有下界要求 Q_{lo} 或上界要求 Q_{up}，性能 $Q(\tau \mid \boldsymbol{a}, \boldsymbol{e}_M)$ 与界限之间的裕量为

$$Q_m(\tau \mid \boldsymbol{a}, \boldsymbol{e}_M) = \begin{cases} Q(\tau \mid \boldsymbol{a}, \boldsymbol{e}_M) - Q_{lo} \\ Q_{up} - Q(\tau \mid \boldsymbol{a}, \boldsymbol{e}_M) \end{cases} \qquad (6-14)$$

可以将性能裕量 Q_{mk} 规范化，如下所示：

$$Q_n(\tau \mid a, \boldsymbol{e}_M) = Q_m / Q. = \begin{cases} [Q(\tau \mid \boldsymbol{a}, \boldsymbol{e}_M) - Q_{lo}] / Q_{lo}, & \cdot = lo \\ [Q_{up} - Q(\tau \mid \boldsymbol{a}, \boldsymbol{e}_M)] / Q_{up}, & \cdot = up \end{cases}$$

$$(6-15)$$

2）指定界限区间情形

若对性能 $Q(\tau \mid \boldsymbol{a}, \boldsymbol{e}_M)$ 有特定的区间 $[\underline{P}_b, \bar{P}_b]$ 要求，即 $\underline{P}_b \leqslant Q(\tau \mid \boldsymbol{a}, \boldsymbol{e}_M) \leqslant \bar{P}_b$，则裕量的定义为

$$Q_m(\tau \mid \boldsymbol{a}, \boldsymbol{e}_M) = \min\{Q(\tau \mid \boldsymbol{a}, \boldsymbol{e}_M) - \underline{P}_b, \bar{P}_b - Q(\tau \mid \boldsymbol{a}, \boldsymbol{e}_M)\}$$

$$(6-16)$$

同样的，可以将裕量 $Q_m(\tau \mid \boldsymbol{a}, \boldsymbol{e}_M)$ 规范化，即

$$Q_n(\tau \mid \boldsymbol{a}, \boldsymbol{e}_M) = \min\left\{\frac{Q(\tau \mid \boldsymbol{a}, \boldsymbol{e}_M) - \underline{P}_b}{\underline{P}_b}, \frac{\bar{P}_b - Q(\tau \mid \boldsymbol{a}, \boldsymbol{e}_M)}{\bar{P}_b}\right\}$$

$$(6-17)$$

3）指定界限和时间区间情形

上面讨论的性能 $Q(\tau)$ 是在固定时间点 τ 的情形，下面考虑更复杂的情况，其中对 $Q(\tau \mid a, e_M)$ 的界限和时间区间都有要求： $\underline{P}_b \leqslant Q(\tau \mid a, e_M) \leqslant \bar{P}_b$，同时 $\tau_{mn} \leqslant \tau \leqslant \tau_{mx}$。 此情况下定义裕量为

$$Q_m(\tau \mid a, e_M, [\tau_{mn}, \tau_{mx}]) = \min \begin{cases} Q_{mn}(\tau \mid a, e_M, [\tau_{mn}, \tau_{mx}]) - \underline{P}_b \\ \bar{P}_b - Q_{mx}(\tau \mid a, e_M, [\tau_{mn}, \tau_{mx}]) \end{cases}$$

$$(6-18)$$

其中，

$$Q_{mn}(\tau \mid a, e_M, [\tau_{mn}, \tau_{mx}]) = \min\{Q(\tau \mid a, e_M): \tau_{mn} \leqslant \tau \leqslant \tau_{mx}\}$$

$$Q_{mx}(\tau \mid a, e_M, [\tau_{mn}, \tau_{mx}]) = \max\{Q(\tau \mid a, e_M): \tau_{mn} \leqslant \tau \leqslant \tau_{mx}\}$$

将裕量 $Q_m(\tau \mid a, e_M, [\tau_{mn}, \tau_{mx}])$ 规范化，得

$$Q_n(\tau \mid a, e_M, [\tau_{mn}, \tau_{mx}]) = \min \begin{cases} \dfrac{Q_{mn}(\tau \mid a, e_M, [\tau_{mn}, \tau_{mx}]) - \underline{P}_b}{\underline{P}_b} \\ \dfrac{\bar{P}_b - Q_{mx}(\tau \mid a, e_M, [\tau_{mn}, \tau_{mx}])}{\bar{P}_b} \end{cases}$$

$$(6-19)$$

4）界限不确定的情形

当对 $Q(\tau \mid a, e_M)$ 的界限和时间区间都有要求，且界限不确定时，可看作对界限是认知不确定的。此时 $e_M = [e_R, e_P]$，其中 $e_R = [\underline{P}_b, \bar{P}_b]$，这里假设 $\underline{P}_b$ 被包含在区间 $[\underline{P}_{b, lo}, \underline{P}_{b, up}]$ 内，$\bar{P}_b$ 被包含在区间 $[\bar{P}_{b, lo}, \bar{P}_{b, up}]$ 内。

对 $e_R = [\underline{P}_b, \bar{P}_b]$，按照裕量的计算公式，计算性能裕量为

$$Q_m(\tau \mid a, e_M, \underline{P}_{bi}, \bar{P}_{bi}, [\tau_{mn}, \tau_{mx}]) = \min \begin{cases} Q_{mn}(\tau \mid a, e_M, [\tau_{mn}, \tau_{mx}]) - \underline{P}_{b, lo, i} \\ \bar{P}_{b, tp, i} - Q_{mx}(\tau \mid a, e_M, [\tau_{mn}, \tau_{mx}]) \end{cases}$$

$$(6-20)$$

其中，

$$Q_{mn}(\tau \mid a, e_M, [\tau_{mn}, \tau_{mx}]) = \min\{Q(\tau \mid a, e_M): \tau_{mn} \leqslant \tau \leqslant \tau_{mx}\}$$

$$Q_{mx}(\tau \mid a, e_M, [\tau_{mn}, \tau_{mx}]) = \max\{Q(\tau \mid a, e_M): \tau_{mn} \leqslant \tau \leqslant \tau_{mx}\}$$

3. 示例分析

设有如下三部件串联系统,如图 6-11 所示。正常情况下,化学反应容器 S_1 内的压力可以控制在一定的范围内,当反应容器故障使其所承受的压力过大时,可能引发爆炸。当反应容器内的压力到达一定程度后,将通过打开反应容器的防爆阀门 S_2 进行解压。若防爆阀门被要求打开,却因失效不能被打开,导致容器内压力不断积累,最终发生爆炸时,为了防止造成更大的损失,有一个防护罩 S_3 阻止爆炸产生的冲击波对外界的影响。设三个子系统的状态取值均为 $\{0,1\}$,0 表示正常,1 表示失效,则系统状态向量空间为 $\{0,1\}^3$,该三部件组成的系统高风险状态集为 $\{(1,1,1)\}$。

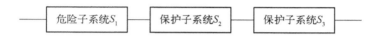

图 6-11　三部件串联结构系统

若部件失效独立,在不考虑随机不确定性的情况下,系统处在高风险状态的概率为

$$P_3(t) = (1 - e^{-\lambda_1 t})(1 - e^{-\lambda_2 t})(1 - e^{-\lambda_3 t})$$

其中,λ_1、λ_2、λ_3 分别为部件 x_1、x_2、x_3 的失效率。记 $P_3(t) = f(\lambda_1, \lambda_2, \lambda_3, t)$,设认知不确定性为 $e_M = [e_{M1}, e_{M2}, e_{M3}] = [\lambda_1, \lambda_2, \lambda_3]$。

1) 仅含认知不确定性的情况

实际工程中,对 λ_1、λ_2、λ_3 的认知通常不是确定的。设

$$\mathcal{E}M_1 = \{\lambda_1 : \lambda_{1mn} \leqslant \lambda_1 \leqslant \lambda_{1mx}\} = \{\lambda_1 : 0.0008 \leqslant \lambda_1 \leqslant 0.0015\}$$

$$\mathcal{E}M_2 = \{\lambda_2 : \lambda_{2mn} \leqslant \lambda_2 \leqslant \lambda_{2mx}\} = \{\lambda_2 : 0.0008 \leqslant \lambda_2 \leqslant 0.0015\}$$

$$\mathcal{E}M_3 = \{\lambda_3 : \lambda_{3mn} \leqslant \lambda_3 \leqslant \lambda_{3mx}\} = \{\lambda_3 : 0.0008 \leqslant \lambda_3 \leqslant 0.0015\}$$

输入参数的不确定性导致系统处于高风险状态的概率也是不确定的。可以通过概率分布来量化认知的不确定性,每一个取值区间 $\mathcal{E}M_i$ 被分成如下四部分:

$$\mathcal{E}_{i1} = [a, b - (b-a)/4]$$

$$\mathcal{E}_{i2} = [a + (b-a)/4, b]$$

$$\mathcal{E}_{i3} = [a + (b-a)/8, b - 3(b-a)/8] \tag{6-21}$$

$$\mathcal{E}_{i4} = [a + 3(b-a)/8, b - (b-a)/8]$$

其中，$[a, b]$ 为各个认知不确定性区间 $[\lambda_{1mn}, \lambda_{1mx}]$，$[\lambda_{2mn}, \lambda_{2mx}]$，$[\lambda_{3mn},$ $\lambda_{3mx}]$。构造 $\mathcal{E}M_i$ 的密度函数为

$$d_i(e_{Mi}) = \sum_{j=1}^{4} \delta_{ij}(e_{Mi})/4[\max(\mathcal{E}_{ij}) - \min(\mathcal{E}_{ij})] \qquad (6-22)$$

式中，

$$\delta_{ij}(e_{Mi}) = \begin{cases} 1, & e_{Mi} \in \mathcal{E}_{ij} \\ 0, & e_{Mi} \notin \mathcal{E}_{ij} \end{cases}$$

这相当于认为区间 $\mathcal{E}_{i1}$、$\mathcal{E}_{i2}$、$\mathcal{E}_{i3}$、$\mathcal{E}_{i4}$ 包含 e_{Mi} 的可能性是相同的,在 $\mathcal{E}_{i1}$、$\mathcal{E}_{i2}$、$\mathcal{E}_{i3}$、$\mathcal{E}_{i4}$ 内部认为是均匀分布的。若 $a = 0$, $b = 8$, $\mathcal{E}_{i1}$、$\mathcal{E}_{i2}$、$\mathcal{E}_{i3}$、$\mathcal{E}_{i4}$ 关系如图 6-12 所示。

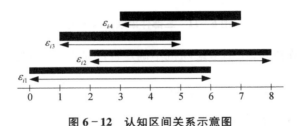

图 6-12　认知区间关系示意图

受 e_M 的影响, $P_3(t)$ 也是不确定的。得到 λ_1、λ_2、λ_3 的取值区间和密度函数后,理论上通过积分可以求得 $P_3(t)$ 的 CDF 和 CCDF、期望、方差和各个分位点。但是由于积分维数较高,积分函数复杂,积分很困难。于是采用基于抽样的方法来分析。对 $e_M = [e_{M1}, e_{M2}, e_{M3}]$ 采用拉丁超立方抽样(Latin hypercube sampling, LHS) $n_S = 200$ 次,计算对应的 $P_3(t)$,结果如图 6-13 所示。

取任务时间 $t = 800$。 于是利用 $n_S = 200$ 个样本统计得到 $t = 800$ 时系统处于高风险状态的概率 $P_3(800)$ 的 CDF 和 CCDF、期望和各个分位点。如图 6-14 所示。

对 $n_S = 200$ 个 $P_3(t)$ 的样本,统计其在各时间点的均值、中位数、0.05 分位数和 0.95 分位数,结果如图 6-15 所示。

2) 存在随机不确定性与认知不确定性的情况

有时系统性能模型受随机不确定性与认知不确定性共同影响。考虑一个受随机冲击的系统,冲击服从到达率为 λ 的 Poisson 过程,单次冲击导致的系统退化是随机的,单次冲击的退化量 D_i 由参数组为 (a, b) 的 Weibull 分布确定。

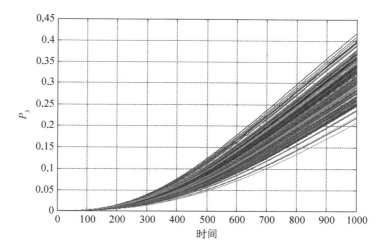

图 6 - 13　200 次 LHS 得到的 $P_3(t)$ 的样本

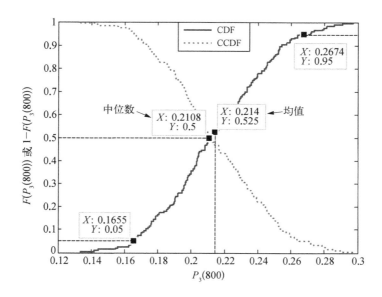

图 6 - 14　$P_3(800)$ 的统计分析

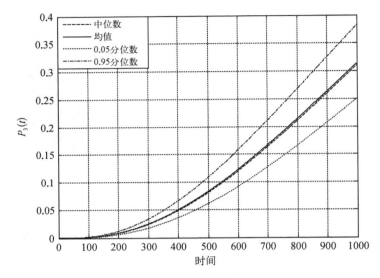

图 6-15 $P_3(t)$ 的统计结果

这时,系统随机不确定性 a 的向量形式为

$$a = [n, t_1, D_1, t_2, D_2, \cdots, t_n, D_n]$$

其中, n 为时间区间内受到冲击的次数, $t_1 < t_2 < \cdots < t_n$ 是 n 次冲击发生的时间, $D_1, D_2, \cdots, D_n$ 是 n 次冲击导致的退化量。

a 给定时, t 时刻系统的累积退化量为

$$D(t \mid a) = \begin{cases} 0, & t < t_1 \\ \sum_{k=1}^{\tilde{n}} D_k, & t \geqslant t_1 \end{cases}$$

其中, $\tilde{n} = \max\{k: t_k \leqslant t\}$。

假设 λ、a、b 在认知上是不确定的,即

$$e = [e_A, e_M] = [e_1, e_2, e_3] = [\lambda, a, b]$$

其中, $e_A = [\lambda, a, b]$, λ, a, b 的近似值分别被包含在以下区间内:

$$\mathcal{E}A_1 = \{\lambda: \lambda_{mn} \leqslant \lambda \leqslant \lambda_{mx}\} = \{\lambda: 0.8 \leqslant \lambda \leqslant 1.5\}$$

$$\mathcal{E}A_2 = \{a: a_{mn} \leqslant a \leqslant a_{mx}\} = \{a: 0.4 \leqslant a \leqslant 0.6\}$$

$$\mathcal{E}A_3 = \{b: b_{mn} \leqslant b \leqslant b_{mx}\} = \{b: 0.35 \leqslant b \leqslant 0.55\}$$

现假定 λ，a，b 为给定的值，$e = [1.0, 0.5, 0.5]$，随机抽取一个 a，得到累积退化量 $D(t \mid a)$ 的一条变化路径。取 $n_{SA} = 200$ 时，利用 $D(t \mid a)$ 的 200 条样本路径，可以统计得到各时间点上累积退化量 $D(t \mid a)$ 的期望值和分位点，如图 6-16 所示。

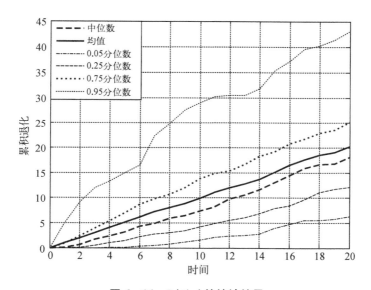

图 6-16　$D(t \mid a)$ 的统计结果

当 $e_A = [\lambda, a, b]$ 完全确定时，上述过程相当于系统仅包含随机不确定性的情形。由于模型参数存在认知不确定性，即 $e_A = [\lambda, a, b]$ 可能有多种不同的取值，因此还需要进一步分析认知不确定性的影响。根据 λ，a，b 的取值区间进行 LHS，得到 $n_{SE} = 200$ 组样本，如下所示：

$$e_i = [e_{Ai}, e_{Mi}] = [\lambda_i, a_i, b_i], \ i = 1, 2, \cdots, n_{SE}$$

对其中的每个 e_i，随机抽取 $n_{SA} = 10\,000$ 个 a，得到 $10\,000$ 个 $D(t \mid a)$。取时间 $t = 16$，利用此 $10\,000$ 个 $D(t \mid a)$ 统计得到 e_i 对应的退化量 $D(16 \mid a)$ 的 CDF 和 CCDF。由于共有 $n_{SE} = 200$ 个样本 e_i，于是得到 200 条 CDF 和 CCDF，图 6-17 显示了前 50 个样本对应的 CDF 和 CCDF。

为了观察到极小概率时的变化情况，可以对纵坐标进行对数变换，得到结果如图 6-18 所示。

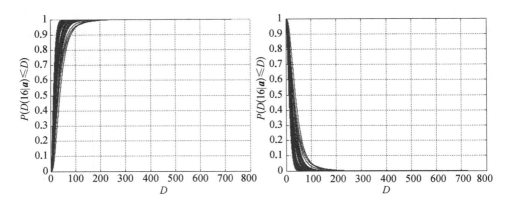

图 6-17 $D(16|a)$ 的 CDF 和 CCDF

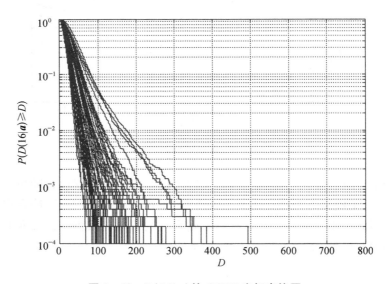

图 6-18 $D(16|a)$ 的 CCDF 坐标变换图

在此基础上,可以统计得到 $P_A[D(16|a) \geqslant D | e_A]$ 的期望值和分位点,如图 6-19 所示。

若需要对依 200 个 e_i 所得到的特征量 $D(16|a)$ 的 CDF 进一步提炼,可以用 $E_A[D(16|a)|e_A]$ 代替 $D(16|a)$ 的 CDF,对 200 个 $E_A[D(16|a)|e_A]$ 进行统计得到 $E_A[D(16|a)|e_A]$ 的 CDF 和 CCDF,如图 6-20 所示。

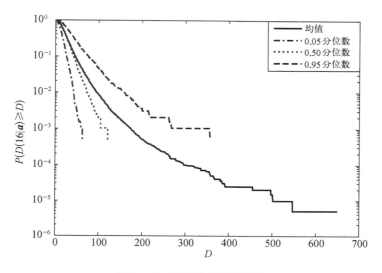

图 6-19 $D(16|a)$ 的 CCDF

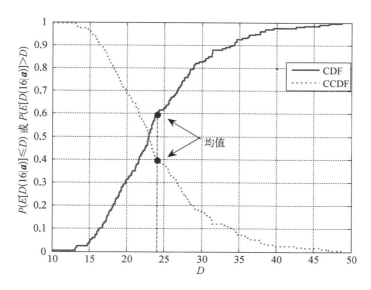

图 6-20 $E_A[D(16|a)|e_A]$ 的 CDF 和 CCDF

6.2.4 模型与试验融合认证

本节介绍一种基于集中度量的系统性能认证方法,该方法特点在于能够将模型与实物试验数据融合运用。考虑基于概率的性能需求,设系统性能为 $Y: \Omega \rightarrow E_1 \times \cdots \times E_N$,其中 $E_1 \times \cdots \times E_N$ 为标准欧式空间。假定系统正常运行要求性能 Y 落在可行集 $A \subset E_1 \times \cdots \times E_N$ 中,$A^C = E_1 \times \cdots \times E_N \backslash A$ 是不可行集。

为了得到失效概率 $P\{Y \in A^C\}$ 的上界,最直接的方法是利用多次试验。假定进行 m 次试验,试验数据分别为 Y^1, Y^2, $\cdots$, Y^m,通过这些数据可得到经验概率测度:

$$\mu_m = \frac{1}{m} \sum_{i=1}^{m} \delta_{Y^i}$$

由 Hoeffding 不等式,可以以 $1 - \epsilon'$ 的概率(称其为置信度)保证下式成立:

$$P\{Y \in A^C\} \leq \mu_m[A^C] + \left(\frac{1}{2m} \lg \frac{1}{\epsilon'} \right)^{1/2}$$

于是,如下的不等式提供了一个保守的认证条件:

$$\mu_m[A^C] + \left(\frac{1}{2m} \lg \frac{1}{\epsilon'} \right)^{1/2} \leq \epsilon \qquad (6-23)$$

根据式(6-26)可以知道,单纯通过统计抽样验证系统性能所需的试验次数约为 $\frac{1}{2} \epsilon^{-2} \lg \frac{1}{\epsilon'}$。表 6-1 为 $\epsilon' = \epsilon$ 时,在不同失效容限 ϵ 下所需的试验次数。可以发现,当失效容限不断变小时,所需的试验次数迅速增长。因此,当失效容限是一个很小的数值且试验成本很高时,这种单纯依赖试验的方法是不可行的。

为解决上述经验性认证方法的困难,建模成为一种用来代替直接试验的可行方法。复杂系统通常能通过采用合理的物理和工程原理来建模,得到的模型用来对系统性能进行评估和预测。但是,模型并不是精确的,因此其主要问题在于,模型如何减少性能认证所需的试验次数。基于模型的认证方法的目标,就是以最少的实物试验次数进行有效的认证。

表 6 - 1　不同失效容限与相应的最少试验次数

失效容限（ϵ）	试验次数（m）
1	0
10^{-1}	115
10^{-2}	23 025
10^{-3}	3 453 877
10^{-4}	460 517 018
10^{-5}	57 564 627 324
10^{-6}	6 907 755 278 982

为了更清晰地描述这个问题，假设系统性能可以通过一个未知的函数 $Y = G(X, Z)$ 准确描述，X, Z 为随机输入。为明确起见，假设 X 和 Z 是相互独立的，在已知的区间内取值，此外不存在关于输入参数的额外的统计信息和概率模型。进一步地，假设系统行为通过一个函数 $Y = F(X)$ 进行描述，也就是说，X 包含了模型的所有输入信息，Z 则包含模型中未描述的信息（即所谓未知的未知）。显然，如果能够获得准确的模型，则不需要进行试验就可进行认证。不过通常的情况是，模型是不准确的，即 $G(X, Z) \neq F(X)$，需要通过模型校核（verification）和验证（validation）仔细评估模型的预测能力（degree of predictiveness）。

本节基于集中度量（concentration of measure, CoM）理论研究系统性能认证问题，以便基于模型来实现试验次数的最少化。基于 CoM 的系统认证的核心是获得系统失效概率的严格上界。本章针对模型是否准确描述实际系统、实际系统性能（均值）是否已知以及系统性能为标量和向量的不同情况，基于 CoM 不等式给出的失效概率的上界，研究性能认证方法。

1. 集中度量不等式

集中度量理论是一种广泛应用于测量理论、概率论和组合数学的原理。集中度量现象是指在高维空间中具有许多变量的函数，其关于每个变量的小局部波动几乎为常数的现象。而且，该波动可以用集中度量不等式（concentration of measure inequality）来限制，这类不等式在功能分析、复杂性理论及概率论与统计学中具有广泛的应用。

McDiarmid 不等式是 CoM 不等式的基础[17,18]。令 $X_1, \cdots, X_M$ 为分别定义在 $E_1, \cdots, E_M$ 上的 M 个随机变量；F 为 $X = (X_1, \cdots, X_M)$ 的一维函数。记 D_F^2

为函数 F 的直径,定义如下:

$$D_F^2 = \sum_{i=1}^{M} D_{F_i}^2 = \sum_{i=1}^{M} \sup_{(x_1, \cdots, x_{k-1}, x_{k+1}, \cdots, x_M) \in E_1 \times \cdots \times E_{k-1} \times E_{k+1} \times \cdots \times E_M}$$

$$\sup_{(A_k, B_k) \in E_k^2} |F(x_1, \cdots, x_{k-1}, A_k, x_{k+1}, \cdots, x_M) - F(x_1, \cdots, x_{k-1}, B_k, x_{k+1}, \cdots, x_M)|^2$$

若随机变量 $X_1, \cdots, X_M$ 相互独立,则

$$P\{F(\boldsymbol{X}) - E[F(\boldsymbol{X})] \geqslant r\} \leqslant \exp\left(-2\frac{r^2}{D_F^2}\right)$$

Hoeffding 不等式可以作为 McDiarmid 不等式的特例导出。定义 M 个独立随机变量 $X_1, \cdots, X_M$ 的函数 F 为

$$F(\boldsymbol{X}) = \frac{1}{M} \sum_{i=1}^{M} X_i$$

设 $E_i = (a_i, b_i)$,则

$$P\left\{\frac{1}{M} \sum_{i=1}^{M} X_i - \frac{1}{M} \sum_{i=1}^{M} E[X_i] \geqslant r\right\} \leqslant \exp\left[-2M \frac{r^2}{\left(\sum_{i=1}^{M} (b_i - a_i)^2 / M\right)}\right]$$

D_F^2 称为模型的校核直径(verification diameter),它表示当每个输入变量在其取值范围内依次变化时,模型输出的最大变化量。$D_{F_i}^2$ 可认为是变量 X_i 对总体校核直径 D_F^2 的贡献,可用于评价每个变量对校核直径的贡献度大小,以此识别贡献度较大的某些参数。

2. 基于 CoM 不等式的性能认证方法

为简便起见,假设系统 $G(\boldsymbol{X}, \boldsymbol{Z})$ 具有多输入单输出结构,即输入向量 $\boldsymbol{X} = (X_1, \cdots, X_M)$, $X_i = [X_i^L, X_i^U]$,且 X_i 相互独立,输出为 Y,其性能要求为 $A = [a, +\infty)$,即系统正常运行要求 $Y \geqslant a$, a 是系统正常运行的临界值。$F(\boldsymbol{X})$ 表示该实际系统的一个模型,可知:

$$\{Y \leqslant a\} \subset \{F(\boldsymbol{X}) \leqslant a + h\} \cup \{G(\boldsymbol{X}, \boldsymbol{Z}) - F(\boldsymbol{X}) \leqslant -h\}$$

这里的 G-F 表示模型与实际系统的偏差,h 是一个任意的值,得到以下估计:

$$P\{Y \leqslant a\} \leqslant P\{F(\boldsymbol{X}) \leqslant a + h\} + P\{G(\boldsymbol{X}, \boldsymbol{Z}) - F(\boldsymbol{X}) \leqslant -h\}$$

因此,若失效容限为 ϵ, 根据前述判别要求,其保守的系统认证准则表示:

$$P\{F(\boldsymbol{X}) \leqslant a + h\} + P\{G(\boldsymbol{X}, \boldsymbol{Z}) - F(\boldsymbol{X}) \leqslant -h\} \leqslant \epsilon$$

理想的 h 应取能使概率总和 $P\{F(\boldsymbol{X}) \leqslant a + h\} + P\{G(\boldsymbol{X}, \boldsymbol{Z}) - F(\boldsymbol{X}) \leqslant -h\}$ 达到最小的值。

将此概率和的两部分分别考虑。先考虑第一部分 $P_1 \triangle P\{F(\boldsymbol{X}) \leqslant a + h\}$。设 Y^1, Y^2, $\cdots$, Y^m 为模型 $F(\boldsymbol{X})$ 的 m 个独立输出,$F(\boldsymbol{X})$ 的平均值为

$$\langle F \rangle = \frac{1}{m} \sum_{i=1}^{m} Y^i$$

P_1 可由反映所估计的均值 $\langle Y \rangle$ 的随机性的置信区间唯一确定。记 $a' = a + h$, 以 $1 - \epsilon'$ 表示置信水平(ϵ' 称为置信因子),在这些条件下,有

$$P\left\{P[A^c] \geqslant \exp\left[-2\frac{[\langle Y \rangle - (a' + \alpha_F)]_+^2}{D_F^2}\right]\right\} \leqslant \epsilon' \qquad (6-24)$$

其中,

$$\alpha_F = D_F m^{-\frac{1}{2}}(-\lg \epsilon')^{\frac{1}{2}}$$

不等式(6-27)可以通过对 $\langle Y \rangle$ 应用 Mcdiarmid 不等式得到当失效概率经由 McDiarmid 不等式界定的结果的置信水平为 $1 - \epsilon'$ 时,有

$$A^c \subset \{Y - E[Y] \leqslant a' + \alpha - \langle Y \rangle\}$$

即

$$P[A^c] \leqslant \exp\left[-2\frac{[\langle Y \rangle - (a' + \alpha)]_+^2}{D_F^2}\right]$$

因此,第一部分 $P\{F(\boldsymbol{X}) \leqslant a + h\}$ 的求解只需附加一个 h 即可用模型进行估计。此时,评估中所有的不确定性对系统响应来说都是偶然不确定性,即系统的随机性。

接下来分析第二部分 $P_2 \triangle P\{G(\boldsymbol{X}, \boldsymbol{Z}) - F(\boldsymbol{X}) \leqslant -h\}$ 的估计,该概率衡量了所有与模型不理想有关的情况,无论是由于模型有限的逼真度或未知参数的影响,将其视为一种认知不确定性的度量。对 $G - F$ 直接应用 CoM 不等式,给出其范围:

$$P\big[\,G(\boldsymbol{X},\,\boldsymbol{Z})\,-\,F(\boldsymbol{X})\,\leqslant\,-\,h\,\big]\,\leqslant\,\exp\bigg[-2\,\frac{\big[E(G-F)\,+\,h\,\big]_+^2}{D_{G-F}^2}\bigg]$$

其中，D_{G-F}^2 称为验证(validation)直径，它为系统认证提供了一个认知不确定性的度量。验证直径衡量了模型预测值与观测值的偏离程度。

$$D_{G-F}^2 := \sum_{k=1}^{M}\sup_{(x_1,\,\cdots,\,x_{k-1},\,x_{k+1}\cdots x_M)\in E_1\times E_{k-1}\times E_{k+1}\times\cdots\times E_M}\sup_{z\in E_{M+1}}\sup_{(A_k,\,B_k)\in E_k^2}$$

$$|\,F(x_1,\,\cdots,\,x_{k-1},\,A_k,\,x_{k+1}\cdots x_M)\,-\,G(x_1,\,\cdots,\,x_{k-1},\,A_k,\,x_{k+1}\cdots x_M,\,z)\,|^2$$

$$-\,F(x_1,\,\cdots,\,x_{k-1},\,B_k,\,x_{k+1}\cdots x_M)\,+\,G(x_1,\,\cdots,\,x_{k-1},\,B_k,\,x_{k+1}\cdots x_M,\,z)\,|$$

$$+\sup_{(x,\,z)\in E_1\times\cdots\times E_{M+1},\,z'\in E_{M+1}}|\,G(\boldsymbol{x},\,\boldsymbol{z})\,-\,G(\boldsymbol{x},\,\boldsymbol{z}')\,|^2$$

不过，实际中 $E(G-F)$ 亦需估计。令 $\langle G-F\rangle$ 表示 $G-F$ 的经验均值，并且假设用 m 次试验进行估计。于是类似式(6-24)可以得到：

$$P\big[\,G(\boldsymbol{X},\,\boldsymbol{Z})\,-\,F(\boldsymbol{X})\,\leqslant\,-\,h\,\big]\,\leqslant\,\exp\bigg[-2\,\frac{\big[\langle G-F\rangle\,+\,h\,-\,\alpha_{G-F}\big]_+^2}{D_{G-F}^2}\bigg]$$

$$(6-25)$$

其中，

$$\alpha_{G-F}=D_{G-F}m^{-\frac{1}{2}}(-\lg\epsilon')^{\frac{1}{2}}$$

联合式(6-24)和式(6-25)，可得到如下不等式作为系统性能认证的准则：

$$\inf_h\bigg\{\exp\bigg[-2\,\frac{\big[\langle F\rangle\,-\,(a+h+\alpha_F)\big]_+^2}{D_F^2}\bigg]+\exp\bigg[-2\,\frac{\big[\langle G-F\rangle\,+\,h\,-\,\alpha_{G-F}\big]_+^2}{D_{G-F}^2}\bigg]\bigg\}\leqslant\epsilon$$

h 的近似最优取值用指数形式表示，得到：

$$h=\frac{\big[\langle F\rangle\,-\,(a+h+\alpha_F)\big]D_{G-F}+\big[\alpha_{G-F}\,-\,\langle G-F\rangle\big]D_F}{D_F+D_{G-F}}$$

因此有以下认证公式：

$$CF=\frac{M}{U}\geqslant\sqrt{\lg\sqrt{\frac{2}{\epsilon}}}$$

其中，

$$M = (\langle F \rangle - a - \alpha_F - \alpha_{G-F} + \langle G - F \rangle)_+$$

$$= (\langle F \rangle + \langle G - F \rangle - a - (\alpha_F + \alpha_{G-F}))_+$$

记 $\langle Y \rangle = \langle F \rangle + \langle G - F \rangle$，$\alpha = \alpha_F + \alpha_{G-F}$，于是

$$M = (\langle Y \rangle - a - \alpha)_+$$

并且称 $(\langle F \rangle + \langle G - F \rangle - a)_+$ 为估计的性能裕量。可见,无论是由于模型逼真度不足或存在未知参数 Z,认知不确定性对系统认证的影响是将性能裕量 M 减小 $\alpha_{G-F} + \langle G - F \rangle$,总的不确定度增加 D_{G-F}。

总的不确定度 U 是所有偶然不确定度 U_A 和认知不确定度 U_E 的总和,用校核直径 D_F 和验证直径 D_{G-F} 得到。对一般的多元性能的系统认证问题,公式和算法与之前的情况类似。

验证直径 D_{G-F} 的计算要求模型 F 和试验 G 的同步协调运行,即为评估模型的逼真度和未知参数的影响,要对同样的已知变量 X 进行重复试验。因此,试验往往需要花费大量的时间和成本,而基于模型和 CoM 不等式认证的价值,则在于用尽量少的试验来量化认知不确定性的能力。

3. 示例分析

设随机线性系统为 $Ax = b$ 如下:

$$\begin{bmatrix} a_{11} & a_{12} & \cdots & a_{1n} \\ a_{21} & a_{22} & \cdots & a_{2n} \\ \vdots & \vdots & \ddots & \vdots \\ a_{n1} & a_{n2} & \cdots & a_{nn} \end{bmatrix} \begin{bmatrix} x_1 \\ x_2 \\ \vdots \\ x_n \end{bmatrix} = \begin{bmatrix} b_1 \\ b_2 \\ \vdots \\ b_n \end{bmatrix}$$

其中,A 是一个 $n \times n$ 维的对称矩阵,x 和 b 是 $n \times 1$ 维向量,A 和 b 中的元素取值随机,共计 $N = n \times (n + 1) / 2$ 个随机变量。令该系统的性能表示为 $y = \max(x_i)$。为得到一个非平凡解 $(x_i = 0)$,通过在 b 中的每个元素和 A 对角线上的元素加上 1,来保证其正定性。

例如,可以将 A 视为构成有限元形式的一个刚度矩阵,对每个节点分别施加一个力 b_i。则可用最大节点位移来衡量系统的性能,即 $y = \max(x_i)$。现有一个由非理想材料(金属或晶粒结构存在缺陷)构成的节点刚度矩阵,用矩阵 A 的不确定性反映这些输入的非均匀性,由于各类缺陷的存在(机器精度或材料装载的不确定性),假设施加在各节点上的力 b_i 在该数值模型中同样具有不确定性。

令 $n = 20(N = 210)$ ，每个输入 b_i 都是定义在 $[-h, h]$ 上均匀分布的随机变量，情形 1 的 $h = 1.0 \times 10^{-2}$ ，情形 2 的 $h = 5.0$ 。用这两个例子分别说明对紧约束（情形 1）和松约束（情形 2）的含随机变量的系统性能认证。

1）模型精确的情况

以下考虑 $h = 1.0 \times 10^{-2}$ 的情况。因为该系统均值未知，采用 Monte Carlo 方法获得该线性系统的取值及其经验分布如图 6 - 21、图 6 - 22 所示，并估计其均值。

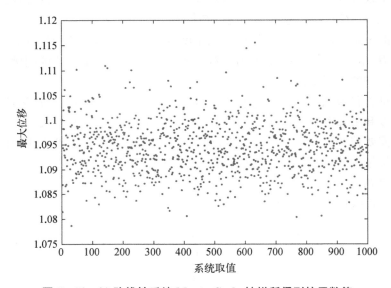

图 6 - 21 20 阶线性系统 Monte Carlo 抽样所得到的函数值

取 $a = 1.019$ ，即性能要求为 $A = [1.019, \infty]$ 。根据基于 CoM 不等式的认证方法，取置信因子 $\epsilon' = 0.01$ ，可以得到试验次数 m 与失效容限 ϵ 的关系为

$$m \geq (-\lg \epsilon') \left[\frac{\langle Y \rangle - a}{D_F} - \sqrt{\lg \sqrt{\frac{1}{\epsilon}}} \right]^{-2}$$

可知，当失效容限 ϵ 取 0.01 时，为满足性能指标要求，只要进行 $m = 21$ 次试验即可。

2）模型不精确的情况

取每个输入 b_i 都是定义在 $[-5, 5]$ 上均匀分布的随机变量。计算得到总

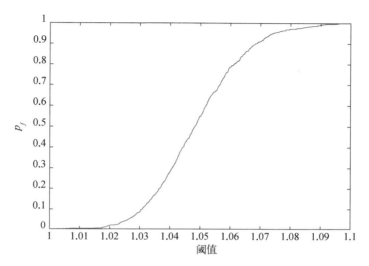

图 6 - 22　20 阶线性系统 Monte Carlo 抽样经验分布图

的直径为 $D_G^2 = 1.375\ 4 \times 10^4$。该系统均值未知,采用 Monte Carlo 方法获得该线性系统的取值及其经验分布,并估计其均值。设失效容限 $\epsilon = 0.01$,为满足性能要求,性能阈值 $a = -1.168\ 3$,即性能要求为 $A = [-1.168\ 3,\ \infty]$。

　　令该线性系统实际的物理模型为 G,用拉丁方抽样得到 1 000 个样本作为一组仿真数据,用来拟合一个响应曲面模型作为该系统的一个仿真模型 F,计算得到该仿真模型的校核直径 $D_F^2 = 393.765\ 5$。

　　再获得 300 个样本作为该线性系统的一组历史数据,用来拟合一个 Kriging 模型作为该线性系统的一个代理模型 G^*。根据仿真模型和拟合的代理模型,构造 $G^* - F = G^*(X, Z) - F(X)$,计算得到其验证直径为 $D_{G^*-F}^2 = 363.071\ 5$。各模型及模型之差的直径如表 6 - 2 所示。

表 6 - 2　各模型及模型之差的直径

D_G^2	D_F^2	$D_{G^*-F}^2$	D_{G-F}^2	$D_{G^*-G}^2$
$1.375\ 4 \times 10^4$	$393.765\ 5$	$363.071\ 5$	$1.962\ 0 \times 10^7$	$5.233\ 0 \times 10^6$

注：G-实际线性系统；F-仿真模型；G^*-代理模型。

　　用相同的输入对仿真模型 F 和实际物理模型 G 同步进行 q 次仿真计算和试验,令 $\langle G - F \rangle$ 和 $\langle F \rangle$ 表示 $G - F$ 和 F 的经验均值,即

$$\langle F \rangle = \sum_{i=1}^{q} F_i, \ \langle G - F \rangle = \sum_{i=1}^{q} (G_i - F_i)$$

令置信因子 $\epsilon' = 0.01$，为满足性能要求，即 $P[Y \in A^C] \leqslant \epsilon, A = [a, \infty]$，根据 CoM 不等式可以得到性能认证所需的试验次数 m 与失效容限的关系为

$$m \geqslant (-\lg \epsilon') \left[\frac{\langle F \rangle + \langle G - F \rangle - a}{D_F + D_{G-F}} - \sqrt{\lg \sqrt{\frac{2}{\epsilon}}} \right]^{-2}$$

失效容限与试验次数的关系如图 6-23 所示，其中仿真结果 $\langle F \rangle = 5.55$，$\langle G - F \rangle = 4.74$。

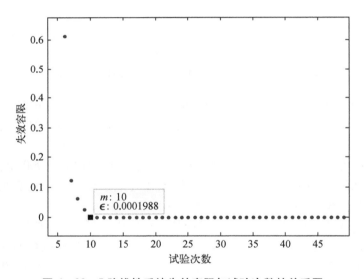

图 6-23 5 阶线性系统失效容限与试验次数的关系图

由图 6-23 可得到，当失效容限 $\epsilon = 0.01$ 时，为使该线性系统得到认证，即 $P[Y \in A^C] \leqslant \epsilon$，最少的试验次数 $q' = 10$。

6.3 综合评估

很多情况下，需要通过一个层次化的指标体系对装备能力进行系统描

述[19]，其中的指标分为基础指标和派生指标两类。基础指标是可以直接通过试验、模型、专家打分等方式度量的指标，如命中概率、机动速度、易操作性等。派生指标是基础指标通过一定的运算得到的指标，如坦克的作战能力可以由火力性能、机动性能、防护性能派生得到，机动性能又分为战役机动性和战术机动性。派生指标不能通过直接测量获得，对派生指标的评估面临两个方面的困难：一是有的基础指标难以数量化，有时同使用或评价人的主观感受和经验有关。例如，装备操作的方便性、舒适性就是这样的一类指标。二是不同低层指标对上层指标的影响可能难以比较，因其各有侧重，难以简单叠加。例如，导弹射程与落点偏差均是数量化指标，但是它们的量纲不同，不能简单地加在一起。基础指标量化的统计评估见 6.1 节，基于模型计算、专家评估等的基础指标量化请参考有关文献[19]。本节介绍派生指标的计算方法，主要包括基础指标评分和指标聚合。此外，对于综合评估来说，由于基础指标的估计值来自试验数据或专家评估，因此存在不确定性，需要对这种不确定性以及由此导致的评估风险进行量化。

6.3.1 基础指标评分

基础指标根据其取值类型可分为两类，一类是数值型指标，即指标的取值是一个具体的数值。第二类指标可称不确定型指标，即指标的取值并非一个确定的数值，而是一个区间数或者是在某个区间内服从一定概率分布的随机数，特别是在专家评价中，可能由于某些原因无法给出指标的准确值。基础指标评分就是对这些指标值进行规范化处理，把形式、意义、量纲各异的各指标值通过一定的数学变换转化为可以进行聚合（即综合评估）的评分值。评分值可统一采用百分制、十分制，也可采用 0 到 1 之间的数值。

1. 数值型指标评分方法

对于数值型指标，常用的评分方法有：标准化或 0.1 两个数值法、归一化法、极值法、功效系数法和效用函数法等。根据其指标值的大小对系统能力影响程度和方向，数值型指标一般可分为效益型、成本型、固定型等。美军在基于使命的试验鉴定指南中[20]，建议了几种简单实用的指标评分方法。在这些方法中，基础指标评分采用 0 到 1 之间的数值，评分的依据是指标的门限值（最低可接受值）和目标值（期望达到的值），评分依据观测值（计算结果）与阈值和目标值之间的关系，如图 6－24 所示。评分模型可采用阈值模型和阈值-目标值模型，如图 6－25 所示。

图 6 - 24　门限值、目标值、观测值

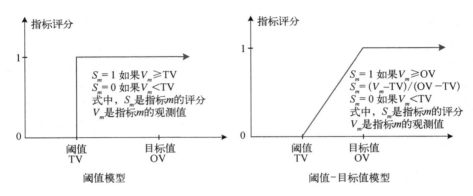

图 6 - 25　基础指标评分模型

2. 不确定型指标评分方法

当基础指标不是一个确定的数值,而是一个区间甚至是给定区间内满足一定概率分布的随机数时,称这类指标为不确定型指标。对于不确定型指标,采用两步法进行处理,即首先将不确定型指标转化为一个确定的数值,然后再利用数值型指标评分方法对其进行评分。

6.3.2　指标聚合方法

指标聚合的前提是对指标赋以适当的权,理论研究中有多种赋权方法,如专家打分法、层次分析法、熵权法、直觉乘性模糊判断矩阵法等。对于已经确定权重的情况,采用加权和、加权积、模糊综合评价等方法,聚合低层指标,得到高层指标的评分。与指标评分类似,指标权重的确定并没有公认的合适方法,只要在权重确定时能够保证采用相同的准则即可。

1. 指标权重确定

聚合的关键是确定低层指标相对于高层指标的权重。权重确定的基本方法是等分法或层次分析法[21]，并通过其他一些补充原则对权重进行调整。在装备试验评估中，可通过如下启发式规则设置或调整权重[20]。

（1）若当前层级指标描述装备执行不同任务的能力，则可基于该装备执行的不同任务的比重（即归一化的任务次数、任务执行时间）作为不同任务能力的权重。

（2）若当前层级指标描述装备在不同环境下执行特定任务的能力，则可基于该装备执行该任务时不同环境的比重（即归一化的次数或时长）作为不同环境下该任务能力的权重。

（3）若描述高一层级能力时，当前层级指标中首先想到指标 1、其次想到指标 2……，则可认为指标 1 是主要指标，指标 2 是次要指标，在某些情况下指标 1 的权重可取为指标 2 的两倍。

（4）若可以通过研制任务书明确装备的 KPP、KSA、OSA，则可赋予 KPP、KSA、OSA 特定的初始分（如 5、3、1 或 3、2、1），再通过当前层级指标中 KPP、KSA、OSA 的初始分归一化得到指标权重。

（5）在装备作战试验中设置任务权重时，可根据任务执行者是否是被试装备（SUT）、是否接受 SUT 输入等确定任务权重：SUT 执行的任务权重稍大（如取为 2），接受 SUT 输入的任务的权重次之（如取为 1），与 SUT 无关的任务的权重为 0，再对这些权重归一化得到任务及指标权重。

2. 指标聚合

指标聚合常用加权和法，该方法简单、明了、直观，是人们最常用的多目标评价方法，普遍适用于系统的评价问题。使用加权和法是建立在以下假设成立的基础之上：① 指标体系为树状结构，即每个下级指标只与一个上级指标相关联；② 每个指标的边际价值是先行的（优劣与属性大小成比例），每两个指标都是相互价值独立的；③ 指标间的完全可补偿性：一个方案的某指标无论多差都可用其他指标来补偿。

对于试验评估中可靠性和安全性评估问题，条件③可能难以满足，这是实际中需要注意的地方。采用加权和方法对指标进行聚合的计算步骤如下。设基础指标为 X_1, X_2, $\cdots$, X_m，派生指标为 Z，设每个指标 X_i 的评分为 x_i，权重为 $w_i > 0$，然后用加权和平均法进行综合，则 Z 的评分为

$$Z = \sum_{i=1}^{m} w_i x_i$$

其中，$\sum_{i=1}^{m} w_i = 1$。 当 $w_i = 1/m$ 时，即通常的算术平均值。

加权积平均法适用于下层指标重要性不同、权重各异，但对于上层指标都是不可或缺的场合中。同级指标之间相互依赖性较大，任何一个下层指标为 0，都将导致所对应的上层指标为 0。用加权积平均法进行综合，Z 的评分为

$$Z = \prod_{i=1}^{m} x_i^{w_i}$$

例如，衡量某设备外测能力的指标有测角精度、测距精度和测速精度，三个指标之间并不能相互补偿，只要有一个不满足要求，该设备外测能力就不满足要求，可考虑采用加权积平均法进行聚合。

加权积平均法要求各指标值大小具有一致性，突出了评价指标值虽小，但重要性较大指标的作用，适用于各指标间有较强关联的场合。该方法对指标权重突显的作用不如加权和平均法明显。

6.3.3 指标风险评估

指标风险评估是考虑专家评分、基础指标评估结果等的不确定性，研究派生指标评估结果的不确定性及其可能导致的风险。风险评估旨在将被试系统做出错误结论的概率进行量化。由于不确定性的存在，指标评估结果不可能是完全确定无误的。按照统计理论，基于试验数据验证指标是否满足要求，可能发生两类错误——即弃真错误和采伪错误。为了使决策变得更加合理，需要对这些错误进行量化（估计概率、成本、期望值等）。因此，在试验结果评估中，应该包括对"得出错误结论的风险"的评估。在关于数理统计的教科书中，用置信度来衡量做出结论的风险。但是，现实中由于资源及时间限制，不能保证能够采集到足够的数据。所以，这里提出一种风险评价策略，即建立一个风险模型，以便下结论时能够基于可用数据评估风险等级。如果风险等级过高，则试验鉴定团队可以要求补充试验，以提供足够数据，提高试验结果的置信度。

评估结果的风险源于评估误差。评估误差基于指标评估结果的三个属性进行刻画，即可靠性、有效性和敏感性[20]。可靠性是多次试验产生相同结果的程度，描述试验的可重复性与一致性；试验可重复性与一致性越好，可靠性越高，评估结果发生错误的可能性级别越低。有效性是成功估计待估指标的程度，表征评估结果能否准确描述装备的真实效能；有效性越高，评估结果发生错

误的可能性级别越低。可通过估计量的相对偏差表示评估结果的有效性。敏感性是当测量条件发生变化时,测量结果发生变化的程度;敏感性越高,评估结果发生错误的可能性级别越高。每次试验进行多次测量时,可通过多次测量数据的相对变化计算敏感性。当每次试验只进行一次测量时,数据敏感性可由专家根据指标测量难易程度确定。

指标评估结果的风险包括风险级别的评估以及为装备试验鉴定提供信息的可靠性的评估。以下介绍的风险级别评估模型是基于系统安全性工程里的一个广泛认可的模型,如图 6-26(a)所示。评估风险是根据"得出错误结论的可能性"以及"得出错误结论的影响级别"确定的。评估风险可以根据"得出错误结论的可能性"以及"得出错误结论的影响级别"确定,分别用 P 和 L 表示,则评估风险为

$$R = P \times L$$

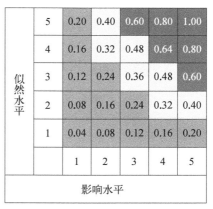

5	0.20	0.40	0.60	0.80	1.00
4	0.16	0.32	0.48	0.64	0.80
3	0.12	0.24	0.36	0.48	0.60
2	0.08	0.16	0.24	0.32	0.40
1	0.04	0.08	0.12	0.16	0.20
	1	2	3	4	5

(a) 标准矩阵　　　　　　(b) 调整后矩阵

图 6-26　风险矩阵

风险矩阵作为一种半定量化分析风险的工具,概念明确,使用方便,评估结果简单易懂,已广泛应用于航天、化工、核电以及武器装备等风险评估领域。风险矩阵采用 1~5 等级评估风险的可能性水平与影响水平。出现错误的概率值越小,出现错误越不可能(置信度越高);影响级别的数值越低,出现错误对评估/决策的影响也越小。

图 6-26(b)矩阵(行数×列数 = 25)计算的是矩阵每个方格值。这个矩阵

用来构建常用的、如表 6-3 所示的颜色编码评分集,在评估程序中,该表用来以颜色编码风险。

表 6-3　风险颜色编码

颜色编码	风险因素级别
绿色	0.00~0.31
黄色	0.32~0.59
红色	0.60~1.00

1. 关于可能性级别的确定

风险包含发生的可能性。对于指标评估结果而言,发生的可能性指的是依据可靠性和有效性,指标提供正确评估结果的可能性或概率。可靠性描述试验的可重复性与一致性,有效性定义了最终结果的强度,以及它们是否能够准确描述真实世界。指标的可靠性与有效性基于统计推断及减少试验偏差的能力,是减少Ⅰ类和Ⅱ类错误,减少得出错误因果结论的能力。表 6-4 定义了可靠性与有效性的级别,可以用来定性判定发生错误的可能性。

表 6-4　可能性级别——可靠性与有效性

序号	级别	定　　义
1	重要	就可靠性与有效性而言,指标具有统计意义
2	高	就有效性而不是可靠性而言,指标具有统计意义
3	中	由于缺乏足够的数据,指标没有统计意义,但评估看作是可靠而有效的(低方差且符合预期结果)
4	低	指标评估看作是有效但不可靠的(高方差)
5	空	指标评估看作是无效且不可靠的

2. 关于影响级别的确定

评估结果的影响级别取决于指标的重要程度以及在指标体系中的级别,这与装备/装备系统/装备体系的指标的类型有关,可以由专家给出,也可以根据指标的类型确定影响级别。表 6-5 表示量化系统/体系指标的影响级别的示例。

表 6 - 5　影 响 级 别

指 标 类 型	影 响 级 别
关键性能参数(KPP)	5
关键系统属性(KSA)	3
其他属性(OA)	1

3. 风险综合评估

一旦获得了基础指标的风险级别,就可以按照指标聚合的类似方法,对派生指标的风险进行评价——即利用基础指标的权重和风险加权获得。然后,基于表 6 - 3 中评分颜色编码,将被试系统试验评估结果的总风险评分标注为对应颜色,以表明被试系统各指标评分的风险大小。具体地,设基础指标为 X_1, X_2, $\cdots$, X_m,派生指标为 Z,指标权重为 w_1, w_2, $\cdots$, w_m;基础指标的风险值分别为 r_1, r_2, $\cdots$, r_m,则指标 Z 的风险为

$$r = \sum_{i=1}^{m} w_i r_i$$

6.3.4　案例分析

以某装备测量任务为例,收集相关试验数据,开展主战效能评估。在任务执行过程中,主要涉及脉冲雷达 ML 和统一测控系统 USB,其中定性基础指标采取专家打分法确定,定量基础指标采取贝叶斯方法进行指标的统计和估计,指标权重利用直觉乘性模糊判断矩阵法确定。装备主战效能评估指标体系、基础指标评估值、指标权重及作战效能评估结果如图 6 - 27 所示。其中,W 表示指标权重,S 表示指标评估值,R 表示指标风险值。可见,该型装备主战效能评估值为 94.03,评估风险为 0.31,整体效能评估结果属于低风险(但是接近中风险)。ML 测距精度虽然指标评分较高,但其试验数据离散程度大,导致其风险可能性级别较高,在今后作战试验中可以重点关注,尽量减小测量误差以降低风险。ML 外测测距精度、USB 外测测距精度指标由于试验数据样本量小,导致评估结果不理想,与期望值差距较大,所以其风险可能性级别也较高,今后可以有针对性的补充试验,获得更多有效数据。遥测能力、外测能力、数传能力指标由专家给出评分,导致其评估结果有效性受到影响,同样应在今后的研究中有针对性地补充作战试验。ML 目标捕获时间、USB 目标捕获时间等指标属于 KPP 类,其指标评估一

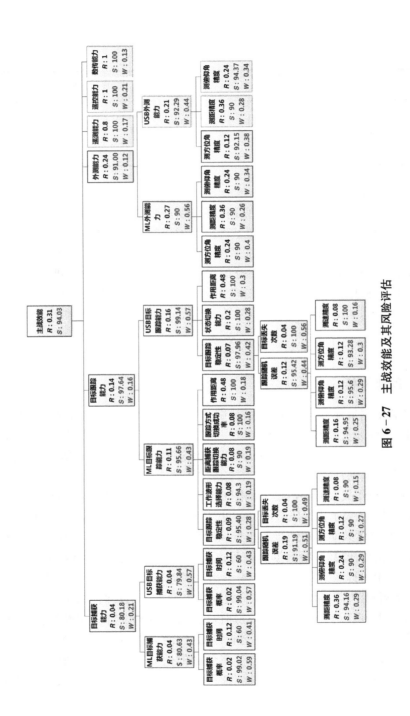

图 6-27 主战效能及其风险评估

且发生弃真或采伪错误,将给装备作战效能最终评估结果带来较大风险,但评估结果风险也比较高,应在今后的作战试验设计及作战效能评估中重点关注。

6.4　因果评估

当不能或不需要进行随机化试验时,观察性研究提供了重要的数据来源。由于缺乏对试验对象和试验条件的控制,传统上观察数据主要用来研究相关关系。目前的研究已经能够通过观察性研究获取数据,获得重要的因果关系结论。只要能够清楚地了解观察数据中的偏差,并提供有效的调整方法,就有可能基于观察数据进行因果推断。本节通过一个可靠性评估的案例,介绍基于SCM 的因果评估方法。

6.4.1　因果评估的必要性和困难

以作战效能评估为例进行说明。传统的作战效能评估用一种层次化的指标体系模型,建立装备系统级、任务级乃至使命级效能(其中每一层的指标可进一步分层),通过试验测量获得装备级基础指标,并逐层聚合获得高层指标,如图 6-28(a)所示。高层的任务级和使命级指标完全由低层装备级指标决定,不存在未观测或未知的低层指标,低层指标之间是否关联也不影响高层指标的计算逻辑。实际上,装备作战效能是装备与目标、环境、作战过程等大量因素复杂相互作用的结果,从系统科学角度来说,装备作战效能是比装备系统本身更高层次的涌现性。在作战试验过程中,只能测量装备功能/性能、目标和环境等有限数据,存在大量与效能有关的因素难以观测甚至完全未知,例如互操作、人员素质、意外事件等,如图 6-28(b)所示。其中,方框"□"表示有直接观测数据的指标,圆圈"○"表示派生指标或无直接观测数据的指标;装备级的"○"节点与其他节点存在因果关系,在其未观测的情况下用已有观测数据评估任务级性能,就会导致混杂偏差。即使是能够测量的因素,也可能难以随机化从而导致选择偏差(selection bias)。在统计推断领域,统称这类问题是混杂效应。因此,作战效能评估实际上是一个不完全观测条件下复杂系统整体性评估问题。对于这类问题,在可以进行随机化试验的情况下,可以避免混杂效应。然而,实际上对于复杂装备试验来说,这几乎是不可能的。基于因果推断方法,有望解决作战试验评估中的因果效应评估难题。

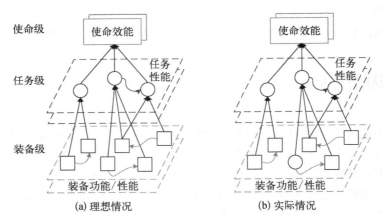

使命级 ... 使命效能

任务级 ... 任务性能

装备级 ... 装备功能/性能

(a) 理想情况 (b) 实际情况

图 6 - 28 作战效能评估指标体系与评估过程示意图

实际上，美军已经开始重视在装备试验鉴定中开展基于因果推理。文献[20]已经注意到作战试验中的混杂效应。文献[22]探讨了将美军在亚利桑那州瓦丘卡堡陆军电子试验场(EPG)执行的电子战系统的现场试验结果，推广至乌克兰战场的实际作战条件下的三种途径，包括：① 采用描述性分析，这要求在类似现场试验的位置和条件下，装备预期性能与现场试验相同；② 采用传统的试验设计，这需要解决如何将条件的正交效应推广到乌克兰的战场形势；③ 基于 SCM 的方法，通过设置与乌克兰情况相匹配的因果模型，从模型中获得在乌克兰的系统性能的因果估计。并且指出，从泛化角度来看，基于 SCM 的方法比其他几种方法更有效。

总地来看，作战效能的涌现性以及试验观测的不完备性，无论对评估模型的构建还是试验数据的分析评估，都带来了新的挑战，传统的以关系完整、数据完备为假设的评估策略，无法满足作战试验评估要求。

6.4.2 因果评估的概念

1. 条件概率和干预概率

在因果图中，虽然有向边表明了因果关系，但是仍旧缺乏因果效应的概念。潜在结果模型的因果效应通过干预组和对照组的对比评估。在因果图中，通过引入 do 算子(do-calculus)来讨论因果效应。do 算子可以理解为干预(intervention)，其表达式为

$$\mathrm{do}(X) = x \qquad (6-26)$$

其含义是：将随机变量 X 的取值固定为常数 x，并在原 DAG（记作 G）中将指向节点 X 的边切断。执行 do 算子相当于得到了一个新的 DAG（记作 $G_{\bar{X}}$），因此 G 的联合分布不是 $G_{\bar{X}}$ 的联合分布。$G_{\bar{X}}$ 的联合分布记为 $P(X \mid \mathrm{do}(X) = x)$。可以证明：

$$P(X \mid \mathrm{do}(X) = x) = \frac{P(X)}{P(X \mid pa(X))} I(X = x) \qquad (6-27)$$

由于一个符合因果马尔可夫条件的 SCM 经过干预后，仍然符合因果马尔可夫条件，因此上述联合分布也可以表示为

$$P(X \mid \mathrm{do}(X) = x) = \prod_{i=1,\, X_i \notin X}^{n} P(X_i \mid pa(X_i)) \mid_{X=x} \qquad (6-28)$$

其中，$P(X_i \mid pa(X_i)) \mid_{X=x}$ 表示集合 $pa(X_i) \cap X$ 中的变量被赋值为 x 的对应值。

根据干预的定义（通过干预获得 $G_{\bar{X}}$ 的过程），可知干预不改变 X 的父节点的边际概率分布 $P(pa(X) = z)$。另外，干预也不改变 $P(Y = y \mid X = x, pa(X) = z)$，因为不论 X 是自然变化还是受控变化，因果关系是不变的。于是，利用 $G_{\bar{X}}$ 以及上述联合分布的公式，给定一个因果图 G，计算一个变量 X 对变量 Y 的因果效应 $P(Y = y \mid \mathrm{do}(X) = x)$，可采用如下校正公式：

$$P(Y = y \mid \mathrm{do}(X) = x) = \sum_{z} P(Y = y \mid X = x, pa(X) = z) P(pa(X) = z)$$
$$(6-29)$$

也就是说，使用因果图及其基本假设，能够从观测数据中识别出因果关系。

下面通过示例进一步说明干预的概念。用 A 代表"环境温度"，用 B 代表"温度计读数"，A 与 B 之间的关系为 $A \rightarrow B$。在默认状态下，温度计读数不会受到外在干预，观察到温度计读数升高，可以推断环境温度升高。以 $P(A = b_0 \mid B = b_0)$ 代表自然状态下，观察到温度计的读数是 b_0 时，实际的环境温度为 b_0 的概率。现在进行人为干预，将温度计读数设置为 b_0，以 $P(A = b_0 \mid \mathrm{do}(B = b_0))$ 代表通过干预使温度计读数成为 b_0 时，实际的环境温度为 b_0 的概率。由于是干预而非观察，因此需要从因果图中将从 A 到 B 的因果箭头切断。如果将 b_0 设置了一个比较高的值，则直观上能够想象得到，两种情况下的条件概率有

$$P(A = b_0 \mid B = b_0) > P(A = b_0 \mid \mathrm{do}(B = b_0))$$

由此可见,观察与干预是两种完全不同的行为。

根据 do 算子可以定义和评估因果效应。例如,设某个节点 A 表示二值干预,用 do 算子定义其对结果 Y 的平均因果效应为

$$ACE = E(Y \mid do(A) = 1) - E(Y \mid do(A) = 0) \qquad (6-30)$$

其中,期望值是对相应的 do 算子的 DAG 的联合分布求解的。也就是说,通过 do 算子形成对事实的干预和假设(反事实),通过新的规则得到基于干预和假设的新的概率分布,这样就允许按新的分布生成相应的数据,或者依据分布生成新的模型来指导反事实预测。

Pearl 证明了潜在结果模型与按照 do 算子定义的因果模型的等价性,即

$$P(Y \mid do(X) = x) = P(Y^{X=x}) \qquad (6-31)$$

其中,$Y^{X=x}$ 表示干预 X 的取值为 x 的潜在结果。

2. d-分隔与校正公式

利用 DAG 的联合分布(基于 do 算子)评估因果效应,意味着要已知 DAG 的结构且所有变量可观测。然而,无论是获得 DAG 的完整结构还是观测所有变量,在大多数实际问题中都是比较困难的。使用基于父节点的校正公式,在大多数情况下也不可行——因为同样不能保证 X 的父节点的所有变量都是可观测的。后门准则和前门准则是解决上述困难的办法,保证了即使 DAG 中某些变量不能观测到,也能通过观测数据评估因果效应。另外,这两个准则也为识别混杂偏差提供了帮助。

前门准则和后门准则都涉及 d-分隔的概念("d"表示"方向的")。在 BN 中,d-分隔解决了随机变量 X 与 Y 之间是否条件独立的问题。简单讲,d 分隔规则为:如果两个变量之间的所有路径都被阻断(block),则两个变量是 d-分隔的;如果两个变量之间存在一条路径没被阻断,则两个变量是 d-连通的。在因果图中,两个节点 U 与 V 之间的路径是指从 U 出发,到 V 结束的一系列由有向边首尾连接的节点,这里不考虑有向边的方向。如果两个节点之间的路径能沿着箭头方向追踪,那么这条路径称为有向路径。把能够形成变量相关的路径称为开放路径或通路,不会形成变量相关的路径称为死路径。

d-分隔规则的判断涉及因果图的 V 型结构的概念。V 型结构(V-structure)是将 DAG 作为因果图的基础,任意复杂的 DAG 都可视作多个 V 型结构组合而成。在因果图中,任意三个变量之间的关系都可归为三种典型的结

构,即链状(cascade)结构、叉状(fork)结构、对撞(collision)结构,如图6-29所示。按照定义,三类V型结构都是路径。

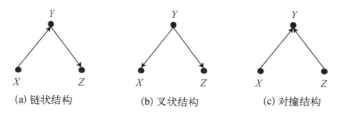

（a）链状结构　　　　（b）叉状结构　　　　（c）对撞结构

图6-29　三种V型结构

1）链状结构

链状结构又称因果路径,路径上所有箭头指向同一方向,是从解释变量指向结果变量的单向路径。图6-29(a)的链状结构 $X \rightarrow Y \rightarrow Z$ 中,X 到 Z 之间是有中介变量 Y 的间接因果路径。在链状结构路径上,有 $X \perp\!\!\!\perp Z \mid Y$ 以及 $X \not\!\perp\!\!\!\perp Z$。

2）叉状结构

叉状结构又称混杂路径,路径上的解释变量与结果变量之间存在混杂变量,该混杂变量同时影响解释变量和结果变量。叉状结构也会造成两个变量相关,因此叉状结构也是开放路径。图6-29(b)的叉状结构 $X \leftarrow Y \rightarrow Z$ 中,变量 Y 是 X 和 Z 共同的解释变量,Y 在这里也是混杂变量。在叉状结构中,同样有 $X \perp\!\!\!\perp Z \mid Y$ 以及 $X \not\!\perp\!\!\!\perp Z$。

3）对撞结构

对撞结构又称对撞路径。它是包含对撞变量的路径。对撞变量是被两个变量共同影响的变量。图6-29(c)对撞路径 $X \rightarrow Y \leftarrow Z$ 中,变量 Y 由 X 和 Z 共同决定,Y 为对撞变量或对撞子(collider),是图中两个箭头碰撞的节点。对撞结构不会造成两个变量的相关性,因此对撞结构不是通路。在对撞结构中,有 $X \perp\!\!\!\perp Z$ 以及 $X \not\!\perp\!\!\!\perp Z \mid Y$。

在V型结构基础上,可以给出(以某些节点为条件的)d-分隔的定义如下。

定义 d-分隔(d-separation):对于因果图 G,称变量集 Z d-分隔变量集 X 和 Y,如果 Z 阻断 X 到 Y 的所有路径,用符号表示即 $(X \perp\!\!\!\perp Y \mid Z)_G$。 具体地,对任意由 X 中的某节点到 Y 中某节点的路径 p,称 Z d-分隔(或阻断)路径 p,当且仅当下面条件成立:

（1）p 包含链 $i \rightarrow m \rightarrow j$ 或叉 $i \leftarrow m \rightarrow j$，且中间节点 $m \in Z$；

（2）p 包含对撞结构 $i \rightarrow m \leftarrow j$ 且中间节点 $m \notin Z$，以及 m 的任何后代都不属于 Z。

等价地，如果路径包含已被条件化的非对撞子，或包含未被条件化且没有后代被条件化的对撞子时，路径就会被阻断。

运用 d-分隔，可以定义后门准则和前门准则如下。

后门准则（backdoor criterion）：在 DAG 中，如果变量集 Z 满足下面的两个条件，则称变量集 Z 相对于变量对 (X, Y) 满足后门准则：

（1）Z 中任何变量都不是 X 的后代；

（2）Z 阻断了 (X, Y) 之间的所有后门路径，即通过后门指向 X 的路径。

显然，$pa(X)$ 总是满足后门准则。另外，对于变量集合 $X = \{X_i\}$ 和 $Y = \{Y_j\}$，若 Z 对任何有序对 (X_i, Y_j) 满足后门准则，则 Z 对变量集合对 (X, Y) 满足后门准则。

Pearl 证明了，如果一个变量集合 Z 相对于变量集合对 (X, Y) 满足后门准则，则有如下校正公式：

$$P(Y = y \mid \mathrm{do}(X = x)) = \sum_z P(Y = y \mid Z = z, X = x) P(Z = z)$$
$$(6-32)$$

可以看出，后门准则与可忽略条件下的 ACE 评估公式是一致的，即相当于利用协变量（这里是 Z）进行加权调整。因此，满足后门准则的情况下，X 对 Y 的因果效应是可识别的。

Pearl 还提出了前门准则，以及基于前门准则评估因果效应的公式。在 DAG 中，如果满足下面的条件，则称变量集 Z 相对于变量集合对 (X, Y) 满足前门准则（frontdoor criterion）：

（1）Z 切断（intercept）(X, Y) 之间的所有有向路径；

（2）从 X 到 Z 没有未阻断的后门路径；

（3）Z 到 Y 的所有后门路径被 X 阻断。

这时，如果 $P(X = x, Z = z) > 0$，则有如下校正公式：

$$P(Y = y \mid \mathrm{do}(X = x))$$

$$= \sum_z P(Z = z \mid X = x) \sum_{x'} P(Y = y \mid Z = z, X = x') P(X = x') \quad (6-33)$$

6.4.3 基于 SCM 的性能评估

在结构因果模型框架中,评估的目标称为因果查询(causal query),反映了因果估计对结构模型干预的思想,从对模型的干预中得出条件概率分布。采用 do 算子,在对变量 X 进行干预后预测结果 Y 的分布,是指在结构模型中固定变量 X 的值为 x,其他条件保持不变,然后在 SCM 中传播不确定性。用 $Y \mid do(X = x)$ 代表输出 Y 的随机变量,则 $P(Y \mid do(X = x))$ 是 Y 的分布,表示为

$$Q = P(Y = y \mid do(X = x)) \tag{6-34}$$

因果查询 Q 通常涉及干预分布的函数,即 $Q = g\{P(Y \mid do(X = x))\}$。例如,利用观察数据评估产品可靠性。设产品性能 Y 的阈值为 τ,规定条件用变量 X 表示,根据满足性能要求来定义可靠性,则可靠性评估问题可以转化为如下因果查询问题:

$$Q = P(Y < \tau \mid do(X = x)) \tag{6-35}$$

对规定条件 X 进行干预的例子包括:规定设计或制造公差、规定运行环境(例如,不同的机械或热环境)、规定使用年限等。

通过观察数据进行性能评估,需要将观察数据通过变量链接到因果查询。例如,将干预分布 $P(Y \mid do(X = x))$ 表示为可观测分布 $P(Y \mid X, S = 1)$ 的函数。可观测分布表示观察到的数据中 Y 和 X 之间的关联,可以凭经验利用数据估计。随机变量 S 是一个样本选择指标,反映了如何采集数据以将其包含在数据集中;$S = 1$ 表示根据观察数据的数据生成机制采样的数据,该数据的生成机制可能与所关注的总体数据不同,即 S 反映了所收集的数据中的选择偏差。与可观测分布 $P(Y \mid X, S = 1)$ 不同,干预分布 $P(Y \mid do(X = x))$ 仅在知道如何生成数据以解开 X 对 Y 的因果关系的情况下,才能估计数据中的其他关联。数据中存在的偏差(如选择和混杂偏差)将导致这两个分布在实践中通常大相径庭,因此需要对观测分布进行校正,才能得到干预分布的正确估计。

可以使用后门调整公式来解决上述基于观察数据的因果查询问题。根据后门调整公式,如果变量集合 Z 满足下面的两个条件独立性假设:① 没有未观测的混杂偏差,即:$Y \mid do(X = x) \perp\!\!\!\perp X \mid Z$;② 可忽略的选择偏差,即:$Y \perp\!\!\!\perp S \mid X$, Z。则干预分布可以表示为

$$P(Y \mid do(X = x)) = \sum_z P(Y \mid X = x, Z = z, S = 1)P(Z = z) \tag{6-36}$$

通过 d–分隔规则确定调整变量集合 Z，以处理数据中的结构性偏差的过程，包括混杂偏差和选择偏差。

为了利用式（6–36）得到有效的结果，要有足够的数据或信息来准确估计式（6–36）中的两个概率，即 $P(Y \mid X, Z, S = 1)$ 和 $P(Z = z)$。在没有足够数据来推断这些关系的情况下，需要对这些关系进行建模。例如，假设 Y 随着 X 和 Z 线性变化，则可以为 $Y \mid X, Z, S = 1$ 指定一个回归模型，可以将交互作用和非线性添加到统计模型中以提高灵活性。模型精度取决于可用的数据量和验前知识。当数据稀疏时，将更多地取决于基于主题知识的假设进行推理；如果有足够的数据，则推断将更多地由数据驱动。标准的统计学经验法则和功效分析用于确定是否有足够的数据可用。

此外，要在存在选择偏差的情况下应用调整公式，必须指定 $P(Z = z)$ 的概率分布。在没有选择偏差的情况下，可以使用 Z 的经验分布。如果存在选择偏差，则需要关于 Z 的分布的辅助信息来应用调整公式；该信息可以来自专家知识或其他数据源，但是不能从存在 Z 的选择偏差的数据集中学习。

6.4.4　热电池性能评估示例

本节通过一个可靠性评估的例子说明基于 SCM 的可靠性评估[23]。要求某型号电池在寿命期内电压不低于 26.8 V 的可靠度不低于 98%。图 6–30(a) 是电池测试数据，横轴为电池寿命，纵轴为电池电压。从电压随时间下降的趋势来看，达到 25 年寿命期时，电池的可靠度可能会低于 98% 的要求。实际上，对这些数据进行线性回归并预测 25 年时的电压分布，得到 25 年时可靠度的最优

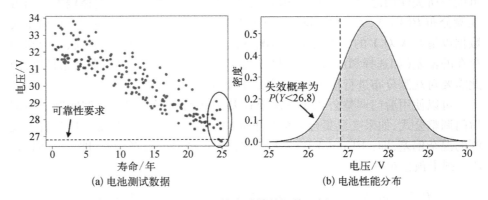

(a) 电池测试数据　　　　　　　　(b) 电池性能分布

图 6–30　热电池性能评估示例

估计为 0.850,95% 置信区间为 $(0.775, 0.910)$,如图 6-30(b)所示,这表明达到 25 年寿命时电池的可靠性不满足要求。

下面考虑预测年龄 $A = a$ 时电池的电压,以便使用统计模型来预测电池因电压不足而发生故障的概率。用因果查询表示,即求解概率分布:

$$Q = P(Y < \tau \mid \mathrm{do}(A = a))$$

假设电池电压与寿命存在如下线性关系:

$$(Y \mid A, S = 1) = \alpha_0 + \alpha_1 A + \varepsilon, \quad \varepsilon \sim \mathcal{N}(0, \sigma^2) \qquad (6-37)$$

函数包括未知参数 $\alpha = (\alpha_0, \alpha_1)$ 和随机噪声 $\varepsilon \sim \mathcal{N}(0, \sigma^2)$。利用收集到的电池寿命和电压数据拟合该统计模型,需要回答的问题是:能否使用等式(6-37)的统计模型估计上述因果查询 Q? 也就是说,在什么假设下,$P(Y \mid A = a, S = 1)$ 成立?

在这个问题中,除了电池寿命,"电池负载"也会影响电池电压。因此在评估电池可靠性时,需要分析是否必须考虑负载的影响。于是对这个可靠性评估问题来说,就有四个变量:寿命 A、电压 Y、负载 L 和样本选择指标 S。研究四个变量的因果图,图 6-31(a)~(e)给出了几种情况的观察数据。在不同情况下,因果查询 Q 具有不同的可估计性。

(1)在图 6-31(a)情形,因果查询 Q 可利用寿命-电压的观察数据进行估计。负载 L 不是混杂变量,也与样本选择指标 S 无关(图中没有出现样本选择指标 S)且没有未阻塞的从 A 通过 L 到达 Y 的路径。

(2)图 6-31(b)有未观测的混杂,因果查询 Q 不可估计。负载 L 与 Y 和 A 都相关,但是未被观察到,因此 L 是未观测的混杂变量。因此,即使在因果图中删除 A 与 Y 之间的有向边,信息也能在因果图中"流动",并且这种关系是混杂的。

(3)图 6-31(c)的混杂可校正,因果查询 Q 可估计。这里,测量了负载 L 从而实现对混杂偏差的控制。不过,为了估计 Q,需要在预测电压 Y 的统计模型中同时包含寿命 A 和负载 L,使用仅包含 A 的模型是不够的。

(4)图 6-31(d)有未观测的选择,因果查询 Q 不可估计。选择偏差使得无法利用数据估计式(6-36)中的概率,因为观测数据是特定负载的样本数据,但是没有测量到负载数据。在因果图中,信息可以在 Y 和 S 之间流动,因此无法校正选择偏差。

（5）图 6-31（e）的选择偏差可校正，因果查询 Q 可估计。由于测量了负载 L，L 阻断了 Y 和 S 之间的路径，因此使用后门调整公式可以校正选择偏差，给出目标总体（$S = 1$）的分布。

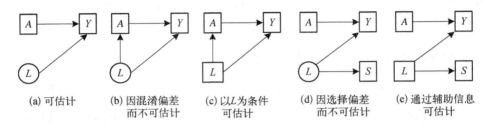

(a) 可估计   (b) 因混淆偏差而不可估计   (c) 以 L 为条件可估计   (d) 因选择偏差而不可估计   (e) 通过辅助信息可估计

图 6-31　几类结构因果模型

由此可见，Q 是否可估计取决于实际的数据生成机制和可用数据。图 6-32 给出了另外两种数据生成机制和可用数据，注意其与图 6-31 的区别。在图 6-32（a）中，L 沿着 A 和 Y 之间的因果路径。例如，如果老化机制导致负载增加，然后负载导致电压增加，则对应了这种关系。如果负载关联是由测试者的错误导致的，如图 6-32（b）所示，则 L 不在因果路径上。在混杂是由测试人员的错误引起的情形，也可能出现选择偏差。如果 L 沿着 A 和 Y 之间的因果关系，就不能在分析中使用 d 分离规则（第 4.1.2 节）控制 L。

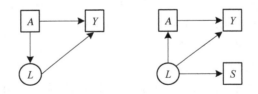

(a) L 在 A、Y 的因果路径上   (b) L 不在 A、Y 的因果路径上

图 6-32　DAG 示例

使用等式（6-37）所需要的结构和功能假设以及关于推论 Q 的数据如表 6-6 所示。在结构上，必须假设图 6-31（a）的 DAG 是正确的。在这些假设下，$P(Y \mid \mathrm{do}(A = 25))$ 等于 $P(Y \mid A = 25, S = 1)$，后者可以使用等式（6-37）计算。换句话说，如果假设是正确的，则 $P(Y \mid A = 25, S = 1)$ 是 $P(Y \mid \mathrm{do}(A = 25))$ 的估计。

表 6-6　由式(6-37)估计 Q 所需的结构和功能假设

因果图的结构假设	输出变量 Y 的功能假设
• 寿命-电压关系无混杂 • 观测数据无选择偏差	• 线性性：$E(Y)$ 与 A 是线性关系 • 正态性：$Y\|A$ 是正态分布,对任何 A 具有常数方差(并且 A 和 L 对于 Y 没有交互效应)

　　这里进一步讨论关于 Y 的正态性的功能假设。具体来说,必须考虑 Y 的残差变量 ε 是如何产生的。根据因果图,ε 可能包含因制造差异、测量误差、负载影响而产生的变化。如果 L 对 Y 的影响随 A 的变化而变化,则对于不同的 A,ε 将不再具有"恒定方差",这时需要修正统计模型以解决这种异方差问题。因此,假设 ε 具有恒定方差,也意味着 A 和 L 在 Y 上没有交互作用。

　　上面的分析解决了在何种情况下可以通过 SCM 得到因果查询。实际问题中,并不能保证所有假设都是成立的。当假设没有证据支持时,通常使用敏感性研究来量化违反假设对最终结果的影响。此类研究通常需要从专家那里获得有关哪些假设可能是错误的,假设如何可能是错误的以及违反该假设的影响的信息。本节使用电池数据作为示例进行敏感性分析,以检查获得可信的结果需要哪些信息,重点考虑扩展式(6-37)以解决违反结构假设的情况。具体地,考虑在不同结构假设下当前时间点的电压分布(反映偶然不确定性)如何变化。电压分布的变化将随后改变估计的可靠性。下面使用模拟数据进行这项研究,这时能够准确知道当前时间点的真实可靠性(99%),并且可以将此真实可靠性与不同假设下的估计值进行比较。敏感性研究说明了偏差校正的统计模型如何利用有关数据生成机制的良好验前信息,实现对可靠性估计结果的改进。

　　1. 选择偏差影响

　　存在选择偏差[图 6-31(d)]的情况下,无法使用公式(6-37)估计 Q。可以根据以下假设来调整偏差:

　　• 负载的真实分布 $P(L=l)$;

　　• 监测数据中负载的选择分布 $P(L=l\|S=1)$;

　　• 负载-电压关系 $P(Y\|L, A, S=1)$。

　　首先假设可以确定这些关系。以 $\mathcal{TN}(\mu, \sigma, \min, \max)$ 表示均值为 μ、标准差为 σ、最小和最大范围为 $\min$ 和 $\max$ 的截断正态分布,设 L 的真实分

布为 $L \sim \mathcal{TN}(0.5, 0.25, 0, 1)$，观测数据中负载的分布为 $(L_i \mid S = 1) \sim \mathcal{TN}(1, 0.25, 0, 1)$。拟合统计模型以估计 $Y \mid L, A, S = 1$ 的分布，设负载-电压关系为

$$(Y_i \mid A_i, L_i, S = 1) = \beta_0 + \beta_1 A_i + \beta_2 L_i + \varepsilon_i, \quad \varepsilon_i \sim \mathcal{N}(0, \sigma^2) \quad (6-38)$$

真实的负载-电压关系系数为 $\beta_2 = -5$。

依据上述假设，使用后门调整公式（6-32）对选择偏差进行调整，结果如下：

$$P(Y \mid \mathrm{do}(A = a)) = \int_l P(Y \mid A = a, L = l, S = 1) \underbrace{P(L = l)}_{L\text{的真实分布}} \mathrm{d}l \quad (6-39)$$

为了说明选择偏差调整的效果，用假设的模型模拟 $n = 200$ 次，在利用模拟数据拟合模型［式（6-38）］时，未知参数 β_0、β_1 和 σ 使用非正常扁平验前的贝叶斯推断。然后，比较由式（6-39）得到的估计 $P(Y \mid \mathrm{do}(A = 25))$ 和式（6-37）的"平凡估计"（后者没有解决选择偏差问题）。

在图 6-33(a) 中，调整后的估计量 $P(Y \mid \mathrm{do}(A = 25))$ 与真实情况完全吻合。当然这是一种乐观情况，实际中通常无法确切了解选择机制和负载-电压关系。不过，可以将这些信息表示为认知不确定性，从而获得可靠性估计的不确定性。

例如，考虑负载-电压关系和选择分布平均值的不确定性：

$$(Y_i \mid A_i, L_i, S = 1) = \beta_0 + \beta_1 A_i + \beta_2 L_i + \varepsilon_i$$
$$\varepsilon_i \sim N(0, \sigma^2)$$
$$(L_i \mid S = 1) \sim \mathcal{TN}(\mu_1, 0.25, 0, 1) \quad (6-40)$$
$$\mu_1 \sim \mathcal{N}(0.9, 0.2)$$
$$\beta_2 \sim \mathcal{N}(-4, 2)$$

在式（6-39）中应用调整公式。在此调整模型下再次估算 Q。使用 $n = 200$ 的样本计算电压分布的最优估计和 95% 置信区间，并估算可靠性和相应的 95% 置信区间。置信区间反映了由于样本量有限和选择机制的认知不确定性而导致的可靠性估计的认知不确定性。该分析的结果与基于等式（6-37）的平凡分析的对比如图 6-33(b) 所示。由于等式（6-40）包含了真正的机制［即式（6-39）所描述的机制］，因此 95% 置信区间也包含真正的结果。如果验前条件

与事实背道而驰,那么这里的结果也将是不准确的。通过这里的不确定性情况下的估计,得到的可靠度为 0.984,95% 置信区间为 (0.975,0.993),与原始分析结果(可靠度估计为 0.850)相比,可靠度的变化是巨大的。这里的研究表明,在估计可靠度时不应忽略选择偏差。

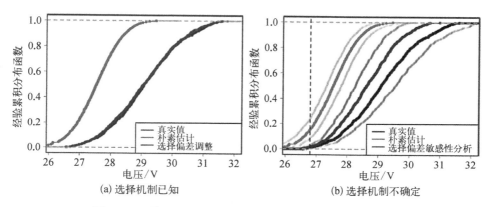

图 6-33　关于 $(Y|A=25)$ 经验分布的选择偏差敏感性测试

2. 混杂偏差影响

现在考察负载无法测量的混杂问题。负载 L 与年龄 A 和电压 Y 都相关,但并不沿着 A 和 Y 之间的因果关系,如图 6-32(a) 所示。

混杂可能是由于测试仪器错误而引起的,如负载随时间意外增加。混杂也伴随选择偏差,因为观测数据中观察到的负载不再代表目标总体的预期负载分布。预测 Y 时,应根据是否存在选择偏差来预测 L 的"正确"分布。在此示例中,假设混杂偏差是由于测试人员的错误造成的,因此目标总体的负载分布与式 (6-38) 相同,这种情况对应的因果图如图 6-32(b) 所示。

为了应用后门调整公式来调整混杂偏差,需要负载 L 未测量情况下 $Y \mid L$, A, $S = 1$ 的统计模型。为了解决这种混杂偏差,使用以下辅助信息:

- 负载-寿命关系 $P(L \mid A, S = 1)$;
- 负载-电压关系 $P(Y \mid L, A, S = 1)$。

存在选择偏差的情况下,还需要关于目标总体的负载分布,才能应用式 (6-32) 进行调整。有了这些量,可以通过统计模型进行调整以消除混杂。例如,考虑如下机制:

$$(Y_i \mid A_i, L_i, S = 1) = \beta_0 + \beta_1 A_i + \beta_2 L_i + \varepsilon_i$$

$$\varepsilon_i \sim \mathcal{N}(0, \sigma^2)$$

$$\beta_2 = -5$$

$$(L_i \mid A_i, S = 1) \sim \mathcal{TN}(0.5 + 0.02A_i, 0.25, 0, 1)$$

其中,对负载机理和负载-电压关系建立了精确模型,从而对混杂机制进行了建模。给定 $Y \mid L, A, S = 1$ 的分布以及目标总体的载荷分布 $P(L = l)$(如果存在选择偏差),可以在式(6-38)中应用调整公式。

图 6-34(a)显示了拟合混杂调整模型的结果,可见调整后的估计与真实情况吻合得很好。当然,这是因为人为指定了确切的机制。实际上,准确的负载-寿命和负载-电压关系是未知的,存在认知不确定性。这时,可以采用分层模型描述具有不确定的负载-寿命和负载-电压关系,如下所示:

$$(Y_i \mid A_i, L_i, S = 1) = \beta_0 + \beta_1 A_i + \beta_2 L_i + \varepsilon_i$$

$$\varepsilon_i \sim \mathcal{N}(0, \sigma^2)$$

$$\beta_2 \sim \mathcal{N}(-4, 2)$$

$$(L_i \mid A_i, S = 1) \sim \mathcal{TN}(0.5 + \gamma_1 A_i, 0.25, 0, 1)$$

$$\gamma_1 \sim \mathcal{N}(0.01, 0.02)$$

图 6-34(b)显示了用此分层模型拟合 $n = 200$ 个样本的结果,其中包括 95%置信区间。可以看出,尽管由于不确定性导致电压分布的不确定性较高,但

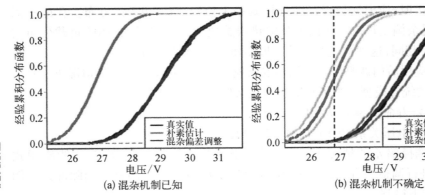

(a) 混杂机制已知 (b) 混杂机制不确定

图 6-34 关于($Y \mid A = 25$)经验分布的混杂偏差敏感性测试

关于电压分布的推论相对于真实情况仍然相当准确,并且真值包含在置信区间内。解决混杂问题后,可靠性估计会发生很大变化。具体而言,在不解决混杂问题的情况下,可靠度估计为 0.515,95%置信区间为(0.400,0.630);在经过调整的敏感性研究中,具有 95%置信区间的可靠度估计为 0.992 和(0.988,0.994)。

参考文献

[1]　陈希孺. 数理统计引论[M]. 北京:科学出版社,1981.

[2]　Berger J O.统计决策论及贝叶斯分析[M].第 2 版. 贾乃光,译.北京:中国统计出版社, 2000.

[3]　金光. 数据分析与建模方法[M]. 北京:国防工业出版社,2013.

[4]　Efron B. An introduction to bootstrap[M]. London:Chapman & Hall, Inc., 1993.

[5]　武小悦,刘琦. 装备试验与评价[M].北京:国防工业出版社,2008.

[6]　张金槐,刘琦,冯静. Bayes 试验分析方法[M]. 长沙:国防科技大学出版社,2007.

[7]　唐雪梅,张金槐,邵凤昌,等.武器装备小子样试验分析与评估[M]. 北京:国防工业出版社, 2001.

[8]　金光. 基于退化的可靠性技术——模型、方法及应用[M]. 北京:国防工业出版社, 2014.

[9]　马心宇. 寿命试验与退化试验的等效性研究[D]. 长沙:国防科技大学, 2019.

[10]　Wallstrom T C. Quantification of margins and uncertainties:A probabilistic framework[J]. Reliability Engineering and System Safety, 2011,96:1053 - 1062.

[11]　Peterson L. Quantification of margins and uncertainty (QMU):Turning models and test data into mission confidence[R]. Keck Institute for Space xTerramechanics Workshop, 2011.

[12]　Oberkampf W, DeLand S, Rutherford B, et al. Estimation of total uncertainty in modeling and simulation[R]. SAND2000 - 0824,2000.

[13]　Kidane A, Lashgari A, Li B, et al. Rigorous model-based uncertainty quantification with application to terminal ballistics, part I:Systems with controllable inputs and small scatter [J]. Journal of the Mechanics of Physics and Solids, 2012,60(5):983 - 1001.

[14]　Kusnezov D. Review of the DOE National Security Labs' use of archival nuclear test data: Letter report (QMU phase II)[R]. National Research Council, 2009.

[15]　Sharp D H, Wood-Schultz M M. QMU and nuclear weapons certification:What's under the hood? [J]. Los Alamos Science, 2003, 28(28):47-53.

[16]　Helton J C. Conceptual and computational basis for the quantification of margins and

uncertainty[R]. SAND2009-3055, 2009.

[17] 汤诗菡. 基于 CoM 不等式的卫星电源系统抗辐射性能评估[D]. 长沙：国防科学技术大学,2016.

[18] Lucas L J, Owhadi H, Ortiz M. Rigorous verification, validation, uncertainty quantification and certification through concentration-of-measure inequalities[J]. Computer Methods in Applied Mechanics and Engineering, 2008, 197(51-52): 4591-4609.

[19] 武小悦. 装备性能试验[M]. 北京：国防工业出版社,2023.

[20] Smith J. Mission-Based test and evaluation assessment process guidebook[R], 2011.

[21] 谭跃进,陈英武,罗鹏程,等. 系统工程原理[M]. 北京：科学出版社, 2010.

[22] Caldwell J G. Artificial intelligence in test and evaluation: Test design and analysis using ai-based causal inference[EB/OL]. https://www.foundationwebsite.org/test-design-and-analysis-using-causal-inference-briefing.pdf[2022-12-12].

[23] Hund L, Schroeder B. A causal perspective on reliability assessment[J]. Reliability Engineering and System Safety, 2020, 195: 1-12.